11 古今农事

科普通鉴

丛书主编　李建中
丛书副主编　谈朗玉　李大东　张令朝
本卷主编　张学林

KEPU TONGJIAN
GUJIN NONGSHI

中国科学技术出版社
河南科学技术出版社

图书在版编目（CIP）数据

古今农事/张学林主编．—郑州：河南科学技术出版社，2013.10
（科普通鉴/李建中主编）
ISBN 978-7-5349-6614-9

Ⅰ.①古…　Ⅱ.①张…　Ⅲ.①农业技术-普及读物　Ⅳ.①S-49

中国版本图书馆 CIP 数据核字（2013）第 227544 号

出版发行：中国科学技术出版社
地址：北京市海淀区中关村南大街 16 号　　邮编：100081
电话：（010）62106522
网址：www.cspbooks.com.cn
河南科学技术出版社
地址：郑州市经五路 66 号　　邮编：450002
电话：（0371）65737028
网址：www.hnstp.cn
策划编辑：李喜婷　冯　英
统筹编辑：尚伟民　蒋云鹏　徐　涛
责任编辑：张　鹏
责任校对：柯　姣
封面设计：赵　钧
版式设计：赵玉霞
责任印制：朱　飞
印　　刷：郑州金秋彩色印务有限公司
经　　销：全国新华书店
幅面尺寸：185 mm×260 mm　印张：18　字数：300 千字　彩插：8
版　　次：2013 年 10 月第 1 版　2013 年 10 月第 1 次印刷
定　　价：32.00 元

《科普通鉴》丛书

主　编　李建中

副主编　谈朗玉　李大东　张令朝

《科普通鉴·古今农事》编委会

主　编　张学林

副主编　刘桂珍　杨习文　杜彦修

委　员　（按姓氏音序排列）

杜彦修　郝晓峰　刘桂珍　马宗斌

杨习文　张学林

序

科技是人类智慧的伟大结晶，创新是文明进步的不竭动力。

回首文明历程，是科技之光涤荡了人类历史上蒙昧的阴霾，是科技之火点燃了人类心灵里求知的火焰，是科技之灯照亮了人类发展中光辉的前程。科学技术的每一次重大突破，每一项发明创造的诞生，都使人类对客观世界的认识发生质的飞跃，都使人类改造世界的能力得到革命性的提升。18 世纪后的几百年，是科学技术突飞猛进的历史时期。数学、物理、化学、天文学、地学和生物学等各个领域的研究均取得了空前成就，并引发了一次又一次重大理论革命，其中，最具划时代意义的莫过于牛顿力学、相对论和量子力学的创立。与此同时，深刻改变人类生存状态和生产、生活方式的发明创造也纷纷问世。在不计其数的发明、发现中，蒸汽机、电话、火车、汽车、医用 X 光片、青霉素、DNA 双螺旋结构、火箭、阿波罗 10 号太空舱、计算机等无疑是改变世界的重大发明、发现与创造。

放眼新的世纪，科技已经成为推动经济社会快速发展的主导力量和创造社会财富的主要源泉，成为国家间、区域间竞争的核心和推动未来发展的决定性力量。为了在竞争中取得优势地位，各国、各地区，特别是发达国家及地区都高度重视科技创新和发展。在此背景下，全球创新浪潮此起彼伏，科技发展日新月异，创新成果大量涌现。人类基因组序列图完成、细胞重新编程技术、人类最早祖先确定、宇宙存在暗物质的猜想被证实、干细胞研究的新进展、纳米技术研究的新突破、欧洲强子对撞机启动、人类探测器创最远纪录和七大数学难题之一——庞加莱猜想被证明等被认为是近十年来取得的最具科学价值，并可能对人类生存与发展产生重大影响的重大科技成就。

在人类文明的历史长河中，科学技术虽然得到了空前发展，取得了辉煌成就，但在前进的道路上依然有无数难题等待我们去破解，众多未知世界等待我们去认识。随着人口数量的急剧增加，自然资源的逐渐枯竭和生态环境的日益恶化，人类正面临前所未有的生存挑战和危机。毫无疑问，应对挑战、解决危机，只有依靠科技的不断创新与发展。在可以预见的未来，为了拓展生存空间，提高生存质量，必将掀起一场以信息科技革命为先导、新材料科技为基础、生命科技为核心、新能源科技为动力、海洋科技和航天科技为内拓和外延的新的科技创新浪潮。伴随新一轮科技创新浪潮的到来，新的发明创造也必将与日俱增。有科学家预言，未来百年，人体器官克隆再造、灭绝动物复活、战胜癌症、建造星际飞船和太空电梯等梦想可能变为现实。

当前，亿万中华儿女正在为实现中华民族伟大复兴的“中国梦”而努力奋斗。实现这一百年梦想，关键在于弘扬创新精神，增强创新能力，加快创新步伐，让科技之花在创新中萌芽，在创新中成长，在创新中绽放。

发达国家的经验昭示我们，加快科技创新，提高科技水平，既要依靠科技精英们的刻苦攻关，发明创造，也有赖于公民科学素质的普遍提高。有调查显示，我国公民的科学素质水平较发达国家差距甚大，与走中国特色的自主创新之路、建设创新型国家的要求相去甚远。为尽快提升我国公民的科学素质水平，从2006年起我国启动了旨在推动公民科学素质建设的全民科学素质行动计划，希望到2020年，公民科学素质在整体上有大幅度提高，达到世界主要发达国家21世纪初的水平。

科普图书是展示科学技术的重要窗口，是普及科技知识的重要载体，也是传播科技文明的重要途径。国内外都十分重视科普图书的创作出版。在琳琅满目的科普图书作品中，不乏影响深远的精品力作。这些作品为传播科技文明、普及科学知识做出了历史性贡献。时代在进步，科技在发展。紧跟时代步伐，把握科技动态，繁荣科普创作，不断创作出版符合时代特点、反映当代科技发展水平的科普图书精品，不仅是加强公民科学素质建设，提升公民科学素质的迫切要求，也是科技界有识之士的共同心声。

科学技术协会是新中国科普事业的主要开创者和推动者。在开展公民科学素质建设，提高公民科学素质水平的历史进程中，肩负着重要责任和神圣使命。我们组织编写的这部《科普通鉴》丛书既是履行“责任”和“使命”，也是对科技界有识之士呼声的积极响应。

20世纪中叶以来，科学技术进入了多科交叉、互为渗透、综合发展的历史时期，形成了学科林立、知识纷繁的新格局。面对浩如烟海的科学世界，如何确定这部书的编写原则和选题范围是应当首先解决的问题。经与有关专家学者反复研究论证，我们确定了“通览科技文明，鉴取创新精粹”的编写原则，并确定从理、工、农、医和高新科技五大领域中选取26个公众关注度较高的热点选题，按26卷组织编写这部丛书。

面向具有中等以上文化程度的青少年、农民、城镇劳动者、城市社区居民、领导干部和公务员等重点人群，弘扬科学精神，传播科学思想，倡导科学方法，普及科学知识是编写本书的出发点和根本目的。考虑到读者对象年龄、职业、身份的多样性和对知识需求的差异性，本书着重介绍具有基础性、通用性、新颖性和前瞻性的知识，读者可以根据自己的需求或兴趣进行阅读；在阐述方法上尽可能做到重点突出，脉络清晰，尽可能融入人文精神，体现人文情怀，避免科技知识的简单介绍和罗列；在语言风格上力求文笔流畅，深入浅出，生动活泼，雅俗共赏，以达引人入胜的效果。

选择高水平的主编是编好这部丛书的关键。为此，我们发挥科学技术协会学会众多，学科齐全，人才荟萃，联系广泛的优势，面向省内外征集各卷主编候选人。最后经全面比较，优中选优，确定了各卷主编人选，为本书的编写出版奠定了坚实基础。在此我们谨向为本书主编遴选、编写、出版给予大力支持的河南省医学会、气象学会、农学会、地理学会、地震学会、地质学会、机械工程学会、反邪教协会和省气象局、郑州大学、河南大学、河南农业大学、河南工业大学、河南科技大学、河南中医学院、河南科技学院、河南轻工业学院、《太空探索》杂志社、河南科技报社、河南科技活动中心、中国科学技术出版社、河南科学技术出版社等学（协）会和单位表示诚挚的感谢！

作为一部多达26卷的大型科普丛书，其涉及领域广，学科多。在内容上为了尽可能避免交叉重复或矛盾冲突，在体例和语言风格上为了尽可能保持相对统一，我们制订了较为详细的编写方案，对各卷的内容范围和全书的体例风格做了必要界定和规范。但是，由于我们学识水平有限，统筹协调不够，编写时间仓促，加之一些担任主编的同志是首次承担科普类作品的编写任务，缺乏相应经验，所以，虽然付出了大量心血，个别卷仍然存在内容取舍不够得当，语言风格不够生动活泼等问题。这些缺憾，我们将在再版重印时加以修订改进。诚恳希望广大读者对本丛书的修订改进提出宝贵意见和建议，以便再版时提高质量。

河南省科学技术协会主席、党组书记　李建中

2013年6月

目　录

引 言

农业的出现在人类历史上具有划时代的意义，它使人类开始摆脱完全依赖自然界的被动局面。人类社会的发展、文明的出现均以此为基础，推动人类从蒙昧、野蛮走向文明；而农作物的演变和传播，推动了农业在世界各地的发展，推动了农业技术的交融、提高和创新，推动了不同民族农耕文化之间的交流和进步。中国是一个农业历史悠久和以精耕细作著称的国家，在漫长的农业历史发展过程中，形成了独特的栽培管理技术，有着丰富的栽培技术和耕作制度方面的历史文献，与其他国家一道为世界农业的发展做出了巨大贡献。

近年来，我国在发扬精耕细作传统农作的同时，正与现代农业科学技术相结合，推动农业现代化发展。通过阅读和了解农作物的起源、农业的传播与发展，能够明确农业科技、农业思想、农业制度与法令、农事节日习俗等方面的演变历程，通过了解和比较中、西方农业发展历程，农业技术的演变以及耕作制度的特点和特色，能够优化我国农田生产技术，丰富农业文化，促进作物产量提高，推动了经济社会的全面发展。农业文化是文化的基础，了解农业生产实践活动创造出来的物质文化和精神文化，能够满足各民族人们衣、食、住、行等方面最基本的生存需要，同时还决定着民族的生存方式，塑造着民族文化的自身，推动者民族文化的传承与发展。进入 21 世纪以来，机械化、现代化和信息化等科学技术在农业生产发展中的广泛应用，为农业技术体系和农业文化体系注入了新的活力，有力地推动着农业可持续发展的强劲势头，而这也迫切需要了解和掌握现代农业科学理论和生产技术。

人类1万年来的农耕史，就是人类开拓自然资源和改造、保护自然资源的历史。在漫长的农业实践中，人类陆续开拓了农、林、牧、渔各业，培育了几百种动植物，并积累了大量改造利用不利自然条件的经验。随着科学技术的发展，未来农业不仅会保护和强化利用现有农业资源，而且还会开拓并合理利用新的资源，逐渐建立起既能满足人类自身持续生存需要，又能合理、永续地利用自然资源，并同保护和改善农业生态环境相结合的持续农业。

1 远古农业

农业的发展经历了漫长的历史过程，在最初的原始自然条件下，人类采用简陋的石器、棍棒等工具，采用粗放的刀耕火种的耕作方法，采用简单协作的集体劳动方式，从事最简单的农事生产活动，其中野外采集和狩猎是获取生活物质的重要渠道。人类在长期的采集渔猎生活中，积累了丰富的有关植物和动物方面的知识。这些知识帮助原始人类得以逐渐驯化植物和动物。随着环境的变化以及对开辟新的食物来源的需要，原始种植业和畜牧业即应运而生。随着原始农业中驯化野生植物和动物，以及稻谷和陶器的出现，大约在距今12 000 年前，中国的新石器时代早期阶段出现了原始农业的雏形；而古埃及农业大致出现在公元前3 500年左右。

1.1 原始农业

在人类漫长的历史过程中，农业的出现和发展大致不超过1万年。人类经过长期的采集、渔猎生活，逐步熟悉了植物和动物的生活习性，在旧石器时代晚期和新石器时代开始驯养繁殖动物和种植谷物，人类进入了原始农业阶段。新石器时代后期，陶器的应用和青铜器的发明，标志着人类文化史上蒙昧时代的结束和野蛮时代的开始。

旧石器时代，火的发明和应用是人类社会的一大进步。原始人类以粗制的、没有磨削的石器为工具，学会了使用棍棒、长矛从事狩猎业，并利用篝火烤熟猎物，以维持生存。由于那时地广人稀，猎物丰富，凭借简便的获猎手段，加上从大自然采集的极为丰富的果实，以及块根、块茎等植物资源，原始人类足可维持自己简单的生活。他们以血缘族群为单位，游荡于无边无际的森林、草原之中和大河、大湖沿岸，随处猎取生活资料。这种极其原始的生活方式，至今在东南亚、非洲及拉美一些国家仍可以见到。

随着冰后期全球气候的变化以及某些动物的绝灭，加之世界人口的逐渐增加，一定地域范围内的自然资源数量相对减少，人类依靠原始的工具和传统的方法，难以维持其生存所需要的最低数量的食物，于是出现了谋生方法的革命性变革，开始了种植谷物和驯养动物的新时期，原始人类延续了大约200万年之久的渔猎生活，逐步过渡到原始农业阶段。最原始的农业出现于新石器时代，并经历了一个极其缓慢的发展过程。发展的主要标志是使用工具的进步，如发明了弓箭、磨削的石器、木制工具、骨器，并将磨削石器缚于棍棒上作为武器等。由于原始种植业的出现，形成了农田的雏形。

在原始农业阶段的初期，采集及渔猎活动仍占较大比重，但随着劳动工具和生产技术的进步，采集及渔猎业所占比重日趋下降，原始种植业和畜牧业所占比重逐步上升，但所提供的食物仅能满足人类全年所需食物的一半左右，因此，人类仍需进行季节性的迁徙，他们一般有两个住所：一个是山洞，另一个是临时居住地。

大量的考古发掘表明，世界原始农业起源于北纬40度至南纬10度的几个地区，它们大多属于半干旱的高地或丘陵地区。如西亚从伊朗的德黑兰平原以西的山前地带，经伊拉克北部、土耳其东南部到叙利亚以及约旦的北部和西部，呈“新月形”地区。这里平均海拔高度约为1 000米。早在公元前8000～前6000年，该地区就出现了原始农业，人们在这里种植谷物、饲养家畜。在中美洲墨西哥的坦马利帕斯地区，以及瓦哈卡河谷和特瓦坎谷地（海拔900～1 900米）的印第安人早在公元前7000年已开始种植玉米，并驯养羊驼。公元前7500～前5 000年，中国的黄河及长江流域已开始种植小麦、谷子和水稻，并饲养猪、狗、羊等家畜。

随着世界人口的不断增长，原始农业缓慢地向前发展。据粗略估计，新石器时代的人口大致已达5 000万。为满足世界不断增长的人口对食物的需求，以及由于家畜驯养导致饲料的不足，原始农业的地域上不断拓展，生产技术也有所进步。如西亚地区在公元前6000～前5000年出现了简陋的灌溉农业。公元前5000年在埃及尼罗河流域产生了灌溉农业。公元前2500年，印度已普遍种植稻麦。

原始农业的最主要特征是生产工具落后，生产水平低下，因而只能靠自然力去恢复地力。表现在耕作制度上，有轮垦制、烧垦制。前者是开掘一块土地后，撒播种子，不进行田间管理，在连续种植几年后弃耕，待地力恢复后再种，有几块土地轮换种植；后者即为“刀耕火种”，先用刀斧砍倒树木，晒干焚烧后作为肥料，然后开穴下种，种2～3年农作物，需休闲10～20年才能恢复地力。这类轮歇丢荒的耕作制度，对土地的利用极其粗放，不仅生产力十分低下而且破坏自然资源，造成严重的水土流失。但在当时生产力水平低下、人少地多的情况下，并没有引起人们的注意。

1.1.1 主要农作物的起源

俄国著名的植物地理学家N. I. 瓦维洛夫认为，世界植物驯化和早期传播的中心是那些发现驯化植物栽培种类最多的地区。根据有关农作物的考古资料，可以初步得出以下几种主要农作物的起源地区：

小麦最早起源于西亚和中国。不少学者认为，西亚的伊拉克、叙利亚、土耳其、伊朗等同是野生小麦的原产地，并在公元前7000年开始种植。中国学者李潘认为，普通小麦的原产地是在中国的黄河流域。中国是普通小麦的重要原产地和最大的变异中心之一。它在辽阔中国土地上不同的自然条件下，经过人工选择和培育，形成不同的生态变异型。包括具有抗旱和长日照性特点的黄土高原冬小麦型，蒙古高原耐冷凉、干旱的小麦型，华东、华南的喜温、春性和短日照性小麦型，西南云贵高原耐温暖多湿的小麦型，西北耐碱、耐旱的小麦型，青藏高原长日照性、特殊光温小麦型。因此，中国与西亚的两河流域是普通小麦的两个不同起源地。至今在云南、西藏一带仍可常见中国特有的野生小麦。

玉米种植起源于中美洲。早在哥伦布把玉米传入欧洲的3 000年前，墨西哥人和印加人就以玉米为主食。当公元前2000～前1500年玉米开始被驯化种植时，家种的玉米棒才4. 3厘米长。现保存在墨西哥全国农牧林业研究所的墨西哥本地玉米品种有8 200种。玉米从墨西哥传入美国俄亥俄河口附近的匹兹堡（距离约

3 200 千米)，大约用了 2 250 年（前 1500 ~ 前 750）。

谷子最早是在中国驯化种植的，其野生型是狗尾草，又称莠绿、毛莠、狐尾草等。从磁山、裴李岗等出土遗址可以确认，谷子又称粟，其果实去皮后称为小米。谷子最晚在 8 000 年前就已在中国的河北、河南等地普遍种植。中国是世界上唯一最早从种植谷子开始发展起来的农业国。然后谷子传播到朝鲜、日本及东南亚等地。

水稻起源于西起印度的阿萨姆邦，东迄于中国云南省的一个椭圆形丘陵地带。早在 1 万年以前人类便在这一地区的丘陵及河谷从事稻谷驯化和栽培。水稻在亚洲大陆上共有三条传播路线：一是沿布拉马普特拉河及恒河一线；二是沿湄公河向南延伸至东南亚；三是沿长江向东延伸至滨海。

大豆起源于中国。其种植大约在公元前 2000 年以前，后经中国华北引至朝鲜、日本。豌豆由原产于西亚一带的野豌豆驯化而成。蚕豆由原产于西亚、北非的野蚕豆驯化而成，在公元前 3000 年已在东亚栽培。

棉花原产于印度的印度河河谷。早在公元前 3 000 多年前，在印度河谷及巴基斯坦的古墓中，就发现棉织品及棉线的遗迹，在公元前 3500 年前印度的《佛陀经典圣诗》和公元前 2800 年前印度的佛经中，就有关于织布和棉花的文字记载。公元前 1500 年棉花才在美索不达米亚平原引种。

1.1.2 主要畜禽的起源

现在畜禽的野生祖先主要分布于西亚、中亚、印度和中国等地。早在原始农业时期，人类在狩猎过程中逐渐对几种重要的畜禽进行驯化，经过长期的改良和培育，成为现今畜牧业的主要饲养对象。

家猪是由生活在山林草莽和沼泽地带的野猪驯化而来的。猪的驯化以中国最早，其次是西亚地区（距今 6 000 年）。到公元前 2000 年，养猪已传播到整个西亚及印度和东南亚各国。

羊包括山羊和绵羊两种。羊的驯化以西亚地区最早，巴勒斯坦的杰里科地区，早在公元前 8500 年就已驯养山羊；伊朗北部的里海沿岸地区，在公元前 6000 年也已开始驯养羊。到公元前 3000 年前后，羊已遍及西亚地区。其中绵羊的驯化可能较山羊稍晚，最早亦出现在西亚地区。

牛是由野生的乌鲁斯牛驯化而成的。在距今5 000～6 000年，在西南亚的美索不达米亚地区已开始驯养。而水牛则是在印度或美索不达米亚地区的南部被驯化的。

在家畜中，一般认为马的驯化在时间上要较其他畜稍晚。据考证，公元前3000年在中亚草原地区已驯养马，并用作运输工具。公元前2000年经土耳其和伊朗传入中东地区。希腊在公元前2000年就用马挽车，埃及在公元前1600年就有有关马的最早驯养记录。

驴来源于非洲野驴。其分布区较任何一种非洲的马科分布都要偏北，大体从索马里的经努比亚和撒哈拉高地延伸到阿特拉斯山地。最先被驯化的驴是努比亚变种，后来其他野生驴也相继被驯化。在公元前4000年，驴经埃及被引进整个近东地区。

家鸡是由野生的原鸡驯化而来的。鸡的驯化以亚洲最早。中国早在公元前1400年就将野鸡驯化为家鸡，印度在公元前1200年也已驯养家鸡。火鸡学名吐绶鸡，是公元前5000年在墨西哥的瓦哈卡谷地首先被驯化成家禽的。

家鹅是在公元前2300年由埃及人将栖息于尼罗河流域的埃及雁驯化而成。接着，到公元前2000年末期，灰鹅和中国鹅也相继驯化成功。

家鸽最早可能是在阿拉伯地区驯化的。早在公元前3100年，在近东地区就出现了鸽子的雕像。埃及大约是在公元前2600年开始养鸽的。

1.1.3 世界农业的传播路线

根据国内外学者的研究，世界农业是由少数几个独立的中心向各地传播的。这些中心主要分布在西亚、墨西哥和中国。此外，尚有亚洲东南部、非洲西部和南美洲的安第斯山区。但由于各地条件不同，原始农业出现的早晚很不一致，有的地区根本没有经过这一阶段（如非洲和美洲的部分地区、澳大利亚和新西兰）。而欧洲的中部和西部，当时由于被茂密的森林所阻挡，直到铁器时代才得以开发。

由于资料缺乏，农业的传播路线目前知道得较少。其中从西亚到欧洲的传播路线有三条：一是往北，穿过土耳其到达乌克兰平原，然后再横过东欧，经波罗的海到达斯堪的纳维亚半岛；二是向西越过博斯普鲁斯海峡到达巴尔干半岛，再向北经多瑙河流域到达欧洲中部，并由此传播到大西洋西岸地区；三是向西穿过爱琴海到达希腊，经意大利、法国南部和西班牙，同时往北到达英国和爱尔兰。由西亚往东的传播路线有两条：一是经伊朗高原，到达印度河流域；二是向东北，沿里海沿岸到达中亚地区。中美洲以墨西哥和安第斯山区为主体的原始农业中心，分别向南、北扩展到南美洲和北美洲。中国原始农业从华北、华南、西南的山区向周围平原地区扩散，特别是黄河流域成为中国最早的农业区域之一。

原始农业在地域上传播的结果，最后形成了三大谷物产区：水稻产区主要分布于亚洲的东部和东南部；玉米分布于美洲；小麦分布在欧洲、中东、北非、中亚、南亚印度河及东亚黄河流域。农业传播不仅是多种作物的传播，而且包括与之相适应的多种栽培技术以及生活方式的传播。随着动植物驯化的发展，在不同地区逐步形成了两个农业类型：即森林地区的“刀耕火种”农业和半干旱草原区的游牧业。

1.2 中国原始农业

中国的原始农业起源于新石器早期，距今7 000 ~ 8 000 年，大约发展于新石器晚期，距今6 000 ~ 7 000 年。中国原始农业的发生与自然地理条件密切相关。整个中国的地势是西北高、东南低，背对欧亚大陆腹地，面向太平洋。西北的青藏高原和蒙新高原气候严寒而干燥，制约了农业与人口的发展，只宜以逐水草而居的畜牧业为主。华北黄河流域的黄土高原土层深厚，土壤肥沃，但雨量较少，宜于种植粟、黍等旱地作物，从而奠定了旱作农业的基础。南方淮河及长江中下游的中纬度地带，雨量充沛，无霜期长，适于稻的种植，形成了以水稻为主的水田农业。北方以粟黍为主的旱地农业与南方的水田农业共同构成了中国原始农业的特点。

中国各地7 000 多处新石器遗址中，大部分属于新石器晚期，以黄河中下游及长江中下游最发达。黄河流域的仰韶文化和山东大汶口文化距今 7 000 ~ 4 600

年（早于此的是距今8 000 ~7 000年的老官台文化、磁山文化和北辛文化），长江流域的马家浜文化、大溪文化、屈家岭文化距今6 000 ~4 500年（早于此的是距今7 000 ~6 000年的河姆渡文化、罗家角文化）。在这个时期里，原始农业发展很快。人口增加显著，大型的定居村落到处都有，出土的稻谷、粟等也以这一时期最多。原始农业的最后阶段为铜石工具并用时期，距今4 600 ~4 000年，以广泛分布于黄河流域的龙山文化和长江下游的良渚文化为代表。这个时期南北的文化交流进一步密切，水稻种植已进入黄河流域各地，南方旱稻区也普遍有粟、黍的栽培。

原始农业时期的生产工具以磨制的石器为主，也广泛使用骨器、角器，蚌器与木器、农具的种类可分为整地、收割、加工三类。整地的工具有石斧，用以砍伐树木。以后有石耜、石铲、骨耜、鹤嘴锄等用以翻土、松土。收割的工具有石刀、石镰、骨镰、蚌镰等。石刀无柄，直接手握操作，石镰通常用绳索捆扎在直角的短柄上，手握刀柄操作。加工的工具有石磨盘以及磨棒、石臼及杵等。

原始农业对土地的使用可分为刀耕农业和锄耕农业两个阶段。刀耕农业的特点是，生产工具只有石斧和木棒（或竹竿），用石斧砍倒树木，晒干后放火烧木，然后在火地上点播或撒播种子。锄耕农业的特点是在石斧之外，还创造了石锄、石耜等一类可以翻土的工具，与之相适应，生产技术也由砍烧林木转移到土地上来。

原始农业时期虽已开始种植作物，但采集和渔猎仍占很大比重，因为种植的作物只能供应一年中几个月，其余仍靠采集和渔猎提供。原始农业进入相对定居以后，人们也已经开始驯化一些动物，如陕西半坡遗址和浙江河姆渡遗址都出土有猪、犬、牛的遗骸。

原始农业还处于母系氏族社会时期，土地和生产资料归氏族公社所有，实行集体劳动，农产品和采猎产品在公社成员之间平均分配。传说北方最著名的氏族是分布在中部的炎帝族和分布在西北的黄帝族。炎帝神农氏姓姜，又名烈山氏，姜姓是以羊为图腾的羌族的一支。“烈山”反映了原始农业焚林开荒的刀耕火种方式。神农氏“发明”五谷的传说反映了原始农业作物的种类。黄帝族的首领之一帝喾的儿子名弃（即后稷）是周族的祖先，种植农作物的能手，被奉为谷神，

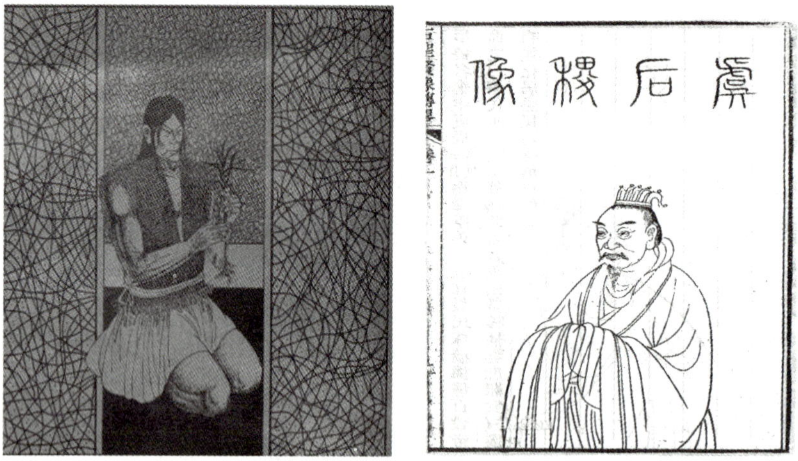

图 1-1　后稷像

其时代稍晚，相当于原始社会末期。南方的许多氏族共同奉葫芦为祖神（以后衍变为盘古氏）。他们都共同种植水稻。河姆渡遗址及崧泽遗址与稻谷同时也出土有葫芦果实，表明奉葫芦为祖神的起源也很久远。

1.2.1　刀耕农业

刀耕农业是原始农业早期阶段的一种生产形态，俗称刀耕火种，在我国古籍上称畲田或畲耕。它的特点是生产工具只有石斧和尖头木棒（或竹竿）。刀耕火种是原始农业时期采用的一种耕种方式。其生产过程是先用石斧砍倒树木，晒干后放火焚烧草木，然后在火烧地上点播或撒播种子，在出苗生长期间没有任何除草、施肥等管理，到成熟时去收割。

刀耕农业的起源和田猎的关系密不可分。原始的狩猎人为了把猎物驱赶到一定的范围内，提高动物的密度，而猎取丰富的动物，他们选择一定的树木和地段，有控制地放火，驱使动物向密林中躲避，然后进行围猎（即田猎）。放火的另一个目的是让烧焦后的树干翌年萌发新梢嫩叶。这种新梢嫩叶是麋鹿之类最喜爱的鲜食，可以吸引它们来取食时进行狩猎。在这个反复实践的过程中，人们发现掉落在火烧地上的植物种子生长得特别好，从而引发了人工种植。迈出了原始农业的第一步。

刀耕火种并非任意盲目地毁林，而是有计划地选择对象，在一定范围内轮番砍烧。由于火烧地上的种植不施肥，只依靠灰烬提供肥力，故从第二年起肥力下降，杂草却因光照条件改善而猛发起来，作物生长受杂草的影响，产量很快下降。人们不得不放弃旧地，而另找新的地点烧垦。被放弃的旧地并非永久不要，而是等待若干年后，原有的树木又恢复成林时，再行烧垦。这使原始刀耕的人只能过相对定居的生活，而在一个大的范围内迁徙，而绝非盲目的流窜。在这种情况下，由于遭受破坏的林木，仍有恢复成林的机会，所以人与林的生态关系总体上仍处于平衡的依存关系，并不像后世所理解的刀耕火种是破坏森林的野蛮掠夺种植。只有当人口的增殖超过人林平衡点，特别是引入铁器工具以后，刀耕火种的破坏作用才明显起来。

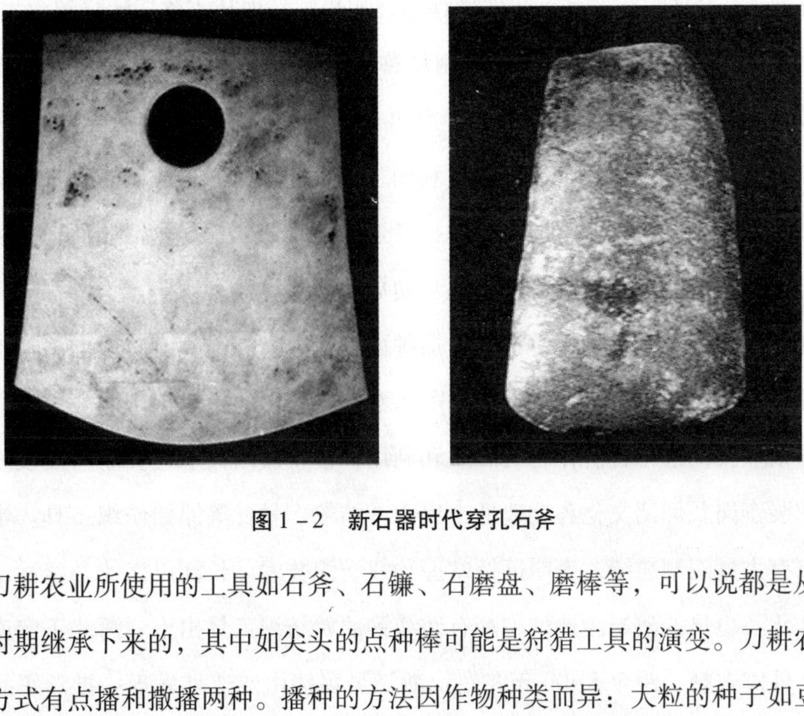

图 1－2　新石器时代穿孔石斧

刀耕农业所使用的工具如石斧、石镰、石磨盘、磨棒等，可以说都是从采集狩猎时期继承下来的，其中如尖头的点种棒可能是狩猎工具的演变。刀耕农业的播种方式有点播和撒播两种。播种的方法因作物种类而异：大粒的种子如豆类作物通常实行点播，由男子持尖头木棒或竹竿在前面扎穴，妇女儿童跟在后面将种子放入穴内；小粒种子如粟、稗子或几种作物的混作，则采用撒播的方法。此外，常用的还有混播。即将各种不同作物的种子混合播种在一处。在种植块茎作物如芋、木薯的场合，木棒还可用以挖掘，兼作收获的工具。

刀耕农业阶段，采集狩猎还占很大比重。因为种植作物所得，在数量上只够维持几个月的需要，无法周年供应。在质量上只以供应淀粉类为主，动物性蛋白质和脂肪仍依仗狩猎。种植和狩猎在时间上的矛盾，通常是到准备播种起，一切人力服从于农事，待播种完毕就可全力投入狩猎。认为男子只管狩猎，妇女分管种植是不全面的。

1.2.2 耜耕农业

耜耕（锄耕）农业是原始农业后期发展起来的一种较为先进的生产形态。锄耕与刀耕有很多不同之处。刀耕的主要生产工具是石斧和木棒、竹竿。木棒、竹竿只用作开穴点种之用，不是为了翻土。耜阶段则是出现了耒耜（锄一类用以翻土的工具）。刀耕的技术重点在砍烧森林，耜耕则是由林木砍烧转移到土地加工。刀耕因为年年要换地种植，其耕作制被称为生荒耕作制；而耜耕借助于翻转土地，改善条件，可以连续种植若干年后再行抛荒，在耕作制上属于熟荒耕作制。生荒制是必须等待土地还林后才能再利用，熟荒制则是通过休闲恢复土壤肥力即可再利用。因此，生荒制下的原始种植者过的是频繁的迁徙生活，而在耜耕的熟荒制下人们可以相对地定居下来，逐步向居民聚落过渡。

耜耕农业使土地的利用率提高，播种面积加大，谷物生产总量增多。出现了贮藏粮食的要求，加之定居生活需要贮水和酒等容器，于是出现制陶工艺。定居后的种植业又促进了经济作物的开发和利用，使得栽培大麻之类获得发展。黄河流域的裴李岗及仰韶文化各期遗址中出土了纺轮、骨针等原始纺织工具。半坡遗址出土有大量陶制纺缚，表明已经掌握纱线纺织技术。长江以南的马家浜文化和良渚文化及更早的河姆渡遗址中都有纺缚等原始纺织工具出土。河北正定南阳庄发现2件陶蚕蛹，距今5 400年左右；浙江吴兴钱山漾遗址发现一批丝织品有绢片、丝带和丝线，表明新石器晚期已经有养蚕业。农业劳动生产率的提高，促使种植业的收成变得稳定可靠。每年粮食生产量除供应自家以外还有多余。人们对狩猎的依赖程度也慢慢下降。过去长期的狩猎使可以猎获的动物数减少，而种植业即使发展也仍不能提供动物蛋白质，于是动物的驯化饲养得到鼓励，而种植业的发展恰好有条件为饲养家畜提供饲料。但是采集和狩猎在耜耕阶段仍是重要的补充经济。中国北方与南方的新石器时代遗址都出土有石器、木器的耜耕工具，有粟、稻的粮食贮藏；粮食加工工具有磨盘、磨棒和杵臼等，另有猪、牛、犬、羊等家畜遗骸。同时又有不少来自采集和渔猎的种植果实种子和野生动物和鱼类的残骨等，都是进入耜耕时期的证明。

1.3 世界古代农业

1.3.1 古埃及农业

古埃及农业是指从公元前3500年古埃及国家开始产生，至公元前525年埃及被波斯征服期间的社会经济组织及农业生产情况。

埃及是世界古文明发源地之一，尼罗河孕育了埃及早期的农业。埃及境内的尼罗河谷长达1 200千米，但宽度仅有16~50千米。此外就是一望无际的沙漠。尼罗河定期泛滥后留下的冲积沃土，适于播种。这一可耕地的总面积为1.6万平方千米左右，人口却大都密集这里。公元前3100年奴隶制国家逐渐形成，原始公社趋于解体。这时，埃及已进入金石并用时代，并编制了世界上最早的太阳历法。古王国时期（前2686—前2181），农业生产发展较快。尼罗河两岸已出现灌溉农业，使用的农具已有牛拉的原始木犁，可用来碎土整地的木耙及收割用的金属镰刀等。种植的作物有大麦、小麦、稗、亚麻和各种蔬菜；种植的葡萄和橄榄已用来酿酒榨油；饲养的役畜有能拉车的牛和可驮运的驴。法老经常派人清查全国人口、土地、牲畜等财产，编制成册，用以确定应征税额。土地税是国库的主要收入，农民除在王室与贵族的农庄劳动，还要服繁重的徭役，修建各种浩大公共工程。为加强对尼罗河水的利用，经常征调人力兴修水利，派专人长年观测管理。中王国时期（前2052—前1783）青铜工具开始应用。在农具方面，适于深耕的扶柄陡直上有握手孔的新型犁已经推广。能提高灌溉效益的桔槔也已应用，并掌握了用排水筑堤扩大耕地的技术。公元前16世纪中叶迁都底比斯，进入了新王国时期（公元前1570—前1085）。与手工业相比，农业进步较缓，但已推行轮作制。土地制度渐趋完善，土地占有形式主要有三种：①农民份地。份地已成私产，且允许买卖。买卖土地的契约手续须在法庭办理，并在土地登记册上更改业主的姓名。②大农庄。归王室及官僚贵族直接占有，驱使奴隶与破产农民为之耕种，产品上缴后，再向劳动者分配口粮。高级官僚领受的封赐土地，地方各级官吏分得的服役份地，都是以法老的名义给予的，因而须向法老缴纳少量贡赋，赐给官僚的土地可以世袭与转让。③神庙农庄。这类土地约占全埃及可耕地的15%，其经营形式与王室农庄相似，但可免交赋税。战俘奴隶经常作为礼品而成为神庙的依附农民。农民受多种压榨剥削，分化激烈，少数成为小奴隶主，多数破产失业，甚至沦为债务奴隶。社会矛盾趋于激化。后期埃及（前1085—前525）基本处于分裂状态，国势衰弱不堪，经济上仍有些进步。公元前8世纪埃及进入铁器时代，商品货币关系也有发展。主要输出品有小麦、麻布及优质陶器。古埃及早期经济以集体为主，整个民族围绕大规模的国家工程运转，后期的王室农庄及神庙农庄把部分土地佃出，使农民的个体经济得以发展。但深刻的阶级分化与尖锐的阶级对立，使埃及终于无法摆脱衰弱，公元前525年被波斯征服。

1.3.2 古希腊农业

古希腊农业是指从公元前11世纪至前1世纪，巴尔干半岛南部，爱琴海诸岛屿及小亚细亚沿岸一带，古希腊人分布与生活定居地区的农业生产组织与技术的发展变化过程。

依据社会经济发展情况古希腊可分为荷马时代（前11—前9世纪）、城邦时代（前8—前4世纪）及希腊化时代（前4世纪末至前1世纪）三个阶段。城邦时代又可分为兴起（前8—前6世纪）、发展（前5世纪）及衰亡（前4世纪）三个时期。

（1）荷马时代的农业

当时的社会，氏族部落盛行，以家庭为基础组成氏族、胞族及部族，部落管理实行军事民主制。但随生产力的发展及氏族内部分化的加剧，部落首领愈来愈拥有更大的权力。到荷马时代后期，部落的管理机构已开始向国家统治机关过渡。根据近代考古发掘，已证实这一时期有了铁器。使用的农具有犁、锄、铲和镰刀等，犁用的双牛牵引，已能用来深耕。栽培的谷物有小麦、大麦等。种植谷物的土地每年需要耕翻2～3遍，为了恢复地力采用隔年休闲的二圃制。收割用镰摘穗，再以役畜践踏禾穗来脱粒，加工则用杵、臼等器物。此外还适当种植葡萄与牧草。畜牧业如马、牛、羊、猪等已由专人成群饲养，牲畜、皮革还和铜、铁一起充当物物交换的媒介。随着生产力的发展，私有财产与阶级分化开始出现。遍布各地的农村公社把土地分成小块份地，分配给各个家庭耕种。有权势的逐渐成为贵族，占有较多和较好的土地，并从事经营田园和牧场。失掉份地和脱离公社的，则外出为佣工或沦为乞丐。氏族贵族有时雇工并使用奴隶，奴隶来源多是战俘或被劫掠的。男奴放牧，女奴从事家务，当时用于农业和手工业的奴隶，还为数不多。

（2）城邦时代的农业

城邦（即城市国家）是一个城市连同其周围不大一片的乡村区域组成的主权国家。最初是由原始公社演化而来的一种公民集体，后来逐渐发展成贵族政治，经过一人独裁的僭主政治（tyrannis），再演化成奴隶主民政治。每个城邦的公民作为一个整体构成统治集团，与没有公权的自由人和奴隶的相对立。古希腊先后建立起来的200多个城邦。多数城邦的人口只有几万人，而公民人数一般不足5 000，其国土最大的约几千平方千米。

1）城邦形成时期的农业。此时农业是最主要的生产部门。据赫西奥德（Hesiodos，前8世纪）所著《田功农时》（Works and Days），又译称《工作与时日》叙事诗记叙，当时氏族社会已经解体，随同土地与财富的兼并集聚，形成了奴隶社会。作为主要生产资料的土地，只有公民才有权占有，多数城邦中的大部分公民仍从事农业生产，这时希腊各地的农业又有进展。铁制的犁铧、锄、锹等农具得到推广普及，从而使贫瘠多山的希腊土地得以成片开垦和深耕。谷物的种植面积虽进一步扩大，但因人口增加与土地不足，所产谷物仍不够需要。因而通过对外贸易，用葡萄酒、橄榄油及其他手工业品换取短缺的粮食。随同希腊与外界接触增多而不断向外扩张，在西汉中海及黑海沿岸各地，又建立了一批新的殖民城邦。这类城邦一般实行母邦的政治制度，但在政治上却不依附于母邦。贸易与殖民活动在这时较快开展的背景是，除了外出经营的工商业者去寻求奴隶与原材料，也有欠债失地后外流的农民，以及政治斗争中失败的政治集团参与其间。

2）城邦发展与衰落时期时期的农业。从雅典与斯巴达这两个最大城邦兴衰过程中察知。公元前400年左右，由出身雅典而后定居斯巴达的色诺芬（Xenophon，前430—前335）撰写的《经济论》（Oecenomics），提供了这一时期的奴隶制下以家庭为单位的农业生产与组织管理具体情况。雅典位于阿提卡半岛，在公元前7世纪前半叶完成了统一，面积为2 550平方千米，人口在公元前5世纪时约为40万人，其中自由民16.8万人，奴隶20万人，余为外邦人。公元前6世纪初，随着工商业的发展，出现了新兴工商业奴隶主阶层，成为以发展工商业与航海贸易为主的城邦。由于氏族贵族用债务盘剥农民，引起农业萎缩、人口外流。梭伦（Solon，公元前594任执政官）曾进行改革，企图加以解救。主要措施有取消以土地为抵押的债务；禁止用人身为债务作担保；限制粮食出口与扩大橄榄油的输出，但没有满足农民重分土地的要求。之后又经过一系列改革，农民与小手工业者相对的保住了小生产者的地位与公民权，但工商业奴隶主在政治经济上得到了更多的好处。公元前5世纪末，在雅典土地买卖开始流行，而高利贷与金融业更加活跃，加上因粮食不足而不时出现的粮食危机，加剧了财产分配的不公及农民和手工业者的破产。斯巴达地处拉科尼亚平原上，是以重农抑商立国的城邦，城邦的形成在公元前8世纪初，全体斯巴达人都是城邦的公民和统治者。土地由集体占有，再划分为约20公顷的份地分到各家，但不准分割转让，而只许传给后代。份地的耕种由希洛人（Helots，又译黑劳士）承担，被固定在土地上的希洛人，向斯巴达缴纳谷物及油、酒等，平均每7户要供养1户，以保证斯巴达人习武从军。斯巴达是希腊最大的城邦，但面积也不过8 400平方千米，公元前7世纪其公民最多时为9 000人，没有公民权的自由人4万~6万人，希洛人14万~20万人。斯巴达不许贵金属及货币流通，也限制工商业的发展，这些措施在一定时期内虽然起到抑制阶段分化的作用，但随生产力的提高及外界影响的加强，商品经济还是有所滋长。公元前400年通过法律允许转让份地，但丧失份地者的公民权则被剥夺，土地的兼并与买卖继而盛行，严重的社会危机也随之形成。在城邦发展与衰落的这一阶段，希腊人耕种和开垦的土地虽然有所扩大，但农业生产技术没有相应的改进。从色诺芬的著作和赫西奥德的长诗，可以看到犁的形制很少变化；谷物的收割还是用镰刀摘穗，脱粒依然是用牛来踩。生产技术虽然没有根本变革，但在细节上仍有提高，例如已有用蔬菜与谷物的轮作代替休闲；在陡峭的山坡上修筑梯田；用沟渠引水来浇灌旱地；以掺土和换土的方法来改良土壤；使用硝石、草木灰及人畜粪尿来肥田等。这些技术措施可能还没普遍应用开来，但这些措施的出现必定是在长年实践与反复观察的基础上才有可能。据此不难推断，当时希腊人已了解并能辨识土壤的类型、作物的习性及各种不同肥料的功用。至于农业组织与管理的具体情况，据色诺芬的记叙，耕地与果园的管理最好是由奴隶主亲自参与，有可能也是要参加些劳动，因为农业是最好的职业，农业的地位高于其他经济部门。适应奴隶制家庭的经济要求，除了要加强财产的管理，对奴隶的训练、管家人的挑选也应给以相应的关注。这些观点反映出维护奴隶制下自然经济的特点，但强调农业是其他技艺之母，只有在农业繁荣时，其他技艺才可能兴旺。这样来认识农业与工商业的关系，得到近代重农学派的推崇。这一阶段农业经营管理总的情况是，中、小土地所有者多亲自参加耕种，或使用为数不多的奴隶，农忙时也兼用雇工，大土地所有者则使用更多的奴隶。日常生产组织任务也多由奴隶中选出的管理者来代管。另外也有为数不多的把土地出租，再来收取地租的。

3）希腊化时代的农业。从公元前 4 世纪上半叶起，位于希腊北部与希腊人同族的马其顿人，开始形成奴隶制国家。当时小农经济还比较稳固，构成马其顿军事力量基础的就是这些小农，具有比希腊城邦国家更强的战斗力，公元前 4 世纪中叶国势渐盛。而希腊则因雅典与斯巴达争夺霸权的伯罗尼萨战争（前 459—前 446；前 431—前 404 先后卷入许多城邦，雅典则最终失败）受到严重破坏，加以各种社会危机日趋严重，公元前 338 年马其顿与希腊城邦的战役就由马其顿取胜。在马期顿统治下的多数希腊城邦，成为保有一定自治权力的自治单位。亚历山大大帝（Alexandros，前 356—前 323，前 336—前 323）即位后，大举入侵东方，进入“希腊化时代”（Hellenismus，前 334 ~ 前 30），被希腊人实际占领，又长期属于希腊化的东方各地，后来的农业都有所发展，但希腊本土的农业却日趋衰微，旧日的繁荣景象几乎绝迹。公元前 2 世纪中期，整个希腊被并入罗马版图，奴隶制度依然存在，自然经济则不同程度的重又抬头，只有爱琴海诸岛的葡萄与橄榄的种植和加工，得到较快的恢复与发展。

1.3.3 古罗马农业

古罗马农业（agriculture of ancient Rome）是指从公元前 8 ~5 世纪，古罗马的农业生产组织变化及农业技术发展的情况。

古代罗马从意大利半岛中部台伯河畔兴起，到成为横跨欧、亚、非三大洲的沿地中海的宠大帝国，先后经历了王政时代（前 8—前 6 世纪）、共和时代（前 509—前 27）及帝国时代（前 27—476）三个阶段。395 年帝国分裂为东西两部，西罗马帝国于 476 年覆亡，西欧奴隶制终结，东罗马帝国（又称拜占庭帝国）于 7 世纪演化为封建制国家。

（1）古罗马的农业生产组织及土地制度

公元前 7 世纪王政时代初期，氏族公社趋于瓦解，但土地仍归氏族共同分配使用。相传第一王罗慕洛斯（Romulus）时还曾分给多个民族成员 2 犹格（罗马土地单位，相当于 1/4 公顷）土地。在分工交换及阶级分化的基础上，罗马出现了家长奴隶制，奴隶被视同家庭成员，受掌握财富并控制家庭的家长的剥削。富有的氏族成为氏族贵族（patricii），攫取氏族的土地与财富；破产的成员受贵族庇护，从贵族取得份地。被征服的居民，处于氏族以外的无权地位，只占有部分土地或向贵族租地，从事个体生产，构成“平民”阶层。这时的社会是军事民主性质。公元前 510 年建立起贵族专政的共和国，通过平民与贵族的斗争，国家机构得到了调整，斗争的焦点是土地与债务问题，土地问题虽具有为奴隶制所决定的特殊形式，而实质上是小土地所有制与大土地所有制的斗争。在平民付出重大代价的基础上，终于在公元前 367 年的“李锡尼—塞克斯图法案”中得到初步解决。法案规定全体公民都可占有和使用“公地”（罗马国家所有土地，只有成为公民，才有权占有或参与其分配），但占有的最高限额不能超过 500 犹格。在“公地”上放牧时，大牲畜不能超过 100 头，小牲畜不得超过 500 头，这时历来垄断“公地”的贵族，是个重大冲击。它使土地集中的过程延缓下来，小土地所有制也因而一度呈现优势。但罗马在经历多次战争、统一意大利的过程中，将其占领下的各地区大量土地改成“公地”。而这些土地，除部分分配给破产农民，使其移居屯垦，余下的经元老院拍卖成为有财势者的私产，贫富分化的过程亦因之加快。共和时代后期，通过三次布匿战役（Punic War，前 264—前 241；前 218—前 201；前 149—前 146）罗马成为东起小亚细亚，西抵大西洋的地中海世界的霸主。在征服扩张中所俘获的战俘作为奴隶，被广泛用来从事农业及手工业生产来适应新的经济形势。在各地兼并土地的基础上，先后建立起奴隶制大地产（latifundium），在这同时也出现了大批破产的小农。土地的集中和农民的破产，不仅加剧了社会动荡，也影响了兵源，从而削弱了罗马的国力。为此曾由格拉古兄弟推行土地改革。企图通过限制占有“公地”数额，对超过部分收归国有，再分成 30 犹格的一小块，分配给贫苦农民，但不准买卖的办法来解决。这一温和的改革因遭既得利益者的反对而未能成功，但有 8 万人（近公民总数 1/4），在改革中获得土地。为镇压奴隶的反抗与起义，并缓解各种社会危机，1 世纪建立起军事独裁的帝国。帝国初期维持了将近 200 年的比较稳定的统治，这时经济发展，贸易繁盛。但在帝国全盛之际，却因对外扩张已达极限而随即转向衰落。由于奴隶来源渐少，奴隶反抗加强，到了 2 世纪时奴隶主大多已被迫采用奴隶授产制。即把土地分成小块出租给佃耕者，隶农制渐趋流行。隶农最初是指自耕农，共和末期成为大土地所有者。到帝国初期，隶农的来源除一部分奴隶，主要是破产农民。隶农除上缴 1/3 左右的实物，还得缴纳货币充作地租。3 世纪罗马帝国陷入全面危机，为挽救农业衰落，有的皇帝曾设置低利贷款基金，购买土地分给农民，或规定元老须以 1/3 以上财产投于农业，但均无成效。在奴隶、隶农和其他阶层人民多次起义打击下，加上从 5 世纪初日耳曼人等蛮族相继入侵自立王国。476 年日耳曼人雇佣兵首领废黜了最后一个西罗马帝国的皇帝，在奴隶制瓦解的基础上，日耳曼人的公社制度与罗马内部萌发的隶农等封建因素相结合，在西欧逐步成长为封建庄园制度。

（2）古罗马农业的结构与布局

以奴隶制为主，但就阶级结构来看，除奴隶主及奴隶外，还存在其他阶级与阶层，这些阶级与阶层在农业生产中的地位与作用各不相同。王政时代的贵族与平民长期对立的经济基础，是大和小两种土地所有制矛盾的集中体现。共和时代旧的氏族贵族的特权基本上被取消，代之而起的“新贵们”（nobilitas）仍是占有大量土地的有权者，但占有少量土地的小农曾一度处于优势。共和后期大地产者增长与小农破产，大体在以同步进行。破产的小农有的沦为债务奴隶，有的流入城市成为流氓无产者，也有的变为承租土地的佃耕农户，而这些农户又可分为契约租户与世袭佃农两类。在帝国初期，从事农业生产的主要是两种人，即佃农与奴隶。得到较大发展的大地产，多由奴隶出身的管事（villicus）来经营。在农忙季节，除奴隶从事劳动外，还有临时雇用的具有自由身份的佣工。小农虽然无法与大地产者相竞争，但却依然得以存在而未完全消失。帝国后期农业日益衰败，加上社会动荡，捐税繁重，贫苦农民更难谋生。为求得庇护，有的投身依附于有权势者，献上自己的土地，之后再来承租耕种，与获得部分自由的奴隶合流成为隶农。农业一向是罗马的基本经济部门，但其结构与布局随同罗马的经济发展与对外扩张，也经历了变化过程。共和前期，意大利半岛中部拉丁姆平原及其他适于耕种的地区，已普遍种植谷物、蔬菜，而葡萄等果树则多生长在丘陵山地，羊群等牲畜有的到亚平宁山区放牧。共和后期，当罗马已成为囊括地中海沿岸的大国时，在新设置的地区掠取粮食，继而通过贩运来供应意大利各城市。当这些地区成为供应罗马的谷仓时，意大利半岛上种植的谷物，有些就被获利更多的果树、蔬菜所取代。但高卢、爱琴海诸岛及西班牙等地区盛产葡萄、橄榄，特别是加工后的葡萄酒及橄榄油，一直能维持与意大利相抗衡的竞争地位。此外，随着富有权势者生活的日趋奢靡，在其地产上设立了养鸟棚、养鸡场，乃至渔池、猎场等。加图在他的《农业志》中，曾把意大利的农庄经营分为七类，即依次为葡萄园、菜园、柳树园、橄榄园、牧场、谷物和森林。为能获利，农庄要少买多卖，位置以交通方便临近城市处为佳。意大利南部及西西里也有面积超过1 000犹格的大牧场，夏季赶进山区放牧，冬季在平原饲喂。但畜牧业在帝国后期，因种植业萎缩，农民弃耕后形成大片荒地，不少农庄改成牧场，这一过程甚至扩展到高卢与非洲等地。在社会动乱的情况下，农产品销售市场的缩小，使一些一向以剥削奴隶并与市场有联系的大地产，被迫把土地分块出租，或逐步转变为剥削隶农的、具有自给自足倾向的农庄。

（3）古罗马的农业生产技术

种植的作物中主要有小麦及大麦，燕麦是后期种植的，黑麦则很少栽培；豆类的豌豆、蚕豆等；牧草有红三叶、苜蓿等；蔬菜有蔓菁、卷心菜、羽扇豆等；

果树有葡萄、橄榄及无花时等。此外还有胡麻等油料作物。施用的肥料以动物粪尿为主，也有用草木灰和绿肥的。古代罗马施肥多限于在两年轮作的时候，而恢复地力通常是用隔年休闲的办法。作为主要农具的犁，是只有铁制犁铧的轻型犁（aratrum），适应较为疏松的土壤，一般用两头公牛牵引。耕作一般在收割后、春播前及休闲期中进行。适应气候及土壤的特点，以浅耕松土为主，以便减少水分蒸发。耕地形成长宽各 110 米，面积约为 20 亩的“方形耕地”（blockflur）。耕毕用锄（sarculum）碎土，再把种子撒下，之后的田间管理主要是除草、培土。谷类收割时使用镰刀，其形制与今相近，操作上则大多从穗部摘取。根据普林尼在《博物志》中的记载，在高卢南部的平坦地区，还曾使用过由一头公牛推动的带轮割谷器。收割后摊在脱谷场上，用牛、马直接践踏来脱粒。其产量要比中世纪高些。劳动生产率是犁耕的一人两牛每天大体能耕 5/3 犹格。收割时每一犹格需工：小麦为 2/3 个，大麦、豆类是 1 个，亚麻则要 3 个。耕作制主要是休闲轮作的“二圃制”。因为地中海沿岸是年雨量约为 500 厘米的冬雨地区，小麦在 10 月秋播，次年 6 月收获，休闲之后越冬，再按春耕秋种来轮种。由于地中海沿岸及高卢等地都适于种植葡萄及橄榄，加工后制作的葡萄酒及橄榄油又是能赚取厚利的商品，并成为罗马多年财政的主要来源，因而从公元前 2 世纪起，改变其自生自长的野生状态，建立果园加以集约管理。在此过程中，通过育苗、栽插和嫁接等技术，改良并培育出许多新的品种，管理上也探索出修剪、压条及施肥的新方法，提高了产量及品质。古罗马饲养的家畜有牛、马、驴等役畜和猪、羊等小家畜。公牛用来耕地，马是供贵族战争或狩猎时骑乘的，猪、牛主要充作肉食，而山羊及绵羊还提供主要衣着原料的皮毛。除了羊是放牧，其他多已陆续改用舍饲，饲料用大麦、苜蓿及干草等。对家畜的配种、去势、外形鉴定也都积累了一定知识。如去掉睾丸的骟马（cantherli），由于不再产生精液而变得驯顺，适于运载服役。去势后的阉猪（maiales）和阉鸡（capi）都可缩短育肥期和提高肉的品质。马骡和驴骡都是杂交产物，虽然不会再生育，但都健壮有力。好马的外形应是胸部丰满，腹部大小合适，腰部下倾，肩胛骨宽，腿直对称，宁向里弯而不外屈，膝头圆而小，蹄质坚且硬，尾巴毛多而略弯曲。而猪的体形，则以体长头小的受欢迎。在大牲畜的疾病医疗方面，也已了解到很多症状和治疗方法。

截至近代初期在生产技术上发生重大变革前，西欧农业技术基本上不超出这一水平。

（4）古罗马的农业文献及有关典籍

公元前2～4世纪的600年里，罗马有四部专门讨论农业的专著传世。即：加图的《农业志》，瓦罗的《论农业》，科路美拉的《农业论》和4世纪时由帕拉迪阿斯（Rutilus Taurus Aemlianus Palladius）撰写的《农事论》（Opus Agriculturae）。《农事论》以农事诗的体裁，来讨论帝国后期已濒临全面危机形势下的农业问题。用农事历的形式依次记述有关农耕和家计活动，反映出奴隶制大地产者已趋萎缩、濒临解体时的情况。记述有关古罗马的农业生产情况的典籍还有被誉为罗马一代诗宗维吉尔（Publius Vergilius Maro，前79—前19）的《田功诗》（Georgica，前29）。其内容依次为：耕耘（有关耕耘等田间技术）、畜牧（有关家畜饲养等技术）、园圃（以葡萄、橄榄栽培为主的园艺技艺）、养蜂。用诗体韵文来赞颂歌吟与农业有关的技艺，极易流传，对中世纪及近代初期的西欧农业有相当大的影响。此外还有普林尼（Secundus Graius Plinius，约61～113年）的《博物志》（Historia Naturalis，约70年），是包括天文、地理、生物、农业、医疗及矿冶等多学科的百科全书式的论著，共37卷。其中27～29卷对作物、土壤、肥料及耕等技术作了较精确的分析。

1.3.4 西亚古代农业

西亚古代农业是指从公元前3000年初到公元前6世纪，美索不达米亚、安那托利亚、叙利亚—巴勒斯坦和伊朗高原地区的社会经济组织和农业生产情况。

西亚，古代欧洲人称之为“东方”。是世界最早的文明发祥地之一。叙利亚—巴勒斯坦地区，沿地中海北上至美索不达米亚，向东延伸到伊朗高原东南部的“新月沃地”（Fertile Crescent），是沿阿拉伯沙漠北部边缘的一个广阔富饶半圆形地带。这一地区是世界最早的农业发源地，由于气候及地形复杂，自古就形成美索不达米亚的灌溉农业；叙利亚—巴勒斯坦的地中海式农业；安那托利亚半岛和伊朗高原的旱地农业；散在沙漠边缘的绿洲农业等多种类型。

（1）美索不达米亚早期农业（agriculture of Mesopotamia in early times）

从公元前3000年代初苏美尔国家形成，到公元前6世纪中叶被波斯征服期间，底格里斯与幼发拉底两河流域的社会经济组织与农业生产情况。其社会经济发展又可分为苏美尔—阿卡德时期与古巴比伦、亚述、新巴比伦时期。

美索不达米亚（Mesopotamia希腊语，意为两河之间的地方）又称两河流域。古代称其北部为亚述，南部为巴比伦尼亚。巴比伦尼亚的北部为阿卡德，南部是苏美尔。

苏美尔—阿卡德时期，苏美尔人（Sumerian）于公元前4300年前后从里海一带迁来。经原始公社解体，在公元前3500年前后氏族部落发生分化，出现拉格什、乌尔等城邦，形成由一个中心城市为主体连同周围农村公社组成的政治实体。这时苏美尔人已掌握冶铜技术，开始兴修水利，从事灌溉农业。农业生产已从锄耕转向犁耕。用四头牛（或驴）为一组来拖拉。种植的作物以大麦为主，还有二粒小麦、芝麻和豆科植物等；饲养的家畜有山羊、绵羊、牛、驴及猪等，车是用驴来拉的。铜制工具虽已开始使用，石器仍未完全被淘汰。并已用陶轮制作出色彩夺目的陶器。神庙不仅是宗教的祭坛，还是奴隶主政治经济活动的中心。一切奴隶制城邦都有自己的神庙，具有统治机构管理公共事务的职能，占有大量土地并参与商业及手工业。属于神庙的土地，除直接管理强令奴隶为之耕种，也有一部分以份地形式出租来收赋税。城邦余下的土地属农村公社，公社农民可领有自己的份地，最初要定期重新分配，之后则归已有并允许转让买卖。另外也有因社会地位下降陷于自由民身份的依附农民（Gurus）。苏美尔城邦土地所有制是国有财产（如神庙土地）与公民私有财产并存，前者不准买卖，后者当社会化到一定阶段，就成为可以买卖的土地了。公元前3000年左右阿卡德人（Akkadiaus，塞姆族中的一支）从叙利亚迁来，在两河流域定居后也形成一些奴隶制的城邦。公元前2371年统一建立了阿卡德王国（Akkad，约前2371—前2230），征服苏美尔诸城邦及邻近地区。之后于乌尔第三王朝（Ur III dynasty，前2112—前2004）中央集权强化，神庙经济被王室经济吞并。王室经济以王室农庄及牧场的形式来经营，驱使奴隶与依附者为之生产。此时这两者的社会经济地位几乎已无差别。

（2）古巴比伦、亚述、新巴比伦时期

巴比伦位于幼发拉底河中游，在两河相距最近之处。阿摩利人（Amorite）

于公元前1894年在此立国，史称古巴比伦（Old Babylon，1894—前1594），其第六代王汉谟拉比（Hammurabi，前1792—前1750在位）时，统一两河流域，建立起奴隶制的中央集权国家。汉谟拉比统治之初，就继承苏美尔—阿卡德时代各邦的法律，并结合当时当地的习惯法汇编法典，即《汉谟拉比法典》（Code of Hammurabi）。之后曾刻石公布于众。1901年于伊朗发现刻有法典的石柱，包括序文、条文、结语三部分，共282条，是传世的最古老最完整的成文法典。农民公社的份地基本上已成为私有财产，占有份地农民须以收获物的1/10～1/4上缴国库，此外还须服劳役及兵役。古巴比伦王国时代的王室经济（包括土地、畜牧及手工作坊）多集中于苏美尔地区，分配给依附于王家土地“非全权自由民”（Mushkeaum）的纳贡人来经营。纳贡人领得份地、农具、牧畜及种子之后从事耕种，收获所得须将大部分上缴王室。份地不准买卖抵押，但可世袭使用。古巴比伦王国后期土地租佃已相当流行。租期一般农田为1年，果园为5年；租率耕地为收成的1/3～1/2，园地则高达2/3。奴隶来源除家生、战俘之外，也有因限于债务无法自拔而沦为债务奴隶的。法典虽规定债奴服役3年应该恢复其自由，但实际处境极难改善。汉谟拉比时代的两河流域南部地区，生产已有相当高度的发展。按汉谟拉比的年代记，在他统治的八、九、十、十四和三十三年，都是开凿河渠、兴修水利的年份。灌溉系统有扩大与改善。为灌溉高地，采用了较完善的扬水装置，在耕种时装有播种漏的改良犁也已创制应用。

亚述的基本活动地区是底格里河中游一带，亚述城位于底格里斯河中游西岸，是古代西亚交通贸易中心。以亚述城为中心逐渐形成由塞姆人为主的奴隶制城邦。亚述国家的历史一般分为古亚述（约公元前30世纪末至前16世纪）、中亚述（前15—9世纪）与新亚述（前8—前7世纪）三个阶段。中亚述时期的重要历史遗产是《中亚述法典》，刻有法典的文书，于20世纪初在今伊拉克发现。泥板分为三表与若干断片。法典规定有关地产、房屋、债务、买卖、抵押及家庭、婚姻等方面的权利与义务。土地已属私有，可以进行买卖。如侵占他人土地，应加倍赔偿给原主，借债久欠无力偿还则须以服劳役相抵。债务奴隶也已盛行。公元前7世纪新亚述时建立地跨西亚及北非的奴隶制帝国，第一次把这个地区各民族结合起来。适应当地奴隶制发展的需要，也为稳定被征服地区的社会秩序，把绝大部分原居民强迫迁走，再以家族为单位分散安排到其他被征服地区。余下的土地则分配给亚述要员屯垦，或把另外被征服地区的居民迁来耕种，将不同语言与出身的移民混编一处，以防其联合反抗。移民分有小块土地，也可建立家室，但必须交纳沉重租赋，且无人身自由，连同耕地都归王室。因而这些移民实际上是农业奴隶。除农业之外奴隶也从事工业、商业活动，或在工兵、辎重队伍里服役。修建灌溉与建筑工程的繁重劳动也概由奴隶来充任。

新巴比伦王国（前626—前538）时在铁器普遍使用、不断加重对奴隶剥削的基础上，社会财富愈益集中于少数祭司及高利贷者手中。奴隶买卖盛行。从事家务劳动的家奴，间或可替主人经商。

安那托利亚（Anatolia，又称小亚细亚，今土耳其）希腊语意为“日出”或“东方”。公元前3000年代已居住着原始赫梯人（Hittites）。公元前2000年代初属印欧语系的赫梯人等进入安那托利亚，形成许多城邦国家。公元前19世纪亚述入侵时，曾建立殖民地。亚述殖民者向土著居民往收赋税，并强令为其服务种劳役。公元前14世纪以哈图斯为首都建立赫梯帝国（Hittite Empire，前1380—前1230），帝国内部由许多相互混合的部落组成。统治机构是适应对外扩张的军事联合组织。因缺少稳固的经济基础，存在时间不长。但赫梯帝国建立后，生产力有较大发展。除石犁外还用青铜制作了犁和镰刀。公元前1500年左右发明了冶铁，包括铁犁在内的铁制工具随即应用推广。赫梯人还大量开采当地丰富的铁矿，出售给周围民族。全国土地大部分归国王和祭司占有，寺庙经济名义上属全体自由民，实际上已转化成国王财产，权贵及军官也占有大量土地。农村公社已由父亲家庭构成，土地原则上不分割，称“全份地”（iwaru）。公社成员在全份地内保有可定期使用的单独份地。公元前15世纪末至前14世纪初汇编的《赫梯法典》（Code of Hittite），已允许土地买卖，并保护土地私有权。法典规定对侵犯别人土地，在别人土地上播种者处以死刑，对盗窃或杀害牲畜的要判交罚金严加惩办。

腓民基（Phoenicia，今叙利亚沿海地区，黎巴嫩）希腊语意为紫红色之国。公元前3000年代末已出现一些城邦。各城邦都以港口作为经济和行政中心，虽有国王，但实权由奴隶主推出的城邦长老会议主持掌握，实行贵族政治。城邦间相互争夺，没有形成统一的局面。腓尼基境内多山，盛产木材，谷地及沿海适宜园艺业，盛产葡萄、橄榄、椰枣等。此外还特产紫红颜料。从事农业生产的主要劳动者是农村公社成员，也使用奴隶。腓尼基商人广泛经营海陆贸易，贩运的商品有本地出产的葡萄酒、橄榄油、木材及手工业制品，此外还从事中间贸易并参与贩运奴隶。在海外贸易发展的同时，以建立活动据点为主的海外殖民活动也随之扩展，以经商为业的腓尼基人，其活动范围除地中海沿岸，向东达到黑海沿岸，往西出直布罗陀抵达不列颠。巴勒斯坦位于埃及与叙利亚之间，其沿海平原和约旦河谷适合农业，高地与草原宜于放牧。公元前 3000 年居住着讲塞姆语的迦南人，已开始使用铜器，从事农业生产。公元前 2000 年中期，希伯来人的游牧部落从东方进来，经过和迦南人长期冲突之后而逐渐融合。希伯来人利用迦南人的生产经验，在肥沃的河畔或谷地开始从事农业生产活动。公元前 2000 年末，希伯来人的氏族公社转变为农村公社，农民生活在农村公社里，随同阶段分化，国家开始发生。先是北方以种植业为主的地区形成以色列王国，随后主要从事畜牧业的南方各部落建立犹太王国。公元前 9 世纪，铁器已普遍使用，商业贩运也已盛行，贫困的社员多有丧失土地甚至沦为债务奴隶的，奴隶劳动要比腓尼基普遍一些。公元前 722 年以色列亡于亚述，犹太人则在公元前 586 年被新巴比伦王吞并，之后又臣属于波斯。

（3）伊朗高原

公元前 3000 年中期，于西南部的库齐斯坦平原建立了埃兰国家。曾多次侵入两河流域南部。伊朗高原西部的米底人于公元前 7 世纪后半叶形成奴隶制国家，与新巴比伦结盟，击败并瓜分了亚述帝国。公元前 6 世纪波斯人部落领袖居鲁士（Cyrus II，前 559—前 530）起兵，公元前 550 年灭米底王国，后继续对外扩张，终于形成包括整个中近东地区的波斯帝国（Persian Empire，前 558—前 330）。帝国辖地辽阔，各地区间经济发展极不平衡。地处伊朗高原的波斯本部，刚完成从氏族社会向奴隶社会的转变。随着对外侵略，所虏战俘日益增多，奴隶制经济有所发展；东部及中亚边远地方，仍保留有原始公社制度；两河流域及地中海沿岸社会经济为发达，早已建立奴隶制。波斯贵族积极参与大庄园的经营。各地神庙也占有大量土地，由库尔塔斯（Kurtas）这种被征服的奴隶来耕种。此外也有把土地分成小块交给奴隶来经营的。波斯帝国内部矛盾重重，缺少稳固的统治基础。公元前330年，在马其顿攻击下，帝国遂败亡解体。

1.3.5 印度古代农业

印度早期农业：公元前6世纪前的印度农业又分为哈拉帕农业（Harappan Agriculture）和吠陀农业（Farming of Vedic Ages）两个阶段。历史上的印度通常是指南亚次大陆，即包括今印度、巴基斯坦、孟加拉和尼泊尔等国的地区。古代印度居民比较复杂，作为印度主要居民的雅利安人属于印欧语系，原住中亚或高加索一带，于公元前20世纪中叶侵入印度河流域。在外族连续入侵和内部居民不断迁徙过程中，印度居民自古就呈现出极为复杂的特点。

哈拉帕农业：20世纪20年代，于今巴基斯坦内摩亨佐·达罗（Mohenjo－daro，在信德）和哈拉帕（Harappa，在旁遮普）两地的考古发掘使古老的长期被埋没的文化为世人知晓。这两处发现的古城遗址，经考证其年代可能在公元前2500－前1750年，之后在印度河流域还发现有90处城镇与村落。这些古代的城市文化统称为哈拉帕文化。因位于印度河流域又称为印度河流域文化，是以后印度文化发展的先驱。这时的农业已经相当发达，成为居民的主要生产活动。当时人们已经能够制作铜与青铜的工具和武器。但农业生产上木、石制的农具仍在应用，如翻地用的鹤嘴锄及镰刀已经有用青铜制作的，而带有燧石头轻犁及木制的犁、掘棒等也都用于生产。作为耕畜已经有水牛等，已经驯养的牲畜还有黄牛、山羊、绵羊、猪、狗、鸡、骆驼及象等。种植的作物有水稻、大麦、小麦、稗草、豆类、棉花、胡麻、甜瓜及枣等。制陶、冶金等手工业已经相当发达，并与外界发生了贸易往来。

吠陀时代农业：公元前14～前6世纪称为吠陀时代。雅利安人大约在公元前14世纪时，从印度的西北方侵入，逐步定居于印度河上游。入侵之初仍以畜牧为主，后来才逐渐从事种植业，用牛拉木犁耕地，收割时用金属镰刀，靠河水进行灌溉。马较贵重，多用于驾车挽乘。雅利安人进而征服恒河流域一些土著居民，公元前1000年前后开始使用铁器，农业、手工业进一步发展。雅利安人初到印度时，部落组织仍占统治地位。部落之下有称之为“格拉玛”（Grama）的村落及“格拉玛尼”（Gramani）的部落首领。每个村落由父权制的联合大家庭组成。土地为公社所有。随着生产的发展和频繁的战争，雅利安人逐渐把一些被征服的“达萨人（Dasa）”变成奴隶，其余的非雅利安人也有的迁至山林僻处。奴隶制处在萌芽之中。在婆罗门的盛典《梨俱吠陀》的末卷首次提到社会地位不同的等级，说明“种姓制度”已经产生。这样，在印度原始公社内部已经在孕育阶级与阶级斗争，并逐步向奴隶制转变。公元前6世纪以后，雅利安人的政治、经济中心移向恒河中下游地区。随同在这一地区国家的形成，结束了军事民主制时代而进入阶级社会。

印度古代农业：主要是指公元前6~4世纪印度的农业生产情况。公元前6世纪，印度北部出现20多个国家，是印度史上的列国时代。之后，恒河中下游诸国逐渐强盛，其中以摩竭陀国最为强大。公元前4世纪时已基本统一了恒河流域。由孔雀族的旃陀罗笈多（Chandrogupta，公元前324—前298）建立的新王朝称孔雀王朝（Maorya Dynasty，公元前324—前187），帝国称孔雀帝国。阿育王（Asoka，公元前268—前231）建立起较完备的奴隶制国家机构，除半岛南端次大陆基本上都已并入其版图。阿育王死后，帝国分裂。公元前2世纪时大夏王国（Bactria Kingden）与1世纪时贵霜帝国（Gupta Dynasty）曾先后侵入西北印度。4世纪东印度的笈多王朝兴起，重又建立包括北印度全境的封建国家。

农业生产：有关这一时期的农业生产情况，可从《政事论》及《摩奴法典》中窥知大要。印度农业生产在孔雀王朝时期有很大提高，铁制农具已经普遍应用；灌溉业因鼓励各地开渠修塘，国家并派专人管理，农田水利效益显著。栽培植物种类增多，见于文献记载的较前已多出豇豆、菜籽、南瓜、葫芦、亚麻、甘蔗、芥子、胡椒及红花等。果树则有菜食香蕉、芒果、菠萝蜜、椰子、葡萄等，饲养牲畜中已有供挤奶饮用的乳牛和经人工杂交育成的骡子。有关稻的文字记载始见于《摩奴法典》，在雨量充沛的恒河流域已经盛行栽种，而干旱的旁遮普地区则推行以粟为主的夏作物与以麦类为主的冬作物交替轮作的旱地农业。

土地所有制：孔雀王朝时期土地所有制大体可分为三类。即国王与国家土地，公社土地及私人土地。①属于国王和国家性质的土地，国王的土地是皇室私产，由其直接经营的工庄组成。国家的土地是指无主荒田、未垦土地及牢地、森林等。由国家组织移民建村，开垦后供其耕种，这类土地不能转让或买卖，个人对土地只有使用权或占有权。②公社土地在印度保持的既长久又牢固，这和印度农村的自然经济普遍且深入、货币经济很少渗透进去有关，公社土地定期由公社分配给各家族使用，农民需以其收入的1/6充作赋税上缴国王。③私人土地出现于经济发达社会分化较为激烈的地区。《政事论》中已有关于土地买卖的记载，但荒地牧场丛林等作为公共财产仍归公社。笈多王朝建立后，奴隶制走向衰落。农业生产中自由农民、依附农民及雇工逐步取代了奴隶。法显（337—422）于《高僧法显传》（又称《佛国论》）“中天竺·摩头罗国”（今新德里南、朱木拿河流域）项下，曾记有“唯种王地者乃输地利，欲去便去，欲望便往”，这可能是自由佃农；另载有可随同田宅、园圃、牛犊等一起被赠予他人的“农户”，这是还处于依附地位的农民。

奴隶制下的社会等级：印度奴隶制在孔雀王朝时代臻于全盛。奴隶来源在《政事论》和《摩奴法典》记载“旗下俘获得、食奴、家生的、受赠的、祖传的和服刑的”。这些奴隶分别从事农业、手工业生产，商业贩运、生产辅助及家务等方面的劳动。“种姓制度”已被严格确定下来，四种姓的不同地位也已有了明确规定。但随社会劳动分工的进一步发展，在首陀罗和吠舍种姓中又产生了被称之为“加提”的不同职业集团。它逐渐脱离原来瓦策那的规约，成为职业世袭并实行内婚制的集团。据《摩奴法典》所记，这样的集团已有50多个，其地位也有高低之别。残酷的奴隶制和森严的等级制，严重的阻碍了印度社会进步及生产发展。

在漫长的原始自然条件下，人类采用石器、棍棒等最简陋的生产工具，从事着采集天然植物、捕猎野生动物等简单的农事活动，采用粗放的刀耕火种耕作方法，实行以简单协作为主的集体劳动，获取有限的生活资料，维持低水平的生活需要。随着野生动物、植物的驯化特别是稻谷和陶器的出现，原始农业的雏形逐渐显现，而原始农业的出现，也使人类由“攫取经济”时代，跨入“生产经济”时代。

2 世界农业

农业生产的形成和发展在世界各地经历了不同的过程，其基本特点是由几个农业起源中心，通过引种和农耕方法的传播，沿不同的路线向世界各地扩散，并与各地的自然和社会经济条件相结合，逐步发展成为各具特色的农业生产面貌和农业类型。世界农业发展大体可分为原始农业、传统农业、近代农业和现代农业四个时期。每个时期农业的特点不同，生产力水平各异，其内部结构与外部联系以及对整个世界经济的影响也有很大差别。纵览世界农业发展的历史进程，探求其形成演变的线索，对于深入认识世界农业的现状特点和发展趋向，有着十分重要的意义。

2.1 传统农业

随着铁制农具的出现和应用，原始农业进入传统农业阶段。传统农业是伴随着奴隶制和封建社会的发展而产生和发展的。与原始农业相比，世界各国的传统农业在生产工具方面有了很大的进步，而且随着炼铁技术和畜力的出现的了犁耕，大大提高了劳动生产率，扩大了耕地面积，增加了农产品产量；另一方面是世界各国根据具体国情，其传统农业已经改变了原始农业的部分特征，创造出了利用人工施有机肥等方法来提高土壤肥力；建立了间作、套种等复种耕作制度。

2.1.1 传统农业的形成

随着炼铁技术及铁制工具制作技术的成熟，铁制农具的出现并普及使用，世界农业发展由原始农业进入传统农业阶段。传统农业是伴随着奴隶制和封建社会的发展而产生和发展的。传统农业同原始农业相比，主要进步在于：一方面是生产工具的进步，在炼铁技术和畜力使用基础上出现的犁耕，与锄耕相比可大大提高劳动生产率，这就为扩大耕地面积、较大幅度地增加农产品产量创造了前提。另一方面是对自然界利用能力的进步，改变了原始农业只靠长期休闲、自然恢复地力的状况，创造了利用人工施有机肥的办法来提高土壤肥力；采用选择农作物和牲畜良种的办法来改善农作物和牲畜的性状；还创立了间作、套种等复种耕作制度。尽管传统农业的技术进步十分缓慢，但经过长期积累而形成的农业技术，能较好地适应当地的自然和社会经济条件，有些技术甚至一直沿袭至今。

考古资料显示，公元前2世纪左右，巴比伦人发明了冶铁方法，而中国的冶铁技术更早，至迟是在春秋中期发明的。生产工具的每一阶段变革都与材料、工艺、控制在技术上的重大发展密切相关。冶铁技术的发明，必然导致铁制农具的出现，这一跃进产生于希腊的荷马时代和中国的春秋时代。还在希腊城邦国家建立的早期，木犁就已经装上了铁制的犁铧。由于各地的气候、土质等自然条件存在着差异，所用农具也有所不同。罗马使用较轻便的弯辕犁；在阿尔卑斯山以北的地方，则使用有轮的较为笨重但适合于深耕的反转犁。据文献记载，1世纪左右罗马已经有大麦、小麦的集穗装置，谷物加工机械也已出现。对出土文物的研究表明，中国在春秋战国时有了功能较为完善的铁制耕犁；汉代初期，铁犁向形式多样化发展，有铁口犁铧、尖锋双翼犁铧、舌状梯形犁铧等，并且还发明了犁壁装置和能够调节耕地深浅的犁箭装置。如果缺少了新的动力，先进的铁制农具也是无法充分利用的。在欧洲，罗马帝国末期由于奴隶缺乏，促使人们寻找新的动力，但成效甚微，直至1 000年前后，西欧才广泛使用畜力。在中国，公元前350年战国时期就已经开始使用牛耕了。铁犁和牛耕使传统农业的劳动生产率高于原始农业，从而促使人类社会的各方面发生变革，开始了人类文化史上所谓的野蛮时期向文明时期的过渡。综上所述，欧洲的传统农业产生于希腊的奴隶社会时期，而中国的传统农业产生于春秋战国时期。

2.1.2 传统农业的发展

传统农业的时间跨度大体上从公元前500年左右至19世纪中叶。这一时期，农业是最主要的经济部门，绝大多数人口从事农业生产。在这一漫长的历史时期中，世界人口的迅速增长是促使传统农业发展的最主要动力。据有关资料，在原始农业阶段的公元前5000左右，世界人口估计为2 000万人，到公元元年增至2.3亿，1000年为2.75亿，1500年为4.46亿，1800年为9.02亿。

为解决人口增长对食物的需求，在亚洲、欧洲、非洲和中美洲都开展了大规模的土地开垦。例如，中国从战国中期起，实行“奖励耕战”的政策，兴建水利工程，开垦荒地，发展灌溉。秦及西汉时期（前221—220），中国农耕以关中、中原地区为中心，一方面向西北方向扩展（如开垦河西走廊地区），另一方面在长江中下游广大沼泽地带，通过修建大小排水工程，扩大土地垦殖。

此外，东南亚从3～5世纪起，西欧自12～13世纪开始，耕地面积每隔100年都成倍地增长。特别是人口增长最快的中国和印度，除大规模开发平原地区土地外，还对不同地形条件的土地进行开垦，出现了梯田、圩田、湖田、渚田、葑田和畲田等多种土地利用类型。

传统农业时期，由于战争和商业的发展，特别是随着15世纪末至16世纪初新大陆和新航线的发现，世界农作物与畜禽传播和引种的速度大大加快，范围也明显地扩大。例如，水稻在公元前5～前3世纪传入近东地区后，经巴尔干半岛传入匈牙利，并由阿拉伯人传入西班牙、意大利等地。5世纪从阿拉伯地区传入非洲，而后又从印度传入非洲东海岸和马达加斯加。公元前1世纪从中国传入日本。

西半球，水稻于16世纪后传入美国，19世纪后由美国传至哥伦比亚和巴西。小麦于公元4～5世纪由中国传入朝鲜，再由朝鲜传入日本。在西方，小麦于15世纪末由西班牙传入西印度群岛，17世纪传入美国，18世纪由英国移民传入澳大利亚。高粱从非洲热带起源地（埃塞俄比亚）于公元前4世纪传入印度和波斯，公元前1世纪传入欧洲，4世纪由印度传入中国，并经中国传入朝鲜、日本。玉米由哥伦布于1492年从古巴引入西班牙，稍后又传播至法国、意大利、土耳期、印度和北非等国，16世纪初由印度传入中国、日本。甘薯于15世纪末由南美传入西班牙，16世纪由美洲传入非洲、印度、菲律宾及马来西亚，16世纪末由吕宋岛传入中国、日本。大豆于18世纪由中国和日本传入欧洲，19世纪传入美洲。棉花因品种不同情况较复杂，其中原产于印度的中棉（又称亚洲棉），于公元前 4 世纪传入希腊、罗马，6 世纪传入中国，9 世纪传入南欧。

原产于非洲的草棉于 6 世纪从中亚传入中国；原产于中美洲的陆地棉（又称美棉）先传入美国，在哥伦布发现新大陆后传入欧洲及非洲，中国 19 世纪才开始从美国引种。原产于新几内亚附近的甘蔗（前 15000—前 8000 年），1 世纪由印度传到中国，8 世纪由印度传入日本冲绳岛，公元 10 世纪由阿拉伯人传入东非、地中海沿岸地区及非洲西海岸各国。畜禽传播的速度更快，范围也更广。如羊、牛、猪、马在公元前 2000 ~ 前 1500 年已遍及包括中东、西亚、印度、中国、中亚、中美洲及北非等地区，公元元年 ~4 世纪遍及欧洲各国。

随着农作物和畜禽的广为传播与引种，农业由单纯种植谷物发展到包括畜牧业及经济作物。如中世纪法国，农业原以种植小麦、燕麦、大麦等谷物和种植牧草为主体，继 15 世纪从美洲引进玉米后，又引进了烟草、黑麦；19 世纪引进甜菜、油菜等，不仅大大拓宽了种植业的领域，而且促进了耕作制度的改革（废止休耕制，改为轮作制）和作物单产水平的提高。

东西方传统农业的差异。东方传统农业系指东亚、东南亚、南亚、西亚和北非地区各国的传统农业。总的来看，当时在耕作制度和集约化水平方面都比西方进步。其中中国可作为东方传统农业的典型。中国从春秋战国（前 770 ~ 前 222 年）起，实行铁犁牛耕进入传统农业阶段后，结束了撂荒制，代之以提高单位面积产量、充分利用土地的精耕细作制。春秋晚期，大多是锄、镰这类的小型农具，战国中期后，铁制农具的种类增加，分布地区扩大。

铁制农具的广泛使用，为大规模开垦荒地和兴修水利提供了可靠的保证。一些大型水利工程相继出现于华北平原、关中地区和成都平原，如联系济水、濮水、汴水等河流的鸿沟，沟通淮河与长江的邗沟，继之又出现了以灌溉农田、发展生产为目的的芍坡，改良利用盐碱土的漳河渠和郑国渠，以及灌溉整个成都平原农田的都江堰，等等。秦汉以后到隋统一，北方旱作区农业形成耕—耙—耱（耢）的抗旱保墒耕作制。经过六朝时代的开发，唐宋时在江南水田区形成了耕—耙—耖的耕作制。

为了便于农田耕翻起垄，农具也不断改进，汉代发明了铁制犁具。在耕作制度方面，秦汉时期，全国范围内普遍实行连作制（即在同一块土地上连年种植农作物），汉代出现了冬小麦与其他作物轮作倒茬。魏晋南北朝时，在采用绿肥养地，绿肥、豆科作物和其他作物轮作、间作、套种方面，形成了一整套养地与用地相结合的轮作体系，使农作物的单产和土地利用率得到了较大的提高。隋、唐、宋、元时期，江南形成了以稻麦（绿肥或油菜）轮作为主体的耕作制度，并出现了双季稻和三季稻。明清时代，轮作、间套作、多熟种植在全国范围内得到进一步发展。

在世界农业起源地的西亚、北非地区，由于气候干燥炎热，为战胜干旱对农业的危害，发展了各种形式的灌溉农业，如引河水进行自流灌溉，引地下水灌溉，修建水井或坎儿井等发展井灌。特别是在 3 000 年前的埃及，引尼罗河水进行淤灌，以此提高耕作土壤肥力。古埃及人也发明了耕犁，创立了作物轮作制。由于施肥较少，休闲和轮作是当时保持地力的主要方法。在东方，由于农业与家庭手工业的紧密结合，形成了全封闭的自给自足的分散的个体经济，它们同外界交往很少，因而变革和进步十分缓慢，致使传统农业生产方式较西方保持的时间要长得多。

西方传统农业：中世纪欧洲地区由于地多人少，森林茂密，典型的传统农业是休闲、轮作并兼有效放牧地的二圃或三圃耕作制，它将种植业与畜牧业结合在一起。大约在公元前 1000 年，最早在希腊形成了二圃制（亦称两年轮作制），即将土地分为两个区，一个区种植麦类作物，一个区休闲，次年调换，以恢复地力。到了公元前 5 世纪，由于农村人口增加和发明了有轮重犁，在新开垦的土地上采用三圃制（又称“三年轮作”或“三田”制），将土地分为三个区，两个区分别种越冬作物（小麦等）和春播作物，一个区休闲，三年轮换一圈。这种轮作方式很快就推广到整个西欧和东欧。例如，13 世纪时法国的北部和东北部实行三年轮作制，即第一年种秋播的冬小麦，第二年种春播的大麦或燕麦，第三年实行休闲；在中部和南部地区实行两年轮作制，即一年种植谷物，一年休耕（在贫瘠地区也有休耕几年的），休耕的土地上可放牧牲畜，以补充天然草地的不足。二圃制和三圃制耕地利用率均较低，由于耕作粗放（一般为撒播，几乎不进行田间管理），适合于当时地广人稀、耕地垦殖指数较低的欧洲地区（如 13 世纪西欧地区在土地总面积中耕地所占比重不到20%)。这一耕作制度一直延续了2 000多年，直到19世纪产业革命后才逐渐废止。

2.1.3 传统农业的贡献与局限性

传统农业对农业发展的主要贡献在于：①农业生物在世界范围内实现了广泛交流。传统农业阶段，由各大农业起源中心驯化并经原始农业传播的各种生物资源得到了进一步的传播和交流，极大地丰富了各地农业生物资源，为各地充分合理利用当地资源提供了适应的作物，从而促进了世界农业的发展。②形成了完备的耕作技术体系，主要包括选种育种技术、施肥技术、土壤耕作技术、农田灌溉技术和轮作制等。③形成了农牧结合的生产体系。无论是东亚还是西欧的传统农业，都是农牧结合的生产体系。在欧洲是以牧为主，在中国是以农为主。人们对于无法充分利用的农副产品和农业不能利用的土地，可以通过发展畜牧业而加以开发利用，为人类提供优质的肉、蛋、奶及其他畜产品，同时还可为农业提供优质的肥料，促进农业系统的协调发展。④形成了农业管理思想和体系。我国在传统农业阶段的长期实践中，归纳总结出了一整套农业管理思想和农业经营思想，如："天、地、人"理论，"时宜、地宜、物宜"原则，集约经营，多种经营，量力而行等。

传统农业的主要不足表现在：从能量循环的角度分析，是一种低水平循环状态。可以把农业看作是一座能量循环转换的工厂，我们投入农业多少能量，那么农业就会相应地提供给我们多少产品（农产品也是能量的一种形态)。而在传统农业中，能量的循环转换是封闭的，投入农业的能量仅仅是农业当中的人力、畜力和有机肥等，数量十分有限，所以，农业能够提供给社会的产品数量也相对有限，于是产生了效益低、进步慢等缺陷。更严重的是，随着社会人口不断增加，为了维持生存，人们只有依靠扩大土地种植面积的办法，于是，许多地方都出现了毁林开荒、毁牧垦荒的情形，这就又引起了自然环境遭破坏的尖锐矛盾。所以，传统农业对环境的维护、维持也必然是低水平的，只要社会对农业生产提出新的、更高的要求，传统农业就无法维持生态环境的平衡。

2.2 中世纪的世界农业

2.2.1 英国中世纪农业

5～14世纪英国封建体制下的农业发展过程。随着5世纪英吉利国家的形成，作为封建领主占有土地并依附农民进行剥削的经济形式，经历了形成、完备和解体三个阶段。

领地的形成与发展（5～10世纪）：现代英国人是5世纪下半叶，从西欧大陆进入不列颠的盎格鲁撒克逊人和朱特人等日耳曼部落与此前移入的伊比利亚人及克尔特人经长期混居融合而逐步形成的。公元前1世纪时凯撒曾征服不列颠。在被征服的土地上，有的地方建立起罗马私人大地产，进入了奴隶社会。为保证军队口粮及饲料，谷物种植业曾有所发展，不列颠曾一度被罗马人看作"北方的谷仓"。当时的罗马不列颠铁工厂已经能制造犁铧、锄头、镰刀及割草刀等农具。种植的谷物有小麦、大麦及燕麦等。407年罗马军队撤离，处于军事民主末期的盎格鲁撒克逊人随即来到不列颠。克尔特人被排挤到不列颠的北部及西南部，有的沦为奴隶。入侵者经过一个半世纪的征服后建立了7个小王国，但其基层组织仍保留了村社的形式。土地分配给社员，可世袭耕种，收成归已，但不允许买卖转让。每份720亩的份地称为海得，大约在7世纪肯特王国建立时，各地出现明显的阶级分化，形成依附农制。其特点为：①国王对其下属封赐土地，逐渐成为封建领主，而所有的土地成为可以世袭或转让的私有财产。②在村社成员发生分化的基础上，逐渐形成自由租佃者及依附农民。③6世纪基督教传入不列颠之后，教会通过国王或贵族的赠予而获得大量土地，主教也从而成为封建大领主。从此在英国便形成国王—领主—依附农民的封建从属关系。当时社会也还有少量底层自由民及奴隶，奴隶多从事放牧或辅助性差役。这时的农业生产情况是用牛耕地，犁成长畦。种植的谷物中已经包括有黑麦的麦类。小麦是制作圣餐礼饼用的，对于平民是难得的奢侈品，用大麦、黑麦混合制作的黑面包是平日的主食。饲养的牲畜中，马是供骑乘或驮运的，而牛大多被用来耕田。这时的农具有鹤嘴锄、三齿叉、铁锹、大斧等。代替罗马不列颠时期使用的轻犁。出现了8头牛拖拽的重型犁。这样的重犁能用来切开草泥并深耕起垄，可开发肥沃的黏土。

领地制的完备和解体（11～14世纪）：1066年诺曼底公爵威廉渡海征服英国，加冕为王。把没收土地中的一部分作为采邑分封给下属，形成诺曼领主和诺曼庄园制度。1086年在实行全国土地丈量的基础上，编制有名的《土地调查书》（又名《末日审判书》），汇总这一调查记录成土地台账，通过土地归属、财产状况及耕作者的身份，证实当时绝大多数土地已归封建主占据，广大生产者已经沦为依附农民，说明封建的生产关系已经确立。迟至13世纪初各种依附农民终于完成农奴化的过程，在农村形成统一的农奴阶级。当时在各地已经建立起封建庄园，特制农具得到较为普遍的应用，“三圃制”也已推行，“敞地制”仍在沿袭，产量为播种量的3～4倍。畜牧业中养羊业盛极一时。13世纪时随着英国城市工商业的发展，农村中的货币地租也逐渐取代实物地租及劳役地租，一部分农奴开始通过缴纳货币地租而逐步摆脱所应负的徭役，形成“约曼农”这一独立自耕农阶层。一些封建领主为追求更多的货币收入，开始扩大经营规模并雇用雇工。“圈地运动”即在这一背景下出现。领主们开始圈占公用土地（即领主与农民共同使用的牧场、林场、荒地等），用栅栏、壕沟加以圈围，使之成为私人牧羊场。1349年黑死病流行，使英国人口减损1/3，失去大量劳动力的英国农村遍地荒芜，又给领主以扩大圈地的良机。由于经济生活中的交换与货币关系不断增长，货币地租从12世纪就已出现，加上工商业城市的兴起，英国的庄园制度到了14世纪末期就已濒临解体。农奴劳役制也基本废除。

2.2.2 东欧中世纪农业

4～15世纪，中世纪的东欧，通常是指西起奥得河，东至乌拉尔山，北从波罗的海，南到亚德里亚海及黑海的广大地区。4～5世纪时，主要居民斯拉夫人最早可能居住在维斯瓦河东南，喀尔巴阡山东北的地方。6世纪时被称为“斯克拉维尼人”，其时已明显分为三支：西斯拉夫人（今波兰人、捷克人、斯洛伐克人、摩拉维亚人）；南斯拉夫人（今保加利亚人、塞尔维亚人、克罗地亚人）；东斯拉夫人（俄罗斯人，其后又分成大俄罗斯人、白俄罗斯及乌克兰人）。宗教信仰大多属于东正教徒。斯拉夫人的一些国家大都未经奴隶制而直接进入封建社会。但自由民沦为农奴，封建化的过程较长。当 15～16 世纪，西欧一些国家已发生资本主义时，东欧有些国家出现了农奴制再现的现象，而有些国家农奴制甚至刚刚形成。

（1）拜占庭帝国的农业

395 年，罗马帝国分裂，东罗马帝国（395—1453）以巴尔干半岛为中心，包括西亚、北非大片地方，地处三洲要冲，帝国首都君士坦丁堡是古希腊移民城市拜占庭旧址，故又称拜占庭帝国。它继承了西方文化的遗产，创造了独具风格的文化，对东欧特别是俄罗斯有重要影响。早期拜占庭帝国的农业是以栽培麦类、种植橄榄、葡萄、饲养家畜的农牧混合型为特点的。畜群在整个经济生活中占有重要地位，经常是用来衡量富裕程度的标志。牧场仍是公有共用。从事农业的劳动者是隶农、自由农民及佃农。其中主要生产者是隶农，隶农依其所处的地位又分为：可自由移动，有小块土地及牲畜农具的“自由隶农”；从主人处获得土地，并被固定在土地上的“固定隶农”。东罗马帝国的隶农远比西罗马帝国更为普遍。农村公社仍长期保留，成为向帝国提供自由劳动力和兵丁的后备来源。由于赋税沉重及官吏从中侵夺，自由小农难以维持生计，为求得有权势者的庇护而成为依附大地主的佃农。庇护制曾盛行于帝国晚期东部各地。拜占庭帝国对外贸易发达，城市经济繁荣，因而需要大量的农产品与受工业原料，这促使农业得以长期维持稳定与繁荣。从 11 世纪开始，帝国后期实行“监领地”制度，即把国有土地（包括城堡、耕地和牧场）及农村公社土地分给公职贵族终身监领。监领地上农民受监护人管辖，缴纳租税并服劳役，监护人再将所收租税上交一部分给国家。之后终身监领地逐渐变为世袭监领地，世袭贵族取得与西欧贵族豁免权相当的特权。这样在 14 世纪之后就在经济上导致自然因素的增长，政治上诱发割据分裂趋势的加强。最终削弱了中央集权的统治基础，而使帝国陷于分裂与瓦解的境地。

（2）保加利亚与塞尔维亚的农业

巴尔干半岛上的保加利亚人于 7 世纪后期曾打败拜占庭帝国的军队，一度获得独立，建立第一保加利亚帝国（679—1019）。建国之初，居民中绝大多数为自由民，生活在农村公社中，耕地分给各户使用，可世袭继承。10 世纪初封建制基本形成，自由农民丧失土地沦为农奴。塞尔维亚人分布在亚德里亚海沿岸及萨瓦河中下游地区，12 世纪以前，曾臣属于拜占庭帝国及保加利亚，1190 年独立，13 至 14 世纪，农业生产有较大发展。土地利用方式已推行二圃制或三圃制。土地方式上，有领主占有的世袭领地，和以服兵役为条件的军事采邑。依附农民分为有小块土地的、从事家务劳动的及在偏僻的边远地区从事畜牧的几类。对外贸易也很活跃，用生产的木材、牲畜、皮革等来换取盐、酒及纺织品。1389 年败于土耳其，被纳入奥斯曼帝国的版图。

（3）波兰与匈牙利的农业

波兰人分布在奥得河与维斯瓦河之间，北起波罗的海，南到喀尔巴阡山。波兰在 9 世纪末形成国家，其特点是未经发达的奴隶制，直接从氏族部落联盟向封建社会过渡。部落首领成为王公，亲兵成为贵族。促使这一转变的原因是周围国家都已经进入封建社会。1025 年国王即位时经罗马教皇加冕波兰成为独立的王国。10 世纪末，波兰的农业已较为发达，耕作上已普及三圃制。种植的作物有大麦、黑麦、燕麦、黍、大麻和亚麻等。这是封建庄园开始形成，采用劳役地租方式来进行剥削，农村公社土地不断被侵占，教会也强征什一税，使农民处境急剧恶化，困苦不堪。13 世纪来自德国的条顿骑士团占领了普鲁士，切断了波兰出海的通路。1241 年由拔都（1209—1256）率领的蒙古军队曾横扫波兰，1259 年与 1287 年蒙古又复入侵，使许多城乡变成废墟。这些外来的干扰都阻碍了社会经济的进一步发展。波兰贵族曾设法对外扩张，力求用王室联姻或武力进攻的方式来图存求强。波兰曾进犯俄罗斯及立陶宛等国，一度竟成为东欧的大国。适应市场经济的发展，15 世纪末向劳役庄园制转变。16 世纪初，农民通过对土地的依附，人身完全从属于主人，沦为农奴。匈牙利人又称为马扎儿人，9 世纪西迁来到多瑙河中游平原。定居后逐渐过渡到农业生活。贵族占有大量土地，成为统治阶级，原来的奴隶成了农奴，普通公社成员也有逐渐丧失土地沦为农奴的。国王在长期对外战争中，封赐土地给骑士，从而形成了一个中小贵族阶层。大地主则进一步侵吞自由农民的土地，封建生产关系在 11 世纪末终于确立。匈牙利大小贵族联合迫使国王让步，于 1222 年公布所谓的“黄金诏书”确认领地为贵族世袭财产；豁免贵族和教会的捐税；地方官吏应从贵族中遴选；官员无故不得随意出入庄园，每年要召开一次有各级贵族参加的国会。这些措施提高了各级贵族的地位，但也是对王权的严重挑战，封建割据的无政府状态因此开始得势。1526年匈牙利被土耳其人击败，领土被瓜分。

（4）斯拉夫人与基辅罗斯的农业

斯拉夫人在6～9世纪时，居住在维斯瓦河以东的广阔东欧草原上。8～9世纪时，斯拉夫人已定居从事种植业，也有仍以放牧为主的，狩猎采集在生产中仍发挥着作用。开始使用铁制工具，数量虽不多，在北方林区用铁斧伐木，南方草原用铁镰割草，都发挥较大效益，一般田间操作如松土整地则仍多用木质农具。种植的作物主要是小麦、大麦、黑麦和燕麦等麦类作物。社会的基本单位是由若干毗邻大家族组成的称为“维尔夫”的农村公社。公社成员称为“斯莫尔德”，耕地归各家所有，牧场、森林、荒地仍属公有共用。在这一地区与斯拉夫人杂居的，还有9世纪起由斯堪的那维亚半岛移来的诺曼人。诺曼人经历了从掠夺贸易到逐渐定居，并着手建立政权。之后又相继征服斯拉夫各部落，并与斯拉夫人融合建立基辅罗斯国家，进而成为斯拉夫化的本地王朝。基辅罗斯早期的封建关系，是没有采邑的臣属关系，或采邑仅包括贡赋为特点的。10～11世纪，基辅罗斯的农业生产，因采用铁犁改进耕作技术而有明显提高。农村公社中自由农民的分化加剧，少数富有者兼并土地，失去土地的农民则逐渐沦为依附农民。王公贵族趁机夺取公社土地建立封建庄园，强令农民履行各种封建义务，并驱使农民为之提供劳役。982年奉东正教为国教后，大片土地相继划归教会，从而形成教会大地产。11世纪中叶由基辅大公雅罗斯拉夫统治期间编成的《雅罗斯拉夫法典》规定封建领主对所属土地上的农民有司法审判权。农民如遭地主杀害，地主只付少量偿金便可了事。农民死后如无嗣子财产即归地主。对破坏田界、偷盗牲畜、纵火焚烧庄园者都要严惩，并课以罚金。基辅罗斯的封建制度从此确立。

2.2.3 阿拉伯帝国农业

7～12世纪，由阿拉伯人建立的地跨欧、亚、非三大洲的伊斯兰教封建军事帝国统治下的社会经济与农业生产情况。阿拉伯帝国在中国史籍中称作“大食”。8世纪中叶建立起东到中亚及印度河流域，西至西班牙的大帝国。在伍麦叶王朝和阿拔斯王朝后，1258 年随着蒙古人的入侵而灭亡。阿拉伯半岛是阿拉伯人的故乡。6 ~7 世纪之交，半岛上的阿拉伯人称为贝杜因人，多以游牧为主，逐水草而居，食驼肉、引驼奶。只有少数在绿洲定居的农民，种植大麦、小麦和椰枣。椰枣除磨粉做饼供人食用，还可充当骆驼的饲料。7 世纪初国家产生前，已知使用铁器，出现了私有制与阶级。由穆罕默德（570—632）创立的伊斯兰教，在传教过程中，用武力统一了阿拉伯半岛。

（1）伍麦叶王朝农业

伍麦叶王朝（661—750）建立后，先后镇压了伊朗、伊拉克什叶派的反抗，相继征服了北非、西班牙及中亚、印度西北部等地，成为强大地阿拉伯帝国。帝国建立过程中，常将被征服者变为种田纳税或饲养牲畜的农牧民，形成新的封建依附关系。帝国境内原氏族部落及沦为奴隶的异教徒，在社会生产中虽不占主要地位，但作为旧制度的残余，在较长时期内仍然存在。阿拉伯封建制度的基础是土地国有制。土地所有权掌握在以伊斯兰教首领哈里发为代表的封建国家和贵族手中。国家税收的主要来源是农业。处于依附地位的农民，须以收获所得的 1/3 ~1/2 以实物或货币来充当土地税。

（2）阿拔斯王朝农业

8 世纪中期建立的阿拔斯王朝（750—1258）实行政教合一的神权统治。在土地制度上则把地租与课税合在一起，完善并巩固了封建土地国有制。法律上规定，阿拉伯帝国的土地制度有以下几种：①归哈利法直接掌握的土地，称“哈撒”。②赐给侍从及军人的称“伊克塔”；初时限终身或定期收税，之后转为世袭私产。③属于清真寺的土地称“瓦克夫”，不纳税，也不准转让，以其收入来维持寺庙支出。④少数属于地主私有的称“穆勒克”可以自由处置。农业生产在 9 - 10 世纪内有较大发展。在帝国境内形成的高产富饶区域有：①巴格达（首都）附近的赛瓦德冲积平原。遍布重新开凿与修浚的河道，衰落的农村与荒芜的田园已逐步复兴。盛产小麦、大麦、稻米、椰枣、芝麻、亚麻等，由于气候适宜还出产大量水果与蔬菜。②呼罗珊及西锡斯坦地区。曾为帝国提供最大数额的土地税。③乌浒河（今阿姆河）与药杀水（今锡尔河）之间的粟特河谷。盛产谷物及棉花，西瓜曾一度是这里的特产。④叙利亚的大马士革周围地区。以拥有盛产水果的果木园而著称于世。

伊斯兰势力对西班牙的支配从756～1492年，长达7个多世纪之久。阿拔斯王朝兴起后，在伊比利亚半岛的科尔多瓦另行建立后伍麦叶王朝（756～1033）。之后有定都于格拉纳达的奈斯尔王朝。西班牙的阿拉伯人引进西亚实行的耕作方法，传入兴起不久的水磨与风磨及水车、扬水机等利用机械力的加工及传导工具。开凿运河，兴建果园，除葡萄、橄榄，还引进水稻、杏、桃、石榴、柑橘、甘蔗、棉花、番红花等植物与水果。农民种植土地，收获物与地主共分。产品除供当地消费，还有剩余远销外地。12世纪末西班牙的阿拉伯人伊本?阿瓦木著有《农书》。书中部分资料转引自古希腊及阿拉伯的早期有关著作，另一部分是总结西班牙穆斯林的生产经验。书中叙述了585种植物，并说明了50多种果树的栽种方法。在土壤、施肥、嫁接与病虫害防治等方面，都提出了重要而新颖的见解，是中世纪一部杰出的农学专著。

2.2.4 印度中世纪农业

4～17世纪初印度封建社会的农业生产与农村社会经济情况。根据社会经济特点，又可分为本土王朝与伊斯兰教封建王朝两个时期。

（1）本土封建王朝的农业

4世纪初，在恒河下游建立了笈多王朝。5世纪初国势臻于极盛，成为包括北印度全境的封建帝国。6世纪后期笈多王朝陷于分崩离析状态，其统治仅及恒河下游有限地区。7世纪初北印度由戒日王再次统一，其版图与笈多王朝极盛时期相当。从笈多王朝到戒日王国家的300多年，是印度社会封建制度从产生到确立时期。戒日王死后，小邦割据称雄，从7世纪一直延续到12世纪。13世纪初德里为中心建立德里苏丹国，之后由巴布尔创建莫卧儿王朝所取代，在阿克巴统治下，国势鼎盛时期的疆域，除半岛南端，几乎控制了整个南亚次大陆。

笈多王朝时期，原来处于自由民地位的农村公社成员被固定在土地上，陷于依附农民地位。贵族私人占有的土地不断增加。戒日王时封建国家土地所有制占主要地位，国王不断以“采邑”方式，把土地分封给贵族、达官及寺庙。这些土地上的农村公社成员，以公社为单位直接把赋税交给食邑的领有者，而不再缴纳给国家。虽然食邑土地的所有权仍属国王，但随王权的衰落而逐步转化为世袭所有。在封建采邑形成过程中，农村公社的性质发生了变化，公社成员的大家庭分解为个体家庭的小规模经济，每个家庭都有一份世袭份地来独立经营自己的个体经济。公社头人除以公社成员身份占有一块世袭份地外，还以职务身份占有更大一些的世袭份地，建立较大规模的经济成为小封建主。玄奘（602—664）所撰《大唐西域记》中记述了这一情况："王田之内，大分为四，一充国用祭祀粢盛；二以封建辅佐宰臣；三者赏聪睿硕学高才；四树福田，给诸异道。所以赋敛轻薄，徭役俭省，各安世业，俱佃口分。"其中"薄赋"是指国王收取的农业税，名义上只占总产的1/6；"口分"是借用中国唐代推行的制度，说明在印度可能有部分土地是世袭的，另一部分是临时的。也有可能使一部分人占有世袭的田地，而另一部分是临时租佃或国家分配的。随着生产的发展，农村公社从奴隶制演变为封建制，农业生产的结构及性质也发生了变化。笈多王朝鼓励新垦土地，注意维护和发展灌溉设施，农业生产中种植业的比重逐渐超过了畜牧业。随同产量增加，使部分剩余农产品转化为商品进入市场。在德干南部发现的6～8世纪铭文中，介绍村镇市场上不仅出售稻米及其他谷物，还有以农产品为原料经加工制成的油料与食糖等。

（2）伊斯兰教封建王朝的农业

印度的伊斯兰教封建王朝是从13世纪初开始，在德里苏丹统治下，北印度的封建土地所有制发生了很大变化。苏丹作为征服者，在没收异教徒土地的基础上，把全国土地视同自己的财产。除留部分直接支配经营，其余则作为军事采邑封赐突厥和阿富汗贵族，以及改信伊斯兰教的贵族。领有者最初只能享有领地上的租税，死后归还，14世纪后演变成世袭领地。此外还有阿訇的世袭领地与清真寺占有的土地。封建国家向公社农民征收实物税，旱地占总产的1/3～1/2，而有灌溉条件的水田则高达2/3。在商品经济发达的地方开始征收货币地租。土地税在部分地区采取包税制，由承包人向农民征收后再统一上缴。16世纪初立国的莫卧儿帝国和德里苏丹国一样，实行封建国家土地所有制。皇帝是全国土地最高所有者，其直接占有的土地约占全国的1/3，其余以军事采邑的形式分封给贵族。领有者称扎吉达尔，以服军役为条件，享有征收地税的权益，但不能世袭。

之后由于帝国衰落，遂转变成世袭领地，从而使世袭领地占有制度成为基本形式。在帝国势力不易达到的边远地方，则允许王公或部落首领这些旧统治者仍保留土地的世袭占有权，作为帝国的附庸，须向皇帝纳贡，称为柴明达尔，在阿克巴统治时期这一制度还未占统治地位，17 世纪之后才广泛流行。阿克巴在位时曾擢用托达尔·马尔进行税制改革，在帝国全境推行的三种税制：①加拉巴克什即分成制。每种收获物都由政府按比例征收一份。②柴不特即定额制，以固定的货币税率代替涨落不定的实物税。③那萨克即估价制。不依土地丈量与产量的季节记录，而以“昆鲁果”的账簿。经查询核证，再据以编成租册来征收。这一时期农村公社虽仍顽强维持尚未导致解体，但在公社经济较为发达地区，公社土地的买卖转让已较普遍，广大农民虽仍生活在农村公社，公社把地租与赋税合并一起，以租税合一的方式上缴。随商品经济的发展，农民与市场的联系加强，农产品中用于商品比重加大，蓝靛、甘蔗、棉花、烟草、鸦片等经济作物的种植也较普遍，在北印度已形成统一市场。除稻麦、蔗糖等生活必需品，也有种类繁多的精制手工艺品及奢侈品上市。地区间的大宗农产品贸易也已开展。

2.3　世界近代农业

近代农业是传统农业向现代农业发展的一个过渡阶段。这是人类社会由农业社会踏进工业社会的一个阶段，世界经济的各个领域（包括农业领域）都发生了激烈的变革，既有突出的成就，也出现了尖锐的矛盾。

16～18 世纪，是欧洲各国封建制度瓦解、资本主义工场手工业大发展和资本原始积累时期，也就是从封建主义向资本主义过渡时期。地理大发现后，随着世界市场的扩大，刺激了欧洲大陆和英国毛纺织工业的发展，使养羊业成为非常赢利的部门，由于欧洲各国都从英国进口羊毛，推动了英国养羊业的发展。为了确保养羊业的高额利润，引发了 18 世纪的“圈地运动”。

1798～1820 年，英国被圈的土地面积达 2 000 万亩，18 世纪中叶，在英格兰和威尔士已有一半左右的农用地变成了“圈地”。其后，在 18 世纪末到 19 世纪初，英国又在全国范围内爆发了一次规模更大的圈地高潮，再次扩大了大地主土地所有制和大租佃农场主要经营面积，使资本主义在农业领域中确立了统治地位。随着大范围的圈地以及国内外的农畜产品需求量的不断增长，促进了轮作制的变革。从18世纪初开始，英国推行一种叫诺福克四田轮作制（“四圃制”），以代替原先的三田或两田轮作，即实行小麦→块根作物（主要是芜菁）→大麦燕麦→牧草（三叶草及其他豆科牧草）→小麦轮作制，不仅使土地利用率和农作物产量得到较大提高，而且有利于发展畜牧业和恢复地力。

接着，法国在18世纪末到19世纪初、美国于18世纪后期到19世纪中期、德国于19世纪30年代、俄国于1861年相继取消了封建农奴制，资本主义农业开始得到发展。但是，在德国及俄国等东欧国家，由于资产阶段革命不彻底，因此，封建农奴制的残余依然存在，广大破产农民遭受资本主义和封建主义双重剥削。随着资本主义制度的确立，产业革命在各国相继开展，世界经济得到迅速发展，有力地推动了近代农业的发展和农业技术的变革。

从19世纪中叶到第二次世界大战的近100年间，由于经历了1873年以及20世纪20年代末至30年代初的几次大的世界经济危机，加上受两次世界大战的破坏，给农业生产带来了极为严重的影响，西欧各国农业出现停滞、萎缩和衰退。

但是，从世界范围看，由于资本主义工业、交通运输业和国际贸易的发展，以及城市人口的迅速增长，推动了世界农业生产的发展，特别是19世纪初、中叶以来，由于美国、加拿大、阿根廷、澳大利亚等新开发地区农业的崛起，世界农业仍保持缓慢增长的势头。

殖地民地半殖民地经济是资本主义制度下，少数宗主国对世界广大地区和国家人民进行压迫和奴役的产物。其产生的原因主要是由于帝国主义列强采用武装和经济侵略方式，从沿海地区逐渐向内地扩展，使得统一的封建国家开始瓦解，逐渐沦为殖民地半殖民地国家，如印度、印尼、东南亚各国。中国自1840年鸦片战争后到1949年的100多年间，由封建社会逐渐沦为半封建、半殖民地国家。

农业作为殖民地半殖民地国家经济的主导部门，最主要的特点是具有明显的“二元结构”（又称“二元农业”）。即是在一国之内，一方面有殖民主义者控制的种植园和现代化农场，它们具有较高的生产技术水平，拥有一套完整的生产和生活设施，采用现代化的经营管理方法，并生产该国出口农产品的绝大部分；但另一方面在广大农村，占绝大多数农业人口的个体农民，仍然处在传统农业，甚至原始农业阶段，从事自给自足或小商品性农业生产，一般生产规模较小，生产方式落后，农产品商品率较低。

如东南亚的马来西亚、印尼度西亚、菲律宾，南亚的印度、斯里兰卡，非洲的埃及、尼日利亚、加纳、象牙海岸，南美的巴西、阿根廷等国。其中东南亚及南亚各国，以生产橡胶、茶叶、油棕、甘蔗、胡椒及香料作物为主的种植园及农场（以中小型种植园为主）；在南美洲的巴西、阿根廷等国，由外资控制的，以从事谷物、咖啡、甘蔗、可可等商品性生产为主的少数大农场和大庄园与小农生产同时并存；在非洲，即有以经营咖啡、可可、油棕、橡胶、丁香、剑麻为主的规模较大的种植园（在撒哈拉以南各国），也有外国人经营的，以生产粮、棉、烟草等为主的小规模集约化农场，以及规模较大的粗放型牧场等现代化的商品性农牧业，但更多的是以小农为主体的粗放型自给、半自给农牧业和小商品性农业，局部地区还保留有原始采集、渔猎经济，呈现出明显的巨大反差。

农业生产专业化和地域分工是资本主义农业的重要特征之一。它是在资本主义经济高度发达，具备运用大机器装备农业，以及交通运输业取得迅速发展的条件下形成和发展的。它有利于充分利用现有的自然条件和社会经济条件，大力挖掘生产潜力，从而得到较高的劳动生产率和经济效益，因而是世界农业发展的总趋向。

19 世纪初以来，随着对北美、南美及澳大利亚的大规模移民和垦殖，世界农业格局发生了重大变化。一方面，随着海运的发展和自由贸易政策，西欧各国农产品难以同来自美洲、澳洲的农产品相竞争，中小农场大量破产，农业出现衰退，其中首当其冲的是谷物生产。例如，英国小麦播种面积从 1870 年的 140 万公顷缩减至 1930 年的 56 万公顷，缩减了 60%。1840～1910 年，法国耕地面积减少了 154.8 万公顷，其中小麦种植面积减少 92 万公顷。另一方面，美国、加拿大、阿根廷、澳大利亚和新西兰等新开垦区农业生产专业化发展较快，成为世界主要的粮食、棉花、油料及畜产品的生产和供应地。到 20 世纪初，美国形成了 9 个专业化农业生产地带：①东北部和滨湖区乳用畜牧业带；②中央低平原北部玉米带；③大平原中北部小麦带；④南部棉花带；⑤墨西哥湾沿岸湿润亚热带作物带；⑥西部山地放牧和灌溉农区；⑦阿巴拉契亚混合农作带；⑧太平洋沿岸北部小麦、林牧区；⑨太平洋沿岸南部水果、蔬菜和灌溉农业区。澳大利亚由于东西间气候、土壤等自然条件的差异很大，农业生产呈现明显的地域分工，自东向西依次为：集约化的种植业带，小麦—养羊带和放牧业带。西欧地区农业经过20世纪30年代以前长期的衰退和停滞后，到第二次世界大战前逐步形成三大农业区：西北部乳用养畜业区，中部谷物、养畜业区，南部水果、葡萄、橄榄等木本经济作物区。

与上述资本主义农业生产专门化和地域分工不同的是，广大殖民地半殖民地国家则是另一种片面的农业专门化和地域分工。如东南亚各国以热带经济作物为主的专业化；非洲和拉美一些国家以棉花、油料、热带经济作物为主的农业专门化等。这类专业化部门产品几乎全部为殖民者所掠夺，与本国经济发展联系很少。殖民者所经营的种植园和农场往往占用一些肥沃耕地，影响本国的粮食生产，加之经济作物与粮食作物比价相差悬殊，粮食作物由于得不到政府的必要扶持很难发展下去。因此，上述许多国家粮食长期不能自给，一遇旱年或其他灾害，缺粮情况就更加严重。

19世纪以来，随着世界范围农业生产专门化和地域分工的发展，以及铁路和海运等运量大、运费较低的运输工具迅速发展，不仅世界农产品贸易的品种、数量有了很大的增长，而且其贸易地区也不断扩大。在19世纪中叶，世界农产品贸易的绝对量估计为400万~450万吨，其中谷物占80%以上，次为棉花、羊毛、畜产品和热带、南亚热带种植园生产的蔗糖、咖啡、可可、茶叶等，主要流向为欧洲各国。

19世纪中叶以来，由于西欧大部分国家农业衰退，粮食生产萎缩，加之工业的迅速发展和城市化的兴起（如1911年英国城市人口占总人口的80%）对谷物和肉、乳、毛等畜产品的需求量成倍增长。整个欧洲地区除法国和俄国等少数国家外，肉类和乳酪都不同程度地依赖国外进口。

以英国为例，从1861~1865年到1911~1913年期间，小麦进口量增长1.5倍，肉类进口量增长14倍，黄油和乳酪进口量分别增长4倍和3倍。其后虽有所发展，但直到第二次世界大战前的1939年，主要食品自给率为：小麦47%，肉类70%，鸡蛋71%，乳酪43%。其中年进口谷物和面粉达1 000万吨，肉类152万吨。因此，谷物贸易量的逐年增长，成为世界农产品贸易的主体。

据估计，到20世纪30年代末，世界谷物的贸易量为3 000～3 500万吨，肉类及其制品为350万～400万吨。除欧洲外，北非、中非和南亚一些国家也是谷物纯进口国。当时，谷物及饲用玉米的主要出口国为美国、加拿大、澳大利亚和阿根廷，肉类、乳制品则主要由阿根廷、新西兰、澳大利亚、南非和丹麦等国供应。

在经济作物产品贸易中，除棉花继续占据首位外，甜菜由于19世纪初引入欧洲后，在法国、德国及俄国大量种植，因而蔗糖进口量有所减少。热带经济作物中，随着汽车工业的发展和人口激增，橡胶、咖啡、茶叶、可可、油棕及水果的贸易量有了较大的增长，这些农产品流向主要是由东南亚、南亚、热带非洲和拉丁美洲的一些殖民地和半殖民地运往欧洲及北美。

2.3.1 英国近代农业

英国于15～20世纪初的农业生产组织及技术变革的历史过程，主要经历了三个阶段，即圈地运动与农业中资本主义生产关系确立时期、农业革命与资本主义租佃制农场发展时期、农业结构转变与农业生产衰落时期。

（1）农业革命

17世纪末英国城市人口还不到总人口的1/5，而18世纪中期已接近总人口的2/3,。随着城市人口的增加，口粮需求相应地加大，小麦价格从17世纪中期至18世纪中期的一个世纪里，每夸特从25～30先令上涨到40～50先令。在农村劳动力减少而又想方设法增产谷物等农产品时，农业经营的集约化和农业技术的改进提高就必然提到日程上。为了更有效地利用土地，改变三圃制为四圃轮栽制，即推广蔓菁—大麦—苜蓿—小麦的所谓诺弗克轮栽制。在诺弗克郡的土地利用中，放弃休闲的习惯可上溯到13世纪，但引进饲料作物（豆科作物及根菜类），形成科学的轮作体系却是在18世纪。由于种植优质饲草，也便于改放牧为舍饲，从而推动家畜品种的改良及产品产量的提高。舍饲便于利用厩肥，豆科作物也有利于地力的恢复。对圈地运动与诺弗克轮栽制就其积极作用加以肯定并倡导的是英国的扬（Arthur Young，1741－1820），经过扬及其同道者的努力，不仅在英国，甚至整个欧洲都产生过深远的影响，也有称这一变革为近代的“农业革命”。

（2）诺弗克轮栽制

诺弗克轮栽制是近代西欧盛行的耕区轮作制，又称四圃式轮栽制。约在1730年从弗兰德传入英国的诺弗克，1770年以后已于英格兰各地推行，其后又传至德国等处。由于当时的诺弗克盛行，故又有诺弗克式农法之称。其是在废除土地休闲和改放牧为耕地的基础上，把所有耕地分成四区，依次种植芜菁、大麦、三叶草和小麦的一种轮栽制度。这种轮作制具有以下优点：因废除休闲而使耕地面积有所扩大；种植豆科牧草有利于地力的恢复和提高；引进多种饲料作物便于改放牧为舍饲等。舍饲既有利于改进养畜业，又能积存优质厩肥用于耕地来提高地力。由于地力的提高，不仅使产量能稳定增长，还可保证耕地继续合理使用。据文献记载，1794年的诺弗克生产的谷物约占英格兰的9/10，1791～1973年间，外运的谷物年平均为90万镑，畜产品为22.5万镑，受到各方赞誉，成为四圃轮作的代表形式。

（3）农业机械与农业技术成就

农业中使用的机器以英国为最早，1701年塔尔（Jethro Tull，1674－1740）发明了马拉的谷物条播机，并倡导把条播与中耕结合起来的新式耕种方法。之后，各种以畜力、水力或蒸汽为动力的农业机械陆续出现。如继1828年贝尔（Patrick Bell）发明了马拉收割机后，以蒸汽为动力的饲料粉碎机、干草切割机及甜菜切片机等相继问世。1858年弗劳勒（John Flewler）因发明蒸汽拖拉机曾获得农业协会奖，在推广优良作物及家畜品种上，这一时期也取得了显著成就。以培育蔓菁而闻名的汤森（Lord Townshend，1647—1738），培育了多种优良种畜的贝克维尔（Robert Bakewell，1754—1836），在进行了系统的牲畜近亲繁殖试验的基础上，对莱斯特羊、长角牛及重挽马的改良都做出了贡献。此外，在改良低洼沼泽地及轻质土使之成为优良好地、排水及抽水技术、使用矿质及化学肥料等方面都有成就。

2.3.2 法国近代农业

17～20世纪法国农业的发展过程。可分为封建制度濒临解体时期和资产阶级革命和拿破仑时期、工业革命和垄断资本主义形成时期三个阶段。其中工业革命和垄断资本主义形成时期（1821—1913）是法国1789年革命后在经历了多次革命振荡和政权更替后，1871年完成了资产阶级民主革命的任务，逐步过渡到垄断资本主义阶段的。这一时期小农经济的继续增长和农村人口不断增加、土地继承中采取“分产析户”的办法有直接关系。农业经营规模在不断缩小的过程中，生产呈现相对停滞。法国因而成为一个长期以小农经济占优势的国家。19世纪60年代，全法国的土地占有者中，其经营规模不到2公顷的有74%，其中不足1公顷的有47%。1862年约有60万佃农租佃地主土地，其中约有40万人缴纳货币地租，其余20万人要以收获实物的一半充当地租。这种封建的“租佃分成制”竟在资本主义时代再度复活。小土地所有者长期广泛的存在，又与高利贷资本在农村的活跃有关。就在同一时期，约有90万农业工人在地主和富农的农场里劳动，1911年增加到约200万人。农业生产的相对停滞并非产量的绝对减少。通过引进新的农艺方法和采用新的技术，法国农业生产仍在增长，但速度较慢。这一时期技术上的变革主要有：①通过开垦荒地和引进优质牧草休耕地及荒地减少。1840年全国耕地为2 527万公顷，其中休耕和荒地为980万公顷。耕地占全部国土的47.9%，而休耕地及荒地占总耕地的17.3%。1862年全国耕地面积为2 657万公顷，休耕地及荒地为654万公顷。耕地略有上升，占全部国土的48.9%。而休耕地及荒地显著下降，为总耕地的12.1%。1913年耕地降为2 365万公顷，休耕地及荒地减少到379万公顷，分别占总国土及总耕地的44.7%及7.2%。②生产结构的调整及新作物的推广。休耕地的减少，牧场面积的扩大，使养畜业特别是养羊业得到较快发展。良种的美利奴羊1815年仅有150万头；1850年达到1 100万头。种植的作物中，葡萄的种植面积随市场对葡萄酒的需求变动有所调整，但在法国农业中始终占有重要地位。小麦的产量稳定增长，主要靠提高单产。甜菜是在拿破仑战争期间，为解决糖料而提倡种植的。1840年种植面积为50 871公顷，1900年已达33万公顷。马铃薯是在18世纪引种的，种植面积从1817年的56万公顷，到1913年增加到155万公顷。③新式农机具及化肥的应用与推广。19世纪60年代。法国通用的农业机械是用一头马拉动的旧式打谷机。1862年全法国有1.1万架打谷机、1.1万架条播机、6 000架干草制造机。1892年条播机增加到5.2万部、脱粒机23.4万部，联合收割机2.3万架，耕耘机25.2万架。犁的使用较普遍，但原始的型制随处可见。化学肥料的使用从1889年的42.5万吨增加到1913年的200万吨。农业生产总值1812年为30亿法郎，1850年增为50亿法郎；1870年又增长到75亿法郎。法国农业在工业化的基础上得到了机械装备和化工产品的供应，但因土地极度分散而阻碍了新技术的推广，劳动生产率相对较低。1882年受农业危机的影响，谷物生产一度下降。1913年谷物等农产品进口18.18亿法郎，而出口的农产品只有8.39万法郎。生产的相对停滞，加速了小农的破产和土地的集中，法国经济长期被农业的徘徊所困扰。

雅各宾专政时期的土地立法：1789年7月法国资产阶级革命开始后，于8月4日法令中宣布废除一切封建义务，但地租、贡赋等须通过赎偿才能解决。领主及教会的地产赎买条件也十分苛刻，只把农民耕种的原属公社土地分给农民。土地问题的基本解决是在雅各宾专政时期（1793年6月~1794年7月）。雅各宾取得政权后，通过国民大会，于1793年6月3日、10日及7月17日先后颁布三个有关土地法令，宣布把逃亡地主的土地分成小块出售，地价分为10年偿清。把近200年来村社夺取的土地归还农民。不分性别、年龄，按人口均分，无条件废除农民的一切封建义务，撤消与封建权利有关的一切法案。这些法令从法律上肯定了农民革命的成果，使过去缴纳年贡地租的农民成为小土地所有者。

《拿破仑法典》中的土地法规：法国1804年在资产阶级革命胜利后颁布的民法典，1807年改称《拿破仑法典》，是典型的资产阶级社会法典和资本主义国家立法的范本。法典包括总则和3编20章2281条。其中第544条对近代资产阶级所有权给予明确规定，即："对于物有绝对无限制的使用、收益及处分的权利。"在此基础上规定资产阶级拥有的生产资料可完全自由使用、收益和出售；对农民的私有土地加以保障（第578条下有关对他人产权的收益物权及第637条下有关地役权的规定）。对于土地。劳动力及畜类的租赁手续及缔约双方的权利和义务也做了明确规定（第 1078－1831 条）。其要点是肯定土地等生产资料的租赁是一种自由的契约关系，是一种经济行为。从而彻底废除以封建的超经济强制为前提的许多义务。但这种形式上的自由和平等原则并不能阻止农村中的阶级分化。

2.3.3 德国近代农业

德国在 17 世纪中叶至 20 世纪初的农业发展过程，可分为农奴制恢复和强化时期，农业中资本主义发展时期与垄断资本形成后时期。

（1）领主农场制

16～19 世纪初东普鲁士的封建土地制度，又称领主庄园制。12 世纪时，以德意志骑士团为先导的移民占据了原来不属于日耳曼人的易北河以东地区，从事东方殖民活动，随领主迁入定居的日耳曼农民，得到两倍于德国农民平均拥有的土地。并有权世袭及转让，对领主只承担缴纳少量实物或货币地租的义务。骑士领地则驱使被征服的斯拉夫人等提供劳役来直接经营。15 世纪后，随同商品经济的发展，这一地区的农畜产品远销西欧，领主获得更多收益而扩大经营，通过兼并和侵占农民土地，并剥夺失去土地农民的人身自由，强迫为其服劳役，从实物地租倒退到劳役地租，农民重又沦为农奴，在这一地区形成独特的领主庄园制。在 19 世纪初斯泰因—哈登改革后，开始缓慢的转化为容克式的资本主义大农场。

（2）普鲁士农奴制改革

19 世纪初普鲁士王国施行的以解放易北河以东地区的农奴为主要内容的社会改革。由当时先后出任普鲁士首相的斯泰因（Heinrich Friedrich Karl von Stein，1751—1831）及哈登堡（Karl Anguste Hardenberg，1750—1831）提出，目的是缓和因对法战争而加深的政治经济危机，又称斯泰因—哈登堡改革。1807 年 10 月由斯泰因制定的《关于放宽土地占有条件的限制和自由使用地产以及农村居民的人身关系》作为国王敕令颁布，简称《十月敕令》。主要内容是取消农民与领主的隶属关系，给予农民以人身和迁居的自由，废除选择职业的限制，允许地主支付一定代价占有原属农民的份地，便于把小块土地联成大地产。哈登堡继任首相后于 1811 年 9 月颁布了《调整地主和农民之间关系》的敕令，简称《调整敕令》。主要内容是农民可以用出让部分土地给地主的方式，把已占用的土地归己，并解除其他封建义务，条件是农民须割让原来占用土地的1/3给地主，无世袭份地使用权的农民须让出其土地的1/2。对这一部分割地也可经协商用一次付赎金或以后缴纳地租的方法来换取。1821年又公布了《公有地分割法》及《义务解除法》，规定村社公有地，根据当时具体使用情况，在领主和农民间分割变成私有地，富裕农民用支付25倍的地租可赎回。上述这些法令并未触动领主的根本利益，但仍受到领主的激烈反对，改革受到种种阻力，只有部分富裕农民得到土地和人身自由权利。1848年革命胜利后，政府被迫于1850年又制定新的调整法，无偿取消一些次要的封建义务，但同土地有关的各种劳役和地租仍必须向地主赎买，原来可共同利用的土地权利也被剥夺。1850~1865年，农民的处境略有改善，但阶级分化随之而来。地主则因夺占了更多的土地，攫取了大量赎金，加快了向资本主义经营的转变过程。

19世纪前半期改革虽不彻底，但德国的农业还是有了很大进展。德国西南部推行改良三圃轮栽制逐渐推及各地。休耕地在全部耕地中的比重，从19世纪初期的33%减少到中叶的15%。农业化学也迅速发展起来。矿质及人造肥料如矿石、钾盐、过磷酸钙及骨粉等陆续施用。在地主和富裕农民中也开始使用农业机械。中耕机、收割机、打谷机及蒸汽拖拉机等先后推广。作物种植结构出现了新变化。原产新大陆的马铃薯，1770~1771年饥荒后在德国迅速推广，除了作为穷人的主食，还用来提制酒精，甜菜在18世纪30年代从西里西亚和萨克森发展起来。甜菜所要求的深耕条播，适应了德国自制农业机械的发展。此外，三叶草、萝卜等牧草及饲料作物的种植，对保证家畜越冬和提高家畜品质起了很大作用。亚麻、大麻等纤维作物的扩大栽种推动了纺织业的发展。这一时期，农业技术发展和一些农学家对农业技术的提高和农业教育的发展所做出的贡献有关。泰厄（Albrecht Daniel Von Thaer，1752—1828）所著的《合理农业原理》，阐述了当时已知的有关农学科学全面知识，创办了普鲁士的第一所农业学校，终生致力于农业知识的普及与传播。李比希（Justus Freiherr Von Liebiq，1803~1873）是近代农艺化学的创始人，对增进和培养地力的途径，曾做过有意义的探索。其他如休维尔茨（Johann Nepomuk Schwerz，1759~1844）等杰出的农学家，都为近代农学的发展做出了贡献。

2.3.4 俄国近代农业

俄国近代农业发展过程可分为早期（封建农奴制形成）、中期（农奴制强化）及晚期（农奴制解体）三个时期。俄国于7世纪原始公社解体后即形成封建关系，没有经过奴隶制阶段。

（1）早期（12—14世纪）

俄国于7世纪原始公社解体后即形成封建关系，没有经过奴隶制阶段。沙皇俄国源于莫斯科公国。莫斯科始见于12世纪的记载，起初只是一个小村落，由于地处商业要道且受外族入侵较少，遂于14～15世纪时合并周围土地形成独立公国。14世纪时封建土地所有制的主要形式是封建世袭领地。由于封建贵族分成等级，其领地也大小不等。早期的社会组织形式村社（米尔）依然保留。领主的领地和依附农民的份地交错相间，强令农民为之耕种。农民除缴纳实物地租，还要承担各项劳役。为了适应市场对谷物的需求，领主开始扩大自己经营的领地，加重劳役，发展谷物种植。农民份地不断缩小，但农民在偿清债务和履行其他义务后，也可另投领主，仍是可以迁移的依附农民。14世纪时三圃制在俄罗斯及乌克兰一些地区开始推广，装有铁制犁铧的犁已广泛应用，耕地面积逐年扩大，劳动生产率也有所提高。

（2）中期（15—18世纪末）

莫斯科大公伊凡三世时经过长期战争，对俄国基本实现统一，建立起强有力的中央政权机构。对服役有功的下属以“封地”的形式分给土地，但不能世袭，也不得买卖转让。这些获得小块封地阶层称为服役贵族或地主贵族。为了在限期内取得更多的收益，地主贵族们把依附农民固着在封地上，并想方设法阻挠其离开。1497年伊凡三世规定，农民只能在犹利节（11月26日）前后各一周的限期内偿清债务，准许离开领主另找工作。1550年规定农民只能在犹利节日离开。1581年规定即使在犹利节日也不准转移，1597年又颁布了追捕法令。规定领主有权追捕外逃后不满5年的农民，依附农民的状况急剧恶化，农奴制逐渐形成。17世纪初罗曼诺夫王朝建立，沙皇阿列克塞米哈伊洛维奇于1649年通过法典，明确规定封地占有者缴纳金钱后可转为世袭领地。法典又取消了对农民追捕年限的限制，使农民最后固定在土地上成为农奴，领主拥有对农奴及其子女财产的完全支配权。至此，用国家权力以法律形式把农奴制确定下来。随着农奴制的形成，农奴处境进一步恶化。18 世纪沙皇俄国成为欧洲强国之一。这时的农奴按其归属分为私人农奴、采邑农奴和国家农奴三种。农奴不仅从事农业，有的也到城镇手工工场劳动。这时的农业仍推行三圃制，工具十分简陋。为了出口的需要，后来又因扩大大麻、亚麻等纺织品的生产机木材的采伐，使纤维作物和林业也因而有所发展。

（3）后期（19—20 世纪）

俄国进入 19 世纪后，由于农奴制的束缚，工农业生产都落后于当时的西欧。1801 年亚历山大一世即位后公布法令，允许在一定条件下可以买卖土地；富农、商人可以占有土地，从事雇工经营；适应市场需求可出售种植的谷物及甜菜等，农业中出现新的资本主义的因素。随着农奴制的内在矛盾不断加深，社会动荡加剧，农民起义不断。1853 ~ 1856 年克里米亚战争的失败，社会危机更加深化，沙皇被迫于 1861 年公布废除农奴制的法令，即俄国 1861 年农奴改革。宣布废除农奴制，使 2 000 多万农奴获得人身自由，并以赎买的形式来取得过去使用的部分份地。改革的结果，虽不能使农民完全摆脱对地主的依附，但加速了农民的分化扩大了国内市场，推动了资本主义在俄国的发展。改革后的农村经济制度出现了新的形式，即雇佣制和工役制相混合的制度。雇佣制的出现改变了作为农奴制经济基础的自然经济及人身依附，雇佣劳动代替了农奴劳动。工役制是在农民摆脱了对地主的人身依附后，因缺少土地及资金而不得不依旧依附于地主的土地，以提供工役的形式，来承租地主的土地或领取货币报酬。地主经济的演变及因此出现的农业中富农和商人的雇工经营，就发生以新的自由轮作制代替三圃制，并采用新的技艺来改进农业生产。部分地区采用新式农具及农业机械，使农村经济和农业生产比过去有了进步。部分地主使用雇工劳动和机器进行生产，建立起资本主义农场，但更多的地主不能适应这一变革，只好把土地典押出去。截至第一次大战前的 20 世纪初期，俄国农业生产成就主要是适应商品经济的发展，扩大了甜菜、烟草及向日葵的种植面积，农业机械和化学肥料的使用较为普遍。农产品出口在压缩农民必需的情况下有所增加。虽然农业技术及生产水平和商品率都有所提高，但俄国农业中的劳动生产率仍远远低于其他资本主义国家。

2.3.5 美国近代农业

美国从17世纪初殖民时期到20世纪的农业发展过程，可分为独立战争前的殖民地时期、建国后到南北战争的西进时期、南北战争结束后的垄断资本主义时期。

（1）殖民地时期的农业（1607—1783）

殖民地时期的土地最初是归英王授权的大公司垄断经营，早期的农民大多是作为契约奴移居而来。为了鼓励移民自费迁居，1619年制定赠予徒弟的“人丁权”即每个迁来定居的农民可得到300亩。1663年马里兰废除了人丁权，随后各地相继效行。土地要通过购买才能取得。但移民多数是自行占用。1726年宾夕法尼亚就有10万以上移民居住在没有地契的土地上，当局和土地投机商只能承认其“先买权”，即准许在耕种若干年后存有积蓄时再行付款。美国最早的移民所需口粮，主要依靠英国供应。当时农业生产力水平很低，随后移民把从欧洲带来的先进技术同当地土著印第安人的经验结合，并利用良好的自然条件，农业生产很快有了进展。由于自然条件的差别和社会经济状况的不同，形成了三种类型：①南部殖民地（马里兰，弗吉尼亚，南、北卡罗来纳，佐治亚）有大片沃土。，始于种植经济作物，形成了由富商及土地贵族经营的种植园。②中部殖民地（纽约、新泽西、德拉维尔、宾夕法尼亚）土地肥沃、农场经济发达，经营方式有租佃大农场和自耕小农场，农业商品率不高。③北部殖民地（新罕布什尔、马萨诸塞、罗德岛、康涅狄克）由移民中劳动者经营的自耕农性质的小农场占优势。从农业生产结构来看，南部殖民地种植的主要是商品化程度较高的烟草、大米和蓝靛等经济作物，也生产粮食、蔬菜及家畜，主要是供当地消费。中部殖民地所种植的作物有玉米、麦类和豌豆等；饲养的家畜有牛、马、山羊和猪等。这里的农场规模较大，产量也较高。生产的蔬菜和水果主要为自己食用，小部分出售。牲畜饲养在宾夕法尼亚和新泽西很为盛行，已采用先进的牛栏及马厩来饲喂。北部殖民地不是主要农业地区，因为土质贫瘠，气候也欠佳，当地居民从一开始就有从事渔业及航运业的。种植的作物和中部地区相近，但玉米是主要作物。玉米和黑麦制作的面包一度是这一地区的主食。饲养的家畜在管理上较为粗放，一般不修棚舍，奶牛和肉牛没有区别，大都产奶不多。猪多靠放牧成活。总的来说殖民地时期该地区农业经营是粗放的。劳动力最昂贵而土地易获得，因此开拓垦殖向西推移，这是已成为美国农业的主导倾向。技术上也较为简陋，在美国独立战争前，牛拉或马拉农具很少，只有很少的农场才使用犁和大车。当时犁的质量也很差，犁架多是木制的。收割用镰刀、脱谷用连枷。中部殖民地甚至还用牛、马来践踏小麦。技术引进之后的推广是缓慢的，玉米在近一个世纪的时间里是主食。尽管其他谷物不如麦类含较多可供烘制面包所需的麸质，但和玉米相比小麦和黑麦不仅产量低、播种量大，而且收获后脱谷、磨粉也需要更多工时。在生产上原产于旧大陆的谷物引种栽培后，所需成本明显高于新大陆原产的作物时，技术上尽管是可能的，经济上却难以推广。

（2）南北战争前农业生产的发展和技术改进

1830～1845年，铁犁已经普遍使用。在很多地方还推广使用一种能快速犁地的多铧犁。条播机的生产始于1841年左右，但是到1860年前后推广有限。玉米、棉花等子粒较大的种子适用于机械播种，而饲草、小麦、水稻、烟草等小粒种子仍要求手播才能保证作业质量，而田间管理的间苗移栽等作业，机械操作一时也还不配套。1840年左右，乘式跨行的玉米中耕机开始在玉米地里使用。1836年试制成功联合收割机，30年代还出现动力玉米脱粒机。家畜饲养因优质饲料的种植，割草机械及存贮设备的改进，大的家畜基本改为舍饲，冬季饲喂时除了玉米、麦麸还保证有足够的燕麦秸秆及干草，使牲畜体质得到了改善。在奶牛发展的基础上，黄油、干酪等奶制品加工成为专业化的生产，使产品质量、规格划一，产量也有了增长。配合农畜产品交易的增长，牲畜集市和仓储体系都应运兴起，买卖农畜产品的现货和期货交易所也开始出现。而大宗商品在规格上的规范划一，以及贮藏装运技术的革新改进也推动了这一时期的农业生产。由于耕地的扩大及技术进步，1800～1860年美国农业生产总值约增长5.4倍。平均年递增3.1%。在此基础上农产品成为美国最主要的出口物质。1860年美国工业虽已跃居世界第三位，但美国仍是一个农业国家，在工农业净产值中，农业占63.8%。

（3）垄断资本形成前后的农业

1861年美国爆发了南北战争，战争期间由林肯总统于1862年5月签署通过了宅地法，1863年又颁布了《奴隶解放令》宣布废除奴隶制。《宅地法》的实施与种植园奴隶制的废除，是农业中资本主义发展的“美国式道路”在全国范围内的初步胜利。在发展农业生产的过程中，美国政府行政机构管理的加强和教育科研事业的发展也起到了很大的作用。1862年根据林肯签署的“农业部组织法”建立了农业部；1881年时农业部已下设农业化学、昆虫、统计、植物、森林、果木和蔬菜等局，1887年又建立了农业试验站管理局。为了加快农业科研成果的转化，美国的科研工作绝大多是由设在各州并由各州农学院领导的实验站承担，因此农业教学、科研与推广是相互结合的。在此期间美国农业生产和技术上的主要变革和成就有以下三个方面。

1）农业生产结构的合理调整。美国印第安人原来没有家畜，1624年英国移民引进后繁殖很快，1800年时农业内部养殖业的产值为68.2%，已经超过种植业的36.8%。随后增长率从1850～1900年经过调整，种植业与养畜业的比重接近平衡。发达的种植业为养畜业提供了充足的饲料，促进了养畜业的发展，发达的养畜业为农业半机械化提供了大量耕畜，种植业内部粮食作物和经济作物的种植也得到合理并进。南北战争之前，北部生产专供国内消费的谷物，南部种植园生产主要用来出口的棉花和烟草，在战后新开垦的西部农区粮食大幅度增产的基础上，做到各地区可相互调剂保证重点来实现全面发展。

2）农业地区专业化和产品的高度商品化。美国建国初期13个州的农业已经形成三种类型。1861年随着西部开发，农耕地区的不断扩大，根据自然和社会条件，适应资本主义市场的需求形成10个农业区：①东部沿大西洋水果与蔬菜带；②东北部滨湖牧草与乳牛带；③北部平原春小麦带；④玉米带，主要生产玉米随后又大量栽培大豆，还有生猪和牛的育肥区；⑤三角洲棉花带是棉花和甘蔗的集中产区；⑥阿巴拉契亚烟草带；⑦墨西哥湾亚热带作物带；⑧棉花和冬麦混合带；⑨西部天然放牧和人工灌溉区；⑩西部沿太平洋小麦及水果蔬菜区。形成地区之间不同的专业优势。农业地区专业化的发展也有利于商业的发展。

3）农业技术改造和农业机械化。南北战争前随同马拉机械农具的推广，美国曾形成农业半机械化的高潮；1870 年以后西部草原上开始使用蒸汽拖拉机，到 1910 年农业机械改用汽油引擎。于是农业机械的动力不再使用畜力，机械化的速度加快。用先进机械装备起来的美国农业，迅速提高了劳动生产率。从事农业生产的劳动力在全国劳动力中的比重由 1860 年的 50% 下降到 1910 年的 30.9%，而每一个劳动力能够供养的人数从 1850 年的 4.7 人增加到 1910 年的 8.1 人。

2.4 世界现代农业

现代农业系指第二次世界大战以来世界农业的最新发展。战后 40 多年来，是世界农业快速发展的时期，也是世界农业生产和布局发生重大变革的时期。现代农业所达到的水平和取得的巨大成是过去农业难以比拟的。导致这种发展和重大变革的基本动力是农业现代化水平的提高，以及高新技术在农业中的广泛应用。

2.4.1 农业物质技术基础的加强

第二次世界大战以后，为了迅速提高土地的产出率和劳动生产率，大多数国家都很重视增加农业物质技术投入，因此，以农业机械化、化学化、水利化和电气化为主体的农业“四化”得到了迅速的发展与提高，农业生产条件有了很大的改善，对确保农业的持续稳定发展、农作物单产和总产，以及农业劳动生产率的提高起到了重要的作用。

第二次世界大战后，世界农业机械化取得巨大发展，除美国已于 1940 年基本实现农业机械化外，英国、德国、法国、加拿大、荷兰、苏联等国相继于 20 世纪 50 年代初至中期，意大利、日本于 60 年代初至中期基本实现了农业机械化。在实现农业机械化的过程中，一般首先从田间作业耕翻、播种、收获等环节开始，从谷物生产逐步发展到经济作物、果树、蔬菜、饲料作物及畜牧业等方面。但由于各国的自然和社会经济条件不同，农业机械化的途径和重点也不相同。

第二次世界大战后农业机械化有力地促进了农业劳动生产率的提高，对提高土地生产率、调整农村产业结构（农业劳动力向第二、三产业转移）也有重要作用。

第二次世界大战后农业化学化的范围随科技的发展而有所扩展，不仅包括使用化肥和农药，还包括运用饲料添加剂、土壤改良剂及推广农用塑料等。其中化肥和农药仍是其核心。近年来，世界各国都十分重视改进化肥的品种和质量，如生产复合肥料、浓缩肥料、液体肥料和缓解肥料等。

农药是防治农作物病虫害的重要手段之一。近十多年来，农药重点发展高效、低毒、无公害和广谱性农药。

第二次世界大战后，世界各国都十分重视将发展农田灌溉工程作为农业基础设施建设的重要内容，并将开源、节流和综合治理作为其主攻方向。在进行水资源的开发利用（如流域开发与跨流域调水）的同时，大力发展喷灌、滴灌、间歇灌溉等节水措施。在排水方面世界各国亦取得长足发展。20 世纪 80 年代中期，国外（不含中国）防水防洪面积占耕地的 9%，其中荷兰全部耕地均有排水设施，美国有排水设施的耕地达 5 980 万公顷，居世界首次，排水标准达到了 15 年一遇。60 年代，随着波纹塑料排水管和自动埋管机的出现，加速了农田排水事业的发展。

农业电气化是减轻农业的繁重体力劳动，促进农业机械化和自动化发展，提高农业劳动生产率的重要途径。它主要包括向农村供电和农业用电两个方面，农业用电可细分为大田作业用电、灌溉排水用电、畜牧生产用电、农产品加工用电、防治病虫害用电和生活用电等。

由于上述“四化”的发展以使用石油为特征，如农业机械的运转、农田排灌、化肥生产的原料、发电所需的燃料多离不开石油及其制品，因而又可称为“石油农业”，它有力地促进了农产品产出率和农业劳动生产率的大幅度提高。

2.4.2 当代高新技术成果在农业上的应用

第二次世界大战以来，现代科学技术的突飞猛进，经济发达国家为了摆脱通货膨胀的压力和 20 世纪 70 年代初石油危机造成的经济停滞局面，大力发展各种高新技术，以便节约能源和原材料，确保其产品在国际市场上的竞争地位，这就引发出了高新技术及其相应产业的出现。第三世界一些新兴国家也努力引进新技术来加速本国经济增长，这样就形成了世界性的新技术革命浪潮。

近年来，在农业中得到较广泛应用的高新技术主要有生物工程、新材料、新能源、海洋技术、信息和空间技术等。它们不仅有可能大幅度提高土地的单位面积产量和牲畜的产品率，从而将极大地提高农业劳动生产率和降低各项农业消耗，而且将导致农业生产布局的重大变革。

(1) 生物工程与基因工程

运用遗传育种等生物工程技术培育作物高产品种，是现代农业中的一项重大革命。早在20世纪20年代，美国就已育成玉米杂交种，但直到40年代才推广。60年代中期在亚、非、拉美各国兴起的“绿色革命”，就是以利用遗传育种技术培育和推广高产、优质、多抗的作物品种为中心，并同时完善水肥设施条件、耕作制度改变，以及推广科学的经营管理相结合，形成一整套先进的农业技术系统。如在墨西哥育成了耐旱21天的玉米杂交种，中国育成了杂交稻，可增产30%～50%。一向被认为低产的作物如大豆、谷子等，由于育成并推广新的高产、耐旱品种，也正出现高产势头。此外，生物固氮方法的试验成功，在解决肥料问题方面是一个重大突破。当前，由于分子生物学的迅速发展，应用DNA重组和序列基因法，有可能挖掘最大的遗传产量潜力，提高对不良环境的抗性，培育更理想的株系、品系和品种。近年来中国育成的大穗型超高产水稻GER—Ⅰ品系，将外缘玉米基因导入水稻，使其具有玉米的某些特性，分蘖力强，穗大粒我，结实率高，获得晚稻平均亩产546.63千克的产量。

当前，生物工程与基因工程在农业上较成熟并推广应用的有三项：一是植物组织培养，使一些需多年培养的珍贵观赏植物和经济植物如兰花、荔枝、人参等在1年内即可培育成功，取得明显的经济效益。还可选取无病毒植物的茎尖组织进行无病毒植株的培养；二是兽医药品，如用基因工程技术生产口蹄疫苗，牛的生长激素等单克隆抗体兽药等；三是家畜胚胎移植和冷冻技术。有的国家还建立了胚胎冷冻保存库，开展国际胚胎贸易。

（2）新材料技术

新材料技术包括功能材料、复合材料、聚合物材料及特种陶瓷等，其中以聚合物材料与农产品原料生产关系最密切。例如合成橡胶、塑料、合成纤维等聚合物材料的使用，可减轻对农产品原料需求的压力。塑料广泛用于建筑材料（今后可能占 1/4 以上），将会大大减少对原木的需求，免除对森林的过量采伐。此外，具有特殊光、电、磁、热性能的功能材料今后在农业上也有广泛的应用前景。

（3）生物能源技术

生物能源技术如 20 世纪 70 年代后期出现的种植能源林，选择速生的能源树种，甚至开发能源林场，生产的薪材林主要用作民用燃料。此外，还可种植能源原料的农作物。如从甘蔗、玉米中提炼取得的酒精已用于工业生产，可部分取代汽油。又如巴西甘蔗产量的一半用于生产酒精，每吨甘蔗干物质可制造酒精 8.2 吨。再如，利用植物秸秆、牲畜粪便、海藻及污水产生的沼气，已成为中国、印度等发展中国家一些农村的重要民用能源。

（4）海洋开发技术

在海洋开发方面已崭露头角的高新技术有：开采海底石油，海水养殖，海水淡化，从海水中提取钾、镁等元素，海洋发电、潜水和水下作业技术等。其中与农业关系最密切的是海水养殖业，它使农业为人类提供食物的任务从陆地扩展到海域，并从根本上改造了海洋渔业的原始捕捞方式，而用人工方法使海洋水生生物增殖，因而维护了渔业资源的再生力。海水养殖技术有两种：一是人工放流鱼苗，待其增殖后回收一部分；二是在沿海滩涂养殖海生生物。海水养殖前景广阔，据估算，如果充分利用世界沿海滩涂，可生产相当于现在海洋渔获量 15 倍的水产品。此外，海水发电将使农业有充足的电力，海水淡化不仅可用于工业，也可用于农田灌溉。

（5）信息技术

信息技术中的微电子技术已经成熟。微型电子计算机可以应用于农业中的许多方面，包括会计和财务分析，农牧业生产管理与自动化生产，计算机网络信息管理，建立农业数据库系统、专家系统，进行系统模拟、适时处理与控制和数字图像处理等。如在作物生产管理方面，美国于 20 世纪 80 年代初开发出大型棉花和虫害管理模型（CIM）。后来又通过嵌入专家系统进一步加以完善，于1986年推出了棉花综合管理系统（COMAX）。在开发计算机网络服务方面，法国农业部植保总局建立了一个全国范围的病虫害测报计算机网络系统，可以适时提供病虫害实况、病虫害预报、农药残毒预报和农药评价信息等。

（6）空间技术

空间技术与农业关系密切，如通讯卫星、气象卫星可提高气象观测水平，更好地为农业服务。遥感可用于土壤调查与土地资源清查及其制图、作物估产、植物识别、自然灾害调查、土壤湿度与农业环境污染等方面。遥测可对农作物、森林和渔场进行观察监视，预报产量，预报鱼群洄游路线以及森林防火等。预计在未来还将出现在航天飞行器里栽培植物的“宇宙农业”。

2.4.3 农产品国际贸易空前活跃

随着19世纪末世界农业专业化和区域分工格局的确立和发展，第二次世界大战后，世界农产品的国际贸易空前活跃，1992年世界农产品进出口贸易额达10 034亿美元，比1971年增长了6.25倍，其中出口额4 677亿美元，进口额5 537亿美元，分别比1971年增长5.46倍和7.78倍。农产品出口值同20世纪50年代初期的380多亿美元相比，则增长了11.3倍。近40多年来，世界农产品的贸易经历了40年代末至60年代的稳步发展阶段、70年代的大发展阶段、80年代前半期（1981～1985年）的衰退阶段和80年代后半期至90年代初的回升发展四个阶段。总的来看，这一时期农产品的国际贸易有如下一些特点：

第一，农产品的贸易与经济发展同步。从世界范围看，1960～1989年的30年中，发达国家农产品出口值与进口值分别增长了5.91倍和4.82倍，而发展中国家则分别增长了4.52倍和8.5倍。特别是近年来由于亚洲国家经济发展迅速，其农产品贸易额由1985年的1 138.3亿美元猛增到1992年的2 150.1亿美元，增长了88.9%。

第二，农产品进口种类的变化。传统的大宗农产品（如谷物、食糖、棉花、烟草、原木等）贸易相对稳定，但随着食物消费结构的变化和人民生活水平的提高，畜禽产品（肉类、奶类、鸡蛋类）、水产品、各类水果、油脂、饮料、森工产品等则有明显的增长。

第三，国际农产品贸易竞争加剧，市场结构向发达国家倾斜。20 世纪 80 年代前半期，由于世界性的经济危机与衰退，导致进口需求下降和世界农产品贸易增长速度放慢。主要表现在民办农产品市场供过于求，价格下跌，农产品库存量增加，致使各国争夺世界农产品市场份额的竞争进一步加剧。为此，发达国家政府直接干预，并加强贸易保护政策，养活国外市场对国内生产的不利影响，对外实行出口补贴，刺激出口；而发展中国家由于外汇不足，不得不缩减必需的农产品进口。因此，目前世界农产品贸易无论是出口还是进口主要集中在发达国家。其中欧洲是世界上最大的农产品贸易市场，1994 年约占世界农产品进出口额的将近一半。亚洲地区 80 年代以来由于日本、中国及中东石油输出国谷物、食糖、棉花、奶类等农产品的进口量逐年增长，在世界农产品进口贸易额中所占比重已超过 1/4，但农产品的出口额仅略有增长。北美洲的美国、加拿大为主要农产品出口国，80 年代以来，由于世界性的经济危机、美元升值、广大发展中国家缺乏支付手段，以及农产品出口市场竞争加剧等原因，出口额所占比重有所下降；同时，美国又是世界最大的农产品进口国。澳大利亚、新西兰和拉美各国一向为世界谷物、肉类及热带经济作物的主净出口国。非洲 80 年代以来农产品进出口受气候条件影响波动较大，其中进口以谷物为大宗，出口则以热带经济作物、林产品为主。

第四，国际农产品贸易区域化、集团化趋势日益明显。由于国际农产品贸易保护主义日甚，农产品自由贸易受到严重阻碍，国际农产品市场的要素配置机制作用不能得到很好的发挥，许多国家为了寻求较大范围内的贸易保护措施。例如，欧共体在内部实行统一的农产品价格保证制度和自由流通，对外实行共同的农产品贸易壁垒政策。近 10 年来，尽管国际社会为制止和扭转农产品贸易保护主义，建立开放的多边贸易体系做了大量工作，并制定了一些措施与方案，但限制与反限制的斗争从未停止过。又如欧共体为加速“欧洲统一大市场”建设，于 1994 年 1 月 1 日成立了全球最大的经济圈——欧洲经济区，它是由欧洲共同体 12 国和除瑞士及列支敦士登以外的欧洲自由贸易联盟 5 国组成的共同市场。另外，由美国、加拿大和墨西哥三国组成的北美自由贸易区协定也于 1994 年 1 月 1

日生效。这两大自由贸易区的建立，将对今后世界经济和农产品贸易格局产生重大的影响。

第五，跨国农业公司在农产品贸易中的作用越来越大。跨国农业公司兴起于19世纪后期，当时着重进行土地开发和经营。自第二次世界大战后到20世纪60年代末期，跨国农业公司把重点放在经营农产品加工和贸易上，并以“合同收购”方式牢牢控制货源，形成强有力的“生产、加工、供销”一体化的公司体制。同时，还利用其在资本和加工技术方面的优势和对世界农情、商情的掌握和判断能力，以及利用各国经济法规的某些差异的漏洞，大力向国外推进。据联合国跨国公司中心80年代初的统计，世界85%的粮食贸易由卡吉尔、大陆等6家跨国农业公司控制，75%的茶叶贸易控制在5家跨国公司手中，7家跨国公司控制了世界90%的烟草贸易，11家跨国公司控制了世界70%以上的农机生产和销售量，年销售收入3亿美元以上的189家跨国公司所经营的食品加工业，年产值达1 861亿美元，占世界食品加工业的27%。

20世纪70年代以来，许多跨国农业公司以直接投资经营、合资经营等方式，参与发展中国家的农产品贸易和加工业。其中控制发展中国家出口额85%以上的农产品有小麦、玉米、烟草、棉花、黄麻、咖啡、可可和热带水果，控制出口额70%～85%的农产品有稻米、茶叶和天然纤维。跨国农业公司在发展中国家的农产品销售额和加工产值也逐年上升。

2.4.4 现代世界农业发展中存在的主要问题

第二次世界大战后，世界农业取得了前所未有的大发展，人类对自然资源开发、利用的广度和深度也不断增加。但是，随着世界范围经济工业化和社会城市化的迅速发展，人口膨胀，耕地、淡水及生物等资源短缺，农业生态环境恶化，加上发达国家同发展中国家贫富差距越来越悬殊，当代世界农业发展存在一系列亟待解决的问题：

（1）农业发展速度下降

第二次世界大战后，世界农业经历了20世纪50年代的快速增长和70年代的持续增长后，80年代至90年代初，农业生产增长速度下降，农业生产指数

（含种植、畜牧业和农产品初步加工业）降到60年代的水平。据专家预测，这种停滞不前的低速增长局面仍将维持一段时间，直至21世纪初。导致世界范围农业发展速度下降的原因，一是自然灾害频繁，包括大范围的旱、涝及虫灾。例如1978～1993年中国平均每年的受灾面积为4 519万公顷，其中成灾面积2 196万公顷（约占全国耕地面积的22.7%），成灾面积中，水灾约占44.8%，旱灾占55.2%。又如非洲中北部广大地区70年代中期和80年代末以来的持续干旱，是导致这一地区农业生产长期低而不稳、粮食自给率较低的主要原因；二是农业投资不足。广大发展中国家由于初级产品出口价格暴跌等原因，经济困难，财政状况恶化，债台高筑，无力对农业基础设施进行大规模的投资，致使水利设施老化，年久失修，水土流失和沙漠化加重。近年，联合国开发署和世界银行等国际组织虽对发展中国家一些农业项目给予贷款扶持。但杯水车薪，不能从根本上解决问题；三是农业价格政策不合理。农业生产资料价格上涨过快，工农业产品价格剪刀差不断扩大，严重挫伤了农民的生产积极性。

（2）发达国家和发展中国家农业发展的不平衡性加剧

尽管从原始农业形成以来，世界农业发展就是不平衡的，一部分地区已进入农业发展的新阶段，另一部分地区却停留在前一发展阶段上。但自第二次世界大战以来，这种不平衡性在逐步加剧，主要表现在：占世界总人口32.2%、总耕地面积47.85的发达国家已经实现了农业现代化，它们的农产品出现了过剩；而占世界总人口76.8%、总耕地面积52.2%的发展中国家则不但没有实现现代化，而且在一定的区域内（如非洲）还存在着农产品的严重短缺，难以满足这些国家人口日益增长的消费需求。即使是多数已达到粮食自给或基本自给的国家，也仅仅是温饱型，其食物的营养结构水平较低，特别是蛋白质和脂肪的平均日摄入量远低于发达国家水平。

今后，由于现行的不合理的国际农产品贸易体制和世界农产品贸易的保护主义仍将继续有利于发达国家，加之发展中国家人口增长太快，以及高新技术率先在发达国家农业中推广应用等因素，发达国家与发展中国家农业发展不平衡状况将持续到21世纪，甚至有可能进一步加剧。

（3）人口增长过快，对粮食等农产品需求压力日益增加

1992 年，世界总人口达 54.8 亿，比 1950 年增长了 29.6 亿，其中发达国家在此期间人口增长 4.37 亿，占世界人口增长量的 14.8%；发展中国家的人口增长 25.274 亿，占世界人口增长量的 85.2%。其中人口增长最多的是亚洲，增加 19.84 亿；其次是非洲，增加 3.31 亿。发展中国家人口的高速增长，给粮食等农产品的需求带来巨大的压力。1992 年，亚洲及非洲人均谷物产量分别为 273.5 千克和 122.8 千克，远低于世界平均水平 356.3 千克。中国 1949 ~ 1993 年，全国粮食总产量增长了 3.03 倍，平均增长 3.38%；但同时，全国总人口却增长了 1.19 倍，年平均自然增长率为 18.82%，因而人均生产粮食仅从 1949 年的 208.9 千克提高到 1993 年的 387.3 千克，略高于世界平均水平。而非洲的粮食生产则大大落后于其人口的增长，人均生产粮食由 1962 年的 186 千克，降至 1970 年的 170 千克和 1980 年的 151 千克，1992 年更降至 122.8 千克。

据联合国及世界银行预测，到 2000 年世界总人口将达到 62.5 亿，2025 年将达到 84.7 亿，2055 年可能达 93.2 亿。考虑到人民生活水平的提高，预计到 21 世纪前半期，世界农产品需求量将比 1992 年增长 1.6 倍，其中发达国家增长约 60%，发展中国家增长 12.4 倍左右。

（4）农业资源缺乏，农业生态环境日益恶化

土地和淡水不仅是农业生产的基本资源，也是人类生存的基本条件。世界土地总面积为 130.4 万公顷，其中耕地及多年生作物用地占 11.05%（耕地点 10.33%），长期牧场占 25.74%，森林和林地占 29.61%，其他用地（包括居民点、道路等非农业用地，以及荒山和沙漠）占 33.60%。20 世纪 60 年代以来，世界耕地长期停滞在 13 亿 ~ 13.5 亿公顷水平上，其原因有二：一是现有耕地被非农业用地占用而减少，二是新开垦的耕地面积增加不多。两者相抵，使世界耕地地面积大体保持稳定。由于人口增长过快，世界人均耕地已由 1950 年的 2.76 公顷减至 1971 年的 0.4 公顷和 1990 年的 0.27 公顷；人均牧地则由 2.95 公顷减至 0.81 公顷和 0.64 公顷；人均林地亦相应地从 1.82 公顷减至 1.1 公顷和 0.76 公顷。今后耕地面积的扩大既受到后备资源的限制，又受到资金、劳动力、居住环境条件等因素的制约，而且大部分宜农荒地现在已经是牧地和林地，大规模开垦往往伴随着水土流失、沙漠化等生态环境问题出现。

全球年可利用的水资源总量约40 673立方千米，由于其时空分布极不平衡，估计世界约有半数以上的人口面临缺水的威胁，特别是占世界人口30%～40%、耕地1/5的干旱半干旱地区，水资源尤为短缺。此外，山地丘陵区的水土流失，干旱区的沙漠化，森林减少，草原退化以及日益严重的农业环境污染（尤其是水污染）等等，都是困扰当前世界农业持续发展的重大问题。

世界农业发展的潜力与前景分析：针对上述制约世界农业发展的人口、资源和生态环境问题，20世纪70年代以来，与国际社会提出的“既能满足当代人的需求，又不对后代人满足其需求的能力构成危害”的可持续发展理论相接轨，持续农业成为21世纪世界农业的发展方向。持续农业的核心是要协调好农业发展同人口、资源和生态环境的关系，使其保持和谐、高效、优化、有序的发展，亦即是在确保农业生产和农产品产量获得稳定增长的同时，谋求人口增长得到有效控制，自然资源得到合理开发利用，生态环境向良性循环发展。关于持续农业的概念，据联合国粮农组织1991年4月在荷兰召开的农业与环境会议所发布的登博斯宣言（Den Bosch Declaration），持续农业的三个战略目标为：一是积极增加粮食生产；二是促进农村综合发展，开展多种经营，增加农民收入；三是合理利用、保护与改善自然资源，创造良好的生态环境。美国学者R. R. 哈沃德认为，持续农业有五个要素：①增加产品与就业，不断增加食品，满足人口增长需要；②提高农业生产率，提高资金、土地、生产、投入和资源利用率；③维持一个良好的环境与养分循环；④持久地保持资源开发能力；⑤农业以及相应的工业的合理分布与规模。20世纪70年代开始出现的有机农业、生态农业和超石油农业等均为持续农业的有益尝试。

当前，对21世纪甚至未来世界农业的发展问题，有两种截然相反的观点，一种是悲观论者，另一种是盲目乐观派。前者认为，地球上的土地、淡水等自然资源是有限的，现在已超负荷使用，因而地球生态系统平衡已经受到破坏；今后由于人口增加和人民改善生活的愿望，将使人均消费需求增长更快，以致地球上的资源将被耗尽，一些观点认为，随着科学进步，人类在利用现有资源和开发新资源能力上都将极大提高，因此，地球上可以养活的人口比现在的50多亿多几倍甚至10倍。显然，这两种极端的观点，不仅不符合当前世界农业现状，而且背离了1992年6月联合国环境与发展大会通过的《21世纪议程》中所提出的农业与农村可持续发展战略。作为实施《21世纪议程》的基础与优先领域，未来世界农业的持续发展在可持续发展中占有举足轻重的地位。

21世纪和未来世界农业的持续发展应同其潜力的充分发挥紧密相联。这种潜力包括两方面：一是现有的增产潜力，只要通过增加投入和强化农业的基础设施建设等措施就可释放出来的潜力；二是潜在资源的开发利用，如海洋资源、新的生物物种的开发等，随着科学技术的进步才能逐步实现。因此，对未来世界农业的发展前景应持谨慎的乐观态度。

世界农业发展中，无论是种植业，还是畜牧业、林业和水产业，在现有的基础上均有较大的增产潜力。以粮食生产为例，1992年世界谷物平均单产为2 791千克/公顷，其中发达国家平均为3 235千克/公顷，发展中国家平均为2 503千克/公顷，两者相差达732千克/公顷。按各大洲看，非洲最低，仅1 056千克/公顷；北美洲最高，为4 369千克/公顷。按国家，谷物单产最高的荷兰达7 454千克/公顷，其他较高的还有法国（6 516千克/公顷）、英国（6 365千克/公顷）、日本（5 847千克/公顷）和美国（5 360千克/公顷）等，最低的非洲博茨瓦纳仅1252千克/公顷。同为世界人口大国的中国和印度，粮食单产相差十分悬殊，前者为4 397千克/公顷，后者仅1 969千克/公顷。上述世界粮食生产的不平衡现象表明，世界粮食生产潜力十分巨大。例如，只要发展中国家粮食单产达到目前发达国家水平（这难度并不太大），世界谷物就可增产2.58亿吨，可供6.44亿人消费（按人均年消费400千克计）。又如谷物单产最低的非洲，只要达到当年发展中国家的平均单产水平，谷物总产便可增加1.37倍。需要指出的是，世界谷物现状单产水平的巨大差异，在很大程度上是同农业现代化水平有关，只要通过改善生产条件，增加相应的物质和科技投入，便有可能实现上述增产目标。

随着科学技术的进步和生产的发展，一方面，人类对现有农业自然资源利用的能力不断加强，亦即是农业从粗放经营向集约化经营方向发展；另一方面，人类对开发农业自然资源新领域的能力也将大大提高。例如，现在人类食物的90%是在耕地和牧场上生产的，只有10%来自海洋。而海洋占地球表面面积的71%，达361亿公顷。海洋动物有18万种、海洋植物有2万种。现已查明，其中经济价值较高的鱼类有400多种，可食用的海藻70种，而且都是富含蛋白质的食品。由此可见，海洋动植物资源的开发潜力很大，仅世界公海海域中的中上层鱼类、头足类和南极虾的资源可捕获量每年就达2亿~3亿吨，相当于目前世界渔获量的2~3倍。此外，海水养殖业的潜力更大，目前利用率很低。因此，可以预料，海洋将成为未来人类获取蛋白质的重要来源。另外，将牧草通过反刍动物转化成肉食的畜牧业，是人类又一重要的食物来源。牧草的主要成分是草纤维素，据估计，全世界牧草年产量约1 000亿吨（干重）。未来增加肉食产量的途径：一是实行牧场草地集约化经营，改进草原管理，此举估计可将现有草原载畜量提高数倍；二是研究木质不通过生物转化成食物，将世界上草、木两类最丰富的有机物都利用起来，转化成为动物蛋白质。

此外，通过提高农作物光能利用率和土壤肥力而实现农作物增产的潜力也十分可观。目前全球平均农作物光能利用率仅为0.4%，国外高产地块可达9%~10%。随着科技进步，完全有可能实现农作物光能利用率比现在大约增加10倍，加之土壤肥力的不断提高，农业增产潜力是现在无法预计的。因此，今后农业供养人口的潜力是很大的。

从原始农业到传统农业，从近代农业到现代农业，世界各国各民族人民结合本地区本民族的自然、习俗、生产等特点形成了独特的农业生产体系，而各国各民族农业生产体系的交汇融合，进一步推动了各种生物资源的传播和交流，极大地丰富了各地区的农业生物资源，为各地充分合理利用当地资源提供了保障，而栽培技术体系和耕作技术体系交流融合，为促进了农业系统的协调发展、良性循环农业管理思想体系的建立奠定了基础，促进了世界农业的发展。

3 土地农耕

耕作制度是根据作物的生态适应性与生产条件采用的种植方式，包括单种、复种、休闲、间作、套种、混种、轮作、连作等。与其相配套的技术措施，包括农田基本建设、水利灌溉、土壤施肥与翻耕、病虫与杂草防治等。耕作制度的形成和发展，主要取决于一定的社会经济的发展水平，随着生产力发展和科技进步而发展变化，并与当时的科学技术水平和生产经营水平密切相关，其演变发展过程主要经历了撂荒耕作、休闲耕作、连作耕作和轮作耕作等耕作制度。

中国耕地资源有限，因地制宜采用科学的耕作制度，充分有效地利用土地资源，保持良好的农业生态环境，并获得较高的经济效益，是种植业发展的重要途径。长期以来，中国人民在生产实践中形成了自己独特的耕作制度，对促进农业的发展做出了重要贡献。

3.1 刀耕火种“点”农耕

原始农业的土地耕作可以分为锄耕和犁耕两个阶段，而在锄耕农业之前还有一个刀耕农业阶段。刀耕农业阶段的主要标志是使用刀斧，对林木“砍倒烧光”，不翻土，实行砍种一年后撂荒的“生荒耕作制”。锄耕农业阶段的主要标志是使用翻土工具（铲、耜、锄等），操作重点由林木砍伐转到土地加工，实行砍种后连种若干年再撂荒的“熟荒耕作制”。刀耕农业阶段的原始人迁徙无定，锄耕农业阶段的人们已经开始有村落，过着相对安居的生活。刀耕农业阶段因没有翻土除草的工具，草荒与肥力比较，草荒是第一位的矛盾，所以刀耕之地一般选择树木覆盖而草较少的环境，砍伐焚烧后，乘杂草未侵入，抢种一季。

3.1.1 农具的出现

原始农业的农具一般是用石、木、骨等材料制作的。其中，石质农具最多，包括砍伐用的石斧、石锛，翻土用的工具石锄、石铲，收割用的石刀、石镰，谷物加工用的石磨盘、石磨棒等。骨质农具以河姆渡遗址的骨耜最为典型，还包括土骨铲、蚌铲、蚌镰等。木质农具出土较少是因为木质农具容易腐朽，难以保存下来，尽管如此，还是在部分遗址中发现了木耒、木铲和木耜柄，以及方头木铣和类似木耒的三棱锥形的木质掘土工具。

从农具的种类看，原始农业较之后世农业最显著的特点是，砍伐类工具占突出的地位。原始农具的发展顺序为：先有砍伐农具和播种用的点种棒，后有翻土工具。石斧是由旧石器时代的手斧或砍砸器发展来的，主要用于砍伐树木，清理农地，也可以当作锄头使用。

起初用尖头木棒刺穴点种，后来为了在一块地上连续种庄稼，产生了耕地的需要。最初的耕地只是为播种服务的。在播种前或播种后进行简单的松土，所以最初的耕具是由播种工具演变而来的。把尖头木棒稍加改进，在柄的下部加上横木，操作时用足踏在横木上，加压力使尖头入土较深，将土块挖起，这是耕地的第一步，而加横木的工具就是耒。尖头木耒向扁平方向发展，成为板状的刃，这就是木耜。耜刃是砍削加工成的，耒则需用火把柄部烤出合适的弯度，并把刃尖烤硬。以后单尖木耒发展成双尖木耒；木耜下部的板刃因木质不耐磨，而接上骨质或石质的耜身，便出现了骨耜或石耜。骨耜在翻土操作时，翻起的土块在后，未翻的土在前，人的操作方向是向前的。这一工具主要用于为准备播种的田块修造田埂水沟。

原始农业使用的翻土农具是多种多样的，除了直播式，还有横斫式的。横斫式翻土工具以石锄比较普遍，新石器时代晚期在石锄中又发展出石䦆。广东曲江的䦆弓背长身，两头有刃，上刃窄而下刃宽，在弓背上绑上T形木柄，上下刃均可使用，适合南方丘陵区垦耕的需要。在长江下游地区新石器时代晚期还出现了“石犁”。一般由片页岩制成，体形扁薄，平面呈三角形，刃部在两腰，夹角40°~50°，犁体上有一孔至数孔。

收割用的工具主要是石刀、石镰，也有少数骨镰、蚌镰、陶刀和蚌刀。石刀类的形制分无孔和有孔两类；刀形的变化很多，有长方形的，也有半月形的。石刀的使用法一般是直接用手握住刀身，用绳索穿过刀孔，绕成小圈，便于大拇指套入，不致滑手。石镰则通常有近乎直角的短柄，将短柄捆扎在木柄上，手握木柄进行收割。石刀的刀刃一般是无锯齿的；石镰的刃口有时有锯齿，便于收割时着力，不致滑走。对谷物及其他植物子实加工研磨的工具主要是石磨盘、石磨棒和石臼、石杵等。

原始社会的农具，按用途可分为砍伐、耕作、收获和加工四大类。其中耒耜（lei si）是原始农业的最重要的耕作工具。《夏小正》谈到备耕时说正月“农纬厥耒”、“初岁祭耒”，就是说，春耕前要准备好耒，并仔细检查一番。到了商代时期，已广泛使用双齿耒，且其形制比原始社会有所发展，安阳殷墟不少窖穴壁上都留有双齿耒痕。耒耜都是当时松土播种、挖掘沟洫的重要工具。《周礼·地官·山虞》记录当时木质耒耜广泛使用，介绍说入山斩“季（稚）材”用以做耒，且制作耒是“车人”的职责；而在《诗经》中言耜时，往往加上“畟畟（ce）”、“覃”等以形容其锋利，说明在某些耜已经安上了青铜刃套。

原始社会晚期出现了石镬这一重要的耕具，但在商周时期石镬却销声匿迹，被青铜镬所替代。青铜镬主要适用于农业生产中的垦荒和深翻。青铜镬也是出现最早的青铜农具。

钱和镈是这一时期出现的新的中耕农具。在原始农业早期没有除草作业，但从刀耕农业进入锄耕农业后，除草逐渐成为必要，而除草工具则往往以原始耕播工具兼而为之。

3.1.2 土地利用方式的开端

对原始农业时期土地利用的方式，近人研究提出了刀耕农业阶段。刀耕农业阶段的主要标志是使用石斧，对林木“砍倒烧光”，不翻土，实行砍种 1 年后的撂荒的“生荒耕作制”。锄耕农业阶段的主要标志是使用翻土工具，操作重点是由林木砍伐转到土地加工，实行砍种后连种若干年再撂荒的“熟荒耕作”。刀耕农业阶段的原始人迁徙无定，锄耕农业阶段的人们已经开始有村落，过着相对定居的生活。由于中国锄耕农业阶段使用的主要工具为耒耜，所以，也称锄耕农业阶段为耒耜农业阶段。

刀耕农业阶段因没有翻土锄草工具，草荒与肥力比较，草荒是第一位的矛盾，所以，刀耕之地都选择树木覆盖而草较少的环境，砍伐焚烧之后乘杂草未侵入，抢种一季。从“烈山氏”传说看，黄河流域的原始农业经历过刀耕农业阶段，具有代表性的是西安半坡遗址。

3.2　铜犁铁耧“划”农耕

3.2.1　农业工具的发展

夏商西周是我国传统农业开始并获得初步发展的时期。夏代虽已进入青铜器时代，但真正的农具还不是很多。商代和西周出土的青铜农具主要有锸、铲、镬、镰等。青铜农具的出现是我国农具材料上的一个重大突破，开始了金属农具替代石质农具地位的漫长过程，由于青铜农具比石、木、骨、蚌等材料制成的农具锋利轻巧，硬度也高，大大提高了劳动效率，对推动农业生产起了巨大作用。

春秋战国是我国社会生产力大发展、社会制度大变革的时期，而这一时期生产力的跃进是以冶铁业的产生、发展为主要标志。生铁冶铸技术、铸铁柔化技术和炼钢技术相继发明，改变了当时整个社会的经济面貌。农业生产领域的铁农具迅速推广，到战国时期，中原地区基本完成了金属农具代替石木农具的地位。

使用铁制农具在中国发轫于春秋时代，到战国时期，铁制农具为农家所必备，它的数量可以装备每一个农户，铁器耕作已相当普遍。春秋战国时期的农具器类不少，但命名不一致。其中最有代表性的有以下六种。

（1）犁

中国传统农业使用的犁铧是由耒耜脱胎而来的。一般先是木石犁，后有金属犁，先用人力牵引，后用畜力牵引。铁犁始见于春秋战国时期。战国铁犁形制比较原始，一般呈 V 字形的铁口铧。以辉县铁口铧为例，其断面呈 V 字形，两侧分两面展开，便于中部包纳木铧，铁铧刃顶端上下两面均有脊线，铧首角度较大，达 120°；斜边长 17.9 厘米，中央尖部宽 6 厘米，两侧宽 4 厘米。这种铁铧保留了从耜演变而来的痕迹，只能破土划沟，不能翻土做垄。

（2）镬

早在夏商西周时代，青铜镬已经是重要的农具，到春秋战国时代，又出现了铁镬。铁镬的基本形式有两种，一种是直銎（qiong）的，装上曲柄使用，一种是横銎的，装上直柄使用。从工具形制的发展规律看，早期镬一般是直銎的，金属冶铸技术有了相当发展以后，才出现横銎镬。铁镬适用于垦荒和深翻，在相当长时期内，比铁犁铧使用更广泛。

（3）锸

原始的锸和耜是既相似又有区别的两种工具，它们同为直插式翻土工具，耜有踏脚横木，而锸则没有。因为在使用石质、骨质或青铜耜刃条件下，耜的刃一般较窄，安上木柄后两边的余地不多，难以容足，因此需要另绑上一根供踏脚的小横木。铁器推广以后，耜刃改为铁质，可以加宽加薄，刃体加宽，以其方肩为踏脚之地，踏脚的横木就取消了，耜就变成了锸。战国时代的锸也有两种形制，一种是长方一字形铁套刃锸，套刃侧面为等腰三角形，上背有长形銎，可以纳木为锸身和装柄；另一种是凹字形铁套刃锸，它和一字形铁刃锸的不同之处是铁刃包住木锸下部的三面，都成锋利的刃，而一字形锸则只包住下刃，不及两侧。锸不但是整地的重要农具，也是水利建设中开渠筑堤坝的重要工具。用锸配合锄类、铲类等工具的协同操作，可使旱地保墒、洼地排水、水田平整等方面达到较高的整地技术水平。

（4）锄

原始社会有石锄、木锄等，商和西周出现了青铜锄——镈。到了春秋战国时期，铁锄替代了其他质料的锄，形制有了很大发展。河北易县出土的铁锄锄身呈六角梯形，上部有长方形的横銎，用于横装锄柄；长沙魏家堆出土的铁锄，上部呈弯曲形，横銎圆形。这两种平口锄既保证了锄刃宽度，又减少了锄体上部所占的空间，便于在庄稼地的行垄间除草、中耕和培土。

（5）镰

镰是收割的农具，早期称乂、艾、刈等，后来称为镰。金属镰和铚是原始时代石镰石刀演变而来的。

（6）桔槔

桔槔是春秋时期一种先进的提水机械。桔是指树立的木桩，槔是安装在桔上可以俯仰的横杆。槔的一端系着盛水器，另一端系着重物，汲水时将盛水器投入水中，盛满水后放开，另一端的重物通过杠杆的作用把水提起。

3.2.2 农田沟洫的形成

上古时代，黄河中下游地区以半干旱草原为主，同时存在较为宽阔的水面和众多的薮（sou）泽。黄土地区土壤疏松、植被较少，易于侵蚀，夏秋之间常有暴雨，河流容易泛滥，在人类对自然界的影响力还相对薄弱的上古时代，在相对低洼的地区很自然形成众多的沼泽。因此，在农业发生之初，人们往往把耕地选择在山地或较高的台地，以后逐渐向江河两岸的平野发展，到了原始社会晚期，又开始从事较大规模的对薮泽低地开发，这样防洪排涝成为垦田殖谷的前提。自炎黄至尧舜禹时代，洪水成灾，历时久，淹地广，危害严重，特别是影响到低地农业的发展。大禹治水正是中国上古时代劳动人民为发展低地农业与洪涝灾害做斗争的反映。大禹治水包括两方面的工作，一是“决九川距四海”，即疏通河道；二是“濬（jun）畎（quan）浍（hui）川”，即用沟洫把田野中的积水排泄到川泽中去。

经过这番整治，人们才能“降丘宅土”，在田野进行耕播。在田野修建起沟洫，改变了遍地流潦的情况，出现了土平水清的现象。雨后地面径流遇到纵横交错的沟洫，流速大大下降，减少了对土壤的冲刷，径流中的水相当一部分渗入地下，径流中的泥沙大部分也在沟洫中沉积起来，流入河流中的水量和泥沙大大减少，因此，修沟就是治水。夏商西周农田沟洫体系的形成，是上古人民与洪涝灾害长期斗争的结果，也是进一步发展农业的基础，而且深刻影响到农业生产技术的各个方面。

在重点发展排除积水的同时，人工灌溉也在当时出现了。西周时期就开始了引水和取水灌溉的人工灌溉方式，用滮池之水灌溉稻田。水井在中国原始时代已经出现，到了夏商西周其结构已相当进步，有些井底部还有用圆木搭成“井”字形的井盘。提取井水的工具有木桶还有瓶、瓮等陶器。说明在三四千年前我国人民已经懂得开发和利用地下水了。

(1) 多首制引水工程——漳水渠

漳水渠，又称漳水十二渠、西门渠，建在战国初魏国的邺地。邺县辖境相当于今河北临漳县、磁县南部及河南省安阳县北部。该地处于漳水由山区进入平原的地带，山区水流湍急，进入平原，流速减缓，夏秋暴雨季节，漳河排泄不及，常泛滥成灾。当地土豪和巫婆串通，利用洪灾，兴办祭祀河神的“河伯娶妻”活动，借机横征暴敛。为了经营好这个东方战略要地，魏文侯二十五年（前421）任西门豹为邺县令。西门豹以解除漳水危害为己任，他破除迷信，严惩害民的乡官巫婆，解除了治水的阻力，发动民众兴修漳河水利，“凿十二渠，引河水灌民田，田皆溉”，创建了著名的漳水十二渠。此渠是我国古代明确见于记载的最早的大型渠系引水灌溉工程。

一百余年后，因渠道年久失修，失去灌溉效益。魏襄王（前318—前296）任史起为邺令，“引漳水溉邺”，重修了漳水渠。故左思《魏都赋》称：“西门溉其前，史起灌其后。”史起引漳水着重于淤灌改良盐碱地。之后，漳水渠一直运行良好，直到汉代元帝时褚少孙补作《史记·滑稽列传》时仍说：“至今皆得水利，民人以给足富。”

(2) 大型渠系灌溉工程——郑国渠

郑国渠，位于陕西省关中平原北部，是我国古代修建的最长的灌溉渠道，水源引取渭河的支流泾水，创建时渠首工程属无坝引水类型。郑国渠始建于秦始皇元年（前246年），是韩国水工郑国主持建造的，故命名为郑国渠。这是我国古代最长的人工灌溉渠道，规模之大超过了比它早的漳水渠。郑国渠开成后，灌溉良田四万顷。由于河水的浸润灌溉和填淤泥灌溉，亩产高达六石四斗，出现了前所未有的大面积高产。郑国渠从解决水源、泄洪、防沙、长距离引水、渠道与溪谷相交等工程问题，以及相关工程技术均取得了重要成就。

1) 渠首的位置选择合理。郑国渠所引水源为泾水，泾水发源于甘肃省平凉县西南的六盘山泾谷，东南流经泾川县及陕西长武、郴县、淳化，奔流在黄土高原上，至仲山峡始出山进入平原地区，于高陵县入渭河，全长396.8千米。郑国渠引水成功的原因为：一是渠首选择的位置高，可以控制整个灌区，实行自流灌溉。渠首段设在泾水出山峡处，水流减缓，便于引水。地势又高于渭北平原，可“一泻千里”；二是渠首的引水口，设置在泾水出山峡后弯段河道的凹岸顶点下游，这样有利于取水防沙；三是设置两条引水渠利于引洪灌溉。

2）干渠布置在灌区最高一线，设计得当。郑国渠干渠的行经路线，从今上然村西北，泾河河湾（昔称骆驼湾）左岸引泾水，流经今王桥镇南，东经石桥镇南，然后傍原（西城原）折向东北行，过云阳镇北，又经三原县鲁桥镇南，西阳镇北，又东北经富平县阎良镇北、康桥镇北、张桥镇和程家镇南，过蒲城县原任镇南、龙阳镇南，至重泉村以东入洛。郑国渠干线的布设，郑国渠干线是沿着北山南麓，自西向东，修建在渭北平原二级阶地的最高线上。这样布置能最大限度地控制灌溉面积，进行自流灌溉。于是北山以南，渭河以北，泾河以东，洛河以西范围内的大部分平原都在其控制之下。

3）渠道与溪谷水相交的技术措施甚是巧妙。在泾水和洛水之间，流向大致平行的还有冶峪河、清峪河、浊浴河、石川河等溪谷水。郑国渠干线横亘东西，必然与这些溪谷水相交，郑国渠通过这些溪谷采用何种方式呢？渠道与河沟相交可分为平交式和立交式两种。郑国渠与这些溪谷采用平交的方式，在相交处形成共同的河床。郑国渠与这些溪谷采用平交方式，还有一个很大的好处，是把这些溪谷的水揽入郑国渠，增加渠道的流量，尤其是行至石川河时，因沿途引灌，流量大减，此时拦入流量较多的石川河有助于补充水源，以达到灌溉“四万顷”地的目标。

3.2.3 作物种类的构成与“五谷”的定型

原始社会粮食作物的种类可能相当多，直到夏商西周时期仍用百谷来形容，但这是被记录下来的农作物种类则不到 10 种，说明广泛种植的农作物种类在人为的淘选下逐渐趋于集中。商周时代的主要粮食作物，也是当时主要的大田作物，包括黍（黄米）、稷（谷子）、稻、来（小麦）、牟（大麦）、菽（大豆）、麻等 7 种。但这 7 种农作物在作物结构中所处的地位是不同的。这时的黍、稷仍占主要地位。把黍和稷相比较，稷的地位更重要。因为黍既能用以酿酒，又能耐旱抗逆，是新垦农田的先锋作物，受到统治者的高度重视。稷产量比黍高，是平民常食的作物，种植更为普遍，而且自新石器时代中期以来就是黄河中下游最主要的粮食作物。稷成为农神的尊号，“社稷”成为国家的代称，就是稷的特殊地位的反应。

水稻原是热带和亚热带的作物，新石器时代主要分布在长江流域以南的广大地区，夏商周进一步被引向北方。商代水稻在黄河南北均有种植，西周以后北方水稻进一步发展。但是水稻在商周时代的黄河流域，并不是主要的粮食作物，可能仅是“十月获稻，为此春酒”的一种酿酒原料。

来、牟是小麦、大麦的古称，当时有关麦的记载不多，说明当时麦类播种面积不大，在粮食作物中所占的地位还不是那么重要。

菽是大豆的古称，亦称“荏菽”，在新石器时代可能已经栽培。

麻在新石器时代已被利用或栽培，到夏商周时期成为一种重要的作物。古代的麻是今日桑科的大麻。其子实古代称为苴，是当时的粮食；茎部的韧皮是古代重要的纺织原料。所以麻在古代既是粮食作物又是纤维作物。《诗经》中提到“沤麻”和“绩麻”，说的就是沤制大麻纤维和利用其纤维绩成纱或线以备织布。属于豆科的葛是当时被广泛利用的植物纤维。用葛织成的布，当时有三种：絺(chi)、绤（xi)、绉，其中絺是细葛布，绤是粗葛布，绉是精葛布。

由此可见，商周时期黍、稷在粮食生产中仍占主要地位；麻虽也作为粮食但主要还是利用它的纤维；水稻已传到黄河流域，但被视为粮食中的珍品，栽培并未普遍；麦和豆是这时初见的作物，栽培也不多。

到了春秋战国时期，粮食作物的种类没有变化，但其构成发生了较大变化：菽（大豆）地位迅速上升，并与粟并列为主要粮食作物。大豆上升为主粮，是由多种因素促成的。从大豆本身看，它比较耐旱，具有一定的救荒作用，而且它营养丰富，而且既能当粮食又能当蔬菜；从耕作制度来看，春秋战国时期正是从休闲制向连种制转变时期，面临着新的土地方式下如何保养地力的问题。大豆根瘤有肥地作用，它参加与禾谷类轮作，有利于在连种条件下用地与养地相结合，这是大豆迅速发展的又一原因。

麦也是这一时期发展较快的一种作物。春秋战国时期，麦田的面积相当可观。推广冬麦，既能利用晚秋和早春的生长季节，避免与别的作物争地，又能解决青黄不接缺粮的困难。在菽、麦发展的同时，黍的地位相对下降。但在粮食作物的构成中，占据主要地位的仍然是黍。

西周以前，中国粮食作物是以黍、禾为主，其他粮食作物的种类相当多，商周时代粮食作物的种类经过长期的人工选择和“天择”，逐渐趋于集中，但仍然沿用“百谷”之称，到了春秋战国时期，开始出现“五谷”的概念，表明主要粮食作物的种类初步定型。

历史上的五谷基本分为三类：一类认为五谷是指黍、稷、麻、麦、菽；另一类认为五谷是指黍、稷、麦、豆、稻；第三类认为五谷是指稻、秫（稷）、麦、菽、麻。以上三类取其重复得 6 种作物，即稷、菽、麦、黍、稻、麻。而稷就是禾，麦兼指大小麦，因此，春秋战国时主要粮食作物实际上包括禾、黍、稻、小麦、大麦、菽和大麻 7 种。

3.2.4 耕作制度的演变：从休闲耕－撂荒－连种

原始社会实行撂荒耕作制，夏商西周后逐步由撂荒耕作制过渡到休闲耕作制，发展到西周时，出现了菑（zi）、新、畬的土地利用方式。菑、新、畬（shē）是一块田地在 3 年中所经历的三个不同利用阶段，“田，一岁曰菑，二岁曰新田，三岁曰畬”。第一年将丛生于田中的草木灭杀之，故称菑，也称为“反草”。“反草”不是对生荒地的垦治；而菑亩表示经过整治的耕地，而非生荒；菑是反草而不播种。因此，菑是一种休闲田。第二年，休闲田重新耕种，称为“新田”。第三年，耕地经过 1 年耕种后，土力舒缓柔和，故称畬。因此菑、新、畬是以 3 年为一周期的 1 年休闲 2 年耕播的休闲耕作制度。

这一耕作制度仍是较粗放的土地利用方式。当时仍大量使用石、木、骨、蚌等粗制农具，难以深耕细作，耕地要想连续种植而又长期保持肥力是不可能的，所以耕地连续种植 2 年后，土地肥力渐竭或已枯竭时，就需要休闲。这一休闲耕作制比原始社会的撂荒耕作有以下明显进步：一是耕地闲置的限期大大缩短，实行耕播和休闲有计划的轮换，提高了土地利用效率；二是休闲地不像撂荒地那样抛弃不管，不仅有计划地利用自然恢复地力，而且采取诸如反草等措施，用人工预促进地力的恢复。休闲耕作制的核心是处理用地和养地的关系，休闲耕作制的出现，是人们处理用地和养地关系方面的重大进步。

到了战国时代，连种制获得迅速发展，连种制的实行是以进步的农业生产技术为必要条件的。春秋战国时期，铁农具的普及和牛耕的初步推广，提高了土壤耕作的效率；施肥受到普遍重视，地力的损耗可以获得人工的补偿；大豆的广泛种植又有利于耕地的用养结合。这些条件综合起来为连种的实行提供了物质前提。

耕地连年种植，并不等于每年都种同一种作物。事实上，为了调节地力，防止病虫害，往往还要换茬，轮作也就出现并发展起来。

3.2.5 计算单位——亩的发展和畎亩的形成

垄作是夏商西周时期农业生产的突出特点，它的出现与沟洫制度密切相关。作为农田形式的垄，古称为“亩”，表达两种概念：一是作为耕地面积；二是表示农田结构形式，但用于表示农田结构的形式似乎更多一些。“垄上曰亩，垄中曰畎（qǔan）”，表明亩是一种高出地面的畦畴，也就是后世所说的垄，它是在修筑农田沟洫时发生的。初期的“亩”是自然形成的，没有固定的形状和明确的规格，带有原始的性质。

到了西周时代，修“亩”有了一定的规格和技术要求，形成了具有比较完整意义的垄作。当时做亩已有一定的行向要求，如“南亩”、“南东其亩”等。所谓“南亩”，就是将垄修成南北方向；所谓“南东其亩”，就是将垄修成南北向和东西向。这种行向是根据“土宜”来决定的，也就是根据地势的高低、水流的方向和是否向阳等来决定的。西周以后，垄作日渐普及，亩逐渐趋向于规格化，出现了以宽六尺、长六百尺为一标准亩的趋向，“六尺为步，百步为亩”反映的就是这一情况。由于亩的大小逐渐固定，亩就由原来的耕作方式逐渐演变成一种土地面积的单位。中国土地面积上所使用的基本计算单位——亩就是这样发展而来的。

畎亩是先秦农田结构的一种形式。畎是沟，亩是垄，畎亩法就是一种垄作法。西周以来，随着大规模整理土地，逐步形成“六尺为步，百步为亩”的规格。畎亩法对土地的利用包括“上亩弃田，下亩弃畎”两种方式，其特点是：在高田里，将作物种在沟内，而不种在垄上，这叫上亩弃田；在低田里，将作物种在垄上，而不种在沟内，这就叫下亩弃甽。高田种沟不种垄，有利于抗旱保墒；低田种垄不种沟，有利于排水防涝，且有利于通风透光。针对农田结构，要求“亩欲广以平，甽欲小以深”，就是说，合乎规格的垄应当是垄台宽而平，垄沟窄而深。大体上是垄台五尺宽，垄沟一尺宽，这样才能使农作物生长发育良好。

3.2.6 耕作方式的发展

与垄作相联系，条播也出现了。

（1）耦耕

夏商周时期，大田耕作广泛采用协作劳动的方式，其中西周时期非常流行耦（ou）耕。两物相配对，谓之耦，在农业生产中耦耕是以两人为一组的协作劳动方式。耦耕是如何进行的？又是如何形成的呢？相传在当时修建农田沟洫时，采用了两人一组、各执一耜，并排挖土的方式，这是耦耕的原始方式。采用这种方式是与耒耜的使用有关。耒是一种尖锥式农具，耜虽改成扁平刃，但刃部较窄，由于人推足蹠（zhi），入土比较容易，要挖出较大土块则有困难。解决的办法是实行多人并耕。在修建沟洫的劳动中，最合适的是实行二人二耜的并耕，人多了反而相互妨碍。因此，耦耕是以农田沟洫制度的存在为前提的。因此，在西周农田沟洫系统大发展的时期广泛流行。耦耕不限于挖掘农田沟洫，也推行于垦耕、除草、播种等农事中。

（2）耘耔

夏商周时期，作物的田间管理受到普遍重视。中耕除草和治理虫害是其中重要的内容。田间除草在原始社会已经开始；刀耕农业阶段主要是在播种前造田和整地阶段进行，进入锄耕农业阶段后，开始注意清除播种后的田间杂草，耘耔技术开始萌芽。播种前清除田内杂草比较容易一般采用放火烧荒，或是用耜翻压便可；而播种后，田内禾、草杂生，既不能放火烧，又不能用耜翻，而且有些伴生杂草在苗期形态长得几乎与作物一模一样，要将它和作物区别开来并非易事。

耘耔技术在商周时代有了很大发展，并出现了专门的金属中耕工具——钱和镈。西周时代有关中耕活动的记载很多，人们认识到了耘耔对作物生长所起的作用，一般是在春播后农夫就要抓紧中耕。周天子不但在春耕时要举行籍礼，在中耕时也要举行籍礼，说明中耕是西周的重要农事活动。当时田间的杂草主要有荼、蓼、莠、稂等，其中以莠、稂为害最烈。莠即谷莠子，也叫狗尾草；稂，别称童粱，即狼尾草，前者很像谷苗，后者很像黍苗。它们是谷田或黍田最重要的伴生杂草。

（3）深耕、易耨（nou）

春秋战国时期，铁农具已应用于农业生产，为深耕准备了条件。而人们在农业生产实践中也认识到了深耕的作用，因此，在农业生产中要求耕地耕到有湿土的地方，这样既能防止杂草的滋生，又能避免虫害，同时为当年和下一年庄稼的生长有良好的作用。

耰是我国北方旱地以防旱保墒为中心的耕作体系的一个重要环节。春秋时代的耰在很多情况下是与播种相联系的覆种和平土，但已经提出“疾耰”和“熟耰”的要求。所谓疾耰，是要求在耕播后迅速及时的碎土覆种；所谓熟耰，就是细致地碎土、均匀地覆种。黄河流域是一个春旱多风的地区，春季不但雨量稀少，且因风多，土壤水分蒸发量大，耕地播种后如不立即覆种，将地整好，就会造成跑墒，因此，耕播之后要“疾耰”和“熟耰”，即把土块打碎，切断土壤的毛细管，减少土壤水分蒸发，同时细致均匀地覆种，以利于出苗。

古代称中耕除草为耨或耘。广义的耘耨包括间苗、培土、除草等内容。熟耘就是要求这些农活做得细致；而易耨是指要赶在杂草蔓延之前迅速的把它扑灭或除掉，同时及时中耕有防旱保墒的作用。

3.2.7 畜力耕作的出现

中国畜力耕作始于何时，说法不一，有的说是原始社会末期，有的说是商代、春秋或者西汉，但牛耕起源于春秋以前是肯定的。随着家牛役用的发展出现了牛鼻环，春秋时期的家牛通常都带上了牛鼻环进行耕作或驾车。战国时代，牛耕比春秋时期又有所发展并对饲养耕牛制订了奖惩办法，饲养得好的给与奖励，不好的受惩罚，牛的腰围“瘦一寸笞打十板”等。耕作上从单纯的依靠人力进步到利用畜力，是农耕动力的革命，但春秋战国只是中国牛耕的初步发展时期。

3.2.8 粮食的贮藏

在黄河中下游地区，目前发现的粮食贮藏最原始的方式是窖藏。在河北武安磁山遗址和山西西安半坡遗址中都发现大量贮粮窖穴，说明这种方法在原始社会已经使用了。到了夏商周时期，窖藏仍然是主要的贮藏方法。这时期的窖穴形式多种多样，就其口部而言，有做成圆形的或椭圆形的，有做成方形的或长方形的。窖穴的修建方法比原始社会有了明显进步。不少窖穴底部是用火烤过的，有的底部还铺有一层鹅卵石，有的铺有火烧土或碎木炭，有的则用草拌泥涂抹，修造相当讲究。这些措施都是为了防潮，说明对窖藏防潮的重视。窖藏具有不占地面和空间，又有防火、防盗、防雀的作用。窖藏的局限性是，在地势低下、地下水位高的地方，就不能利用，而且比较容易受潮。为解决这个问题，在贮藏的方法上便产生了新的技术——仓贮。

仓贮可能出现于原始社会晚期，其形状是：下部圆柱体，上部有蘑菇形盖。圆柱形周围凹进三个拱形顶小孔，各不相通，外壁施红彩。到了商代，甲骨文中已经出现仓、廪等文字。我国古代地面贮藏的三种主要方式是：仓、廪、庾。仓是在屋内藏粟；廪是敞屋藏穗；庾是露地堆谷。这三种贮藏方式到西周都有了。

3.3 吱吱扭扭 “推” 农耕

3.3.1 耕犁的演变与定型

与战国时代相比，秦汉以后的犁铧有了很大发展，其形制大体分为三类：第一类是舌形大铧。长和宽差不多，一般长30厘米，重7.5千克左右，底下板平，上面高起，前低后高，前段一般为纯尖，形如舌，后面有等腰三角形的銎。第二类是小铧，长宽略同，分为两种形式，一种为舌形，前端为钝角，两边高起，前低后高，后面有扁圆形的銎；另一种也像舌形，前端呈钝圆角，两侧有弧度。小铧长10.8~17.5厘米，前宽7~11.8厘米，后宽9~14厘米，高4.7~7.5厘米。第三类是巨型犁铧，一般长40厘米左右，重9~15千克，犁面和銎部断面均呈等腰三角形。舌形大铧是两牛抬杠牵引用于耕翻土地的；巨型大犁可能是数牛挽行用以开大沟的；小铧一般是用于中耕除草壅苗开浅沟。汉代的铁犁已经安上了犁壁，可以引导垡条逐渐上移，并进而使其碎断、翻转，达到预定方向的功能，提高犁耕的松土、碎土、翻土的作用。

（1）框形犁

汉代已经有了框形犁的雏形。其中的木质部分有犁底、犁箭、犁辕、犁梢、犁衡等部分；铁质部分有犁铧。较长的木质犁底前端尖削，便于套上犁铧，其后部拖行在犁沟中，起稳定犁架的作用；犁箭，立装在犁底中间，起支持犁辕的作用；犁辕为直杆形，中间受犁箭支持，后端以榫卯安装在犁梢中部，前端仰起高度与犁架相适应；犁梢倾斜安装在犁底后端，便于扶犁前进，犁衡为一横杆，中点处与辕前端联结，两端放在牛的肩胛处。由此可见，汉代耕犁具备了畜力犁的基本条件，奠定了传统耕犁的基础。

（2）江东犁

唐代江南水田农具发展作用最大的是江东犁，即曲辕犁的出现。它的特点：一是犁盘和犁辕。有了犁盘，犁辕通过犁盘两端系以绳索与牛轭相连接，犁辕变短、高度降低并改为向下弯曲，操作起来更为灵活自如，便于转弯；二是犁箭、犁评、犁建的分工与配合，共同完成调节耕深的功能；三是犁底和犁梢的分开既便于压犁又便于抬犁，使耕者能够更好地操纵耕犁，掌握耕垡的宽窄。向下压犁梢时，犁底后部下降，铧头上升，耕垡则宽；向上抬犁梢时，犁底后部上升，铧头下降，耕垡就窄。另外江东犁兼有翻土和碎垡功能，特别适于土质黏重、田块较小的南方水田使用，同时也适用于南北方的旱地。

（3）钩环与犁刀

尽管唐代的曲辕犁犁盘两端用绳索与套在牛肩上的曲轭相连，犁辕不直接与牛轭缚在一起，但犁辕与犁盘还是直接连接的，牛驾犁耕地时仍欠灵活。宋元时代，在犁盘与犁辕之间加上一副钩环，从而增加了它的灵活性形成了我国传统耕地方式“牛犁相连”新形制。宋元时期为了大力开垦荒地的需要，创造了新的耕具——犁刀。它是一种形似短镰背宽而厚的钢刃工具，具有破土和切断根株的作用，主要是在耕地前使用，为耕犁的耕翻创造条件。钩环和犁刀的出现和应用，使我国耕犁的结构和功能变得更加完善，耕地能力更加提高，它是我国传统耕犁发展过程中一次具有重大意义的变革。我国的传统耕犁至此完全定型了。

3.3.2 牛耕技术的发展与推广

汉代耕犁虽然有某些原始社会的痕迹，但是已经具备了畜力犁的基本条件，奠定了中国传统耕犁的基础。

（1）耦犁法

耦犁的发明是中国农业历史的一桩大事，有人认为耦犁就是两头牛各拉一张犁并行前进，由两人各扶一犁，另一人在前面牵牛导引。汉代出土的牛耕图像绝大多数是“两牛抬杠”式，这是“耦犁”的形象。实际上，耦犁应该是两牛合犋共拉一犁。两牛三人耦犁法中三人是起着前挽、中压、后驱的作用；两牛起着抬杠的作用。以纳西族的犁为例：犁由犁梢、犁床、犁辕、犁箭、铁犁铧、挡泥板和犁衡组成，这种犁需要二牛抬杠方式牵引，由于犁箭是固定不能活动的，因而犁辕与犁床之间的夹角也是固定的，不能起调节耕地深浅的作用，为了调节耕地深浅，耕作时除了牵牛（前挽）和掌犁（后驱）外，还要有压辕人；压辕人或站在辕旁边或坐在犁衡上，进行作业。

到了魏晋南北朝时，牛耕图像中有二牛抬杠式，也有单牛拉犁式的。西晋以后，单牛拉犁方式逐渐普遍，到南北朝时期可能已经占据主导地位。当时一牛挽拉的犁是一种双辕犁，这种犁的曲轭已经替代了两牛抬杠用的肩轭，曲轭两头与双辕前端连接，双辕在牛后会合如单辕，再与犁梢相接。

（2）畜力拉耙耱

畜力拉耙的出现不会晚于三国时代。资料分析当时的畜力拉耙是长条形的钉齿耙，有两牛牵引的，也有一牛牵引的。十六国时期酒泉丁家闸墓壁画中出现一牛挽拉的人字耙图像，耕地时呈倒人字形。无论是长条形把还是人字形耙，都有人站在耙上面，以增加入土深度。耕后施耙，可以使翻起的土垡变得细碎疏松，并可去掉草木根茬。

耱是畜力牵引用以磨碎土块，平整地面的工具，是安有牵引装置的长条形木板或用藤条荆条之类编扎而成。南北朝时期有两牛单辕耱，也有一牛双辕耱。它常被配合在耕耙以后使用，即“耙而劳之”。耙后随即劳地，进一步使地平土细，可以起到保墒防旱作用，它也用于播种后的覆土，耕后耙地，耙后播种，种后即拉劳覆土。

(3) 耧车的发明

耧车或叫耧犁，是我国2 000多年前发明的畜力条播器，也是继耕犁之后中国农具史上又一重大发明，对提高播种质量、促进农业发展起了重要作用。耧车具有两个或三个固定在机架上的耧脚，用它播种；第一能保证行距一致，播种深度一致，能使作物出苗整齐；第二能均匀播种，防治稀密不匀；第三开沟下种、覆土等作业联合进行，不仅有利于保墒抗旱，而且提高播种质量的同时，也大大提高了播种效率。

(4) 石转磨

石转磨在春秋战国时代已经发明，但其推广使用是在汉代，汉代实物及模型的出土数量最多，应用非常广，有些石磨采用畜力、水力、风力来加工谷物。满城汉代出土的大型石磨，上下两盘直径54厘米，通高18厘米，磨盘中间有铁轴。磨盘放置于漏斗形铜器内，磨旁有马骨架，说明畜力牵引的大型石转磨在汉武帝时代已经产生，而河南济源泗涧沟西汉晚期墓和洛阳东关东汉墓出土的陶风车模型，表明西汉末年粮食加工已经用上了风力。

3.3.3 种植制度的演变

自战国以来，连作制占据主导地位，到南北朝时期，轮作制已日臻成熟，其特点是广泛采用禾谷类和豆类轮作，并在轮作中加入绿肥作物，形成用地养地相结合、灵活多样的轮作体系。轮作制的经验集中反映在《齐民要术》中，这一书指出“谷田必须岁易（年年轮换）”，“麻，欲得良田，不用故墟（重茬地）”“稻无所缘，唯岁易为良”。这些说明当时已经认识到作物实行轮作，有提高产量、减轻杂草和病虫害的作用。

间作、混作和套作始于公元前1世纪，到后魏时期已经初步奠定了间混套作的技术基础。当时人们已经认识到间、混、套作是充分利用地力和太阳光能的重要措施。他们把间混套作作为用养结合、农牧结合的措施，并且明确了间混套作中作物与作物、作物与环境的关系，提出采用合理田间配置方式、充分发挥种间互利的组合方式，如“二豆良美，润泽益桑”、“种禾豆欲得逼树”。

改变作物结构和发展多熟种植，是宋元时代解决南方人多地少、发展农业经济的重要手段。宋元时期形成的作物结构和创造的多熟种植方法，不仅在当时产生了巨大的经济效益，而且对后世农业的发展带来了深刻的影响，我国作物结构中的一些重要组成形式和多熟种植中的基本方法，都是在这一时期奠定的。

（1）长江流域稻麦两熟制的形成

麦类原是种植于北方的作物，东晋时期麦类在南方有所发展；入宋以后，由于北方人口大量南移，社会对麦类的需求量空前增加，因而促使小麦在南方迅速发展。另外，地方政府十分重视在南方推广种植麦类等旱谷，劝民种麦，而且政府创造了一套开沟筑畦、排水防渍的技术，这些都促使了稻麦两熟制在长江流域的形成。宋元时代稻麦两熟制在江南的形成增加了复种指数，提高了土地利用率，为当时增加粮食来源开辟了新的途径；而水旱轮作熟化土壤的作用，对保持和提高地力具有不小的功效。

明清时期，稻麦两熟是江南太湖地区主要的轮作换茬方式，除小麦为水稻的前后茬外，还有蚕豆、油菜等秋播作物；也有水稻收割种“冬菜”，春节前冬菜收获后乂种油菜。冬菜实际上就是萝卜、白菜。《齐民要术》谈到稻后种白菜、萝卜的具体做法：“其水田不能种麦者，获毕，耕起板田，放水为畦，种白菜、萝卜，皆于田有益，其种麦者亦可先栽白菜。”

（2）北方多熟制的发展

明代，北方土地利用并不充分，这期间复种的情况未有较全面而可靠的资料。清代中期以后，由于人口激增，可开垦利用的土地，特别是质量较好的土地为数已经不多，于是复种得到较大发展。18 世纪中叶，山东、河北、陕西关中等地普遍实行了三年四熟制或两年三熟制，到 19 世纪前期，传统的种植制度基本定型。月令体裁《农圃便览》所列种植活动反映出两种情况：其一是春播和夏播作物多于秋播的种类。春夏播的除黍稷等杂粮外还有经济作物，如棉花、烟草等；秋播的越冬作物只有小麦和豌豆、大麦等。其二是每年忙碌的季节主要有两个：一个是在夏至前后，“割麦以后，麦既要打，又须趁雨种豆，而锄地更为紧要”，另一个是在八九月。这是两个特别忙碌的季节，五六月份是收、种、管；

八九月份是收、种。当时典型而又基本的轮作方式是：春季在冬闲地上种植高粱、春谷或玉米等早秋作物，秋收后种一季“早茬麦”，麦收后种豆类或夏玉米、晚谷等晚秋作物，晚秋后冬闲

3.3.4 土壤耕作的变化

(1) 北方防旱保墒耕作技术

黄河中下游地区历来苦旱，至魏晋南北朝时仍然如此，解决的途径一是发展农田水利，二是采取耕作措施。通过土壤耕作防旱保墒由来已久，最初是及时覆种（耰）和加强中耕（耘耨），春秋战国时期提倡“深耕疾耰”“深耕易耨”，西汉时期出现畜力摩田期，提倡早锄，耕地防旱保墒能力有所加强。到了南北朝时期，北方旱田传统的保墒防旱耕作技术体系形成了，这一体系包括“耕、耙、耢、压、锄等环节，这一环节臻于完善的关键是耙的出现。有了畜力拉耙，旱作农具配了套，土壤翻耕后反复耙耢，消灭了土层中的大小坷垃，形成上虚下实的土层，其保墒蓄墒的能力和持久性大大加强了。耕—耙—耢这一套土壤技术首先是要耕好地，在犁细的基础上进行耙耱。耕地的方法有几种，以操作季节分为春耕、夏耕和秋耕，以操作程序分为初耕和转耕，以耕翻深度分为深耕和浅耕，以翻耕方向有纵耕和横耕。耕地时机要考虑作物、播期、茬口等因素，具体要以土壤墒情为准。

1) 锄不厌数。魏晋南北朝时，人们体会到中耕除草有利于保墒防旱、熟化土壤，以及提高产量和产品质量，因此在操作上比以前更加精细。《齐民要术·种谷》明确指出“春锄起地，夏为锄草”，意思是春天锄地主要是使土壤疏松，夏天锄地主要是消除杂草。“锄者，非止除草，乃地熟而实多，糠薄，米息。锄得十遍，便得八米也”。“锄麦倍收，皮薄面多”，说明中耕非但除草，还可以提高作物的产量和品质。后魏时强调早锄、多锄，而且中耕的方式和方法也多彩多样，形成了以锄为主，结合耙、耢、锋、耩（jiang）等四种工具的应用，视幼苗生长情况而定。

唐代农田操作十分重视中耕，而且对中耕技术的要求更加细致，《杂说》中指出，在黍、粟等作物幼苗期间进行中耕，为了避免松动或损伤幼苗根部，并防

止土块埋压根节、妨碍发杈枒，必须浅锄，等到苗株长大，根部基本稳定，可以深锄，当孕穗到抽穗期间，根系逐渐密布于地下，深锄容易伤根，又需要浅锄。

2）分缴内外套翻耕法。宋元时代北方旱作的一个重大发展就是分缴内外套翻耕法。北方旱地田面一般较大，耕地方法上如果处理不当，会将田面平整的地块弄得高低不平。为此，王祯《农书》中描述："所耕地内，先并耕两犁，垡皆内向，合为一垄，谓之浮疄，自浮疄为始，向外缴耕，终此一段，谓之一缴。一缴之外又间作一缴，耕毕，于三缴之间，歇下一缴，却自外缴耕至中心，作一墒，盖三缴中成一墒也。其余欲耕平原，率皆仿此。"现今北方畜引犁耕翻土地多采用分缴耕作法。地块大则分为几段，三缴组成一段。先并耕两犁，扣起土垄接着耕起的土垄，都向中间翻转，即从所起的垄（浮疄）起向外缴耕。耕完这段，于三缴之间留下一缴，再从外缴向中心耕，这段中心最后留下一条沟。在一块地内，向外缴耕和向内缴耕结合，便可利用外翻两边造成所谓的浮疄，填平内翻两边所起的墒沟，每年互换，交错进行。其可保证田面平整，避免漏耕现象，利于操犁回转，减少地头空走。

（2）南方精耕细作技术体系的形成

宋元时期，随着农具的改进和农业生产集约程度的提高，耕作栽培技术进一步趋向精细化。这一时期我国南方的耕作栽培技术有了很大发展，集中表现在整地、育秧和田间管理三方面，奠定了我国南方水田精耕细作的技术基础。

1）整地技术。主要包括秧田整治、冬作田整治和冬闲田整治等三方面。整个秧田整治过程包括冬季和春季两个阶段。在冬季要进行深耕冻垡，促使土壤疏松、释放养分、消灭杂草；春季则进行耕肥、施肥，然后平整田面播种。冬作田整治一般采用开沟作垄的方法；而冬闲田整治措施一种是采用干耕晒垡，一种是干耕冻垡。

2）培育壮秧技术。宋元时期由于稻田冬作的发展，育秧移栽成了保证一年两熟的技术关键，而培育壮秧则是关键中的关键。培育壮秧的具体措施：一是浸种催芽，针对不同的稻种，浸种的季节和浸种时间的长短均不相同，浸种方法也有变化；二是播种期的掌握，播种要根据气候条件季节早晚来决定；三是秧田水层的管理，要注意水质的变化，并根据天气阴晴决定水层的深浅等；四是秧龄的掌握和移栽。宋元时代秧龄的掌握一般不用天数，而是根据其生长的长度，南方一些地区是以秧苗高15~20厘米为标准，北方则不超过25厘米为原则，移栽时间一般是在农历四月小满、芒种之时。

3）耘、耥及烤田技术。耘、耥、烤田是稻田水浆管理中的主要措施。耘田时要根据地势的高下来耘田，可以采用耘爪或足耘等方式进行。耥田是元代创造的一种稻田中耕除草的方法，它使用一种木板下钉有铁钉，上按有竹柄，在田间推荡。宋代提倡烤田时进行重烤，保证田土烤得透，措施上是采用开沟烤田的方法。元代又将耘田、施肥、烤田结合起来形成了一整套水肥管理技术。

3.3.5　栽培管理技术

（1）播种技术的提高

魏晋南北朝时期，为了追求产量的增加，种子质量成为生产中的一个重要关键，人们已经掌握了种子好坏的测定方法，以及选种、晒种、催芽的技术。

1）清水选种。指播种时要用饱满的种子，一般播前用清水漂去轻浮而不饱满的种子秕子、以及混杂的种子。《齐民要术·收种》提到“凡五谷种子，……将种前二十许日，开出，水淘”，可使“浮秕去则无莠”。

2）晒种。指在五谷种子在“水洮”后“即晒令燥”。

3）浸种催芽。主要是根据天气的冷暖来决定是否浸种催芽。

（2）病虫害防治

魏晋南北朝时农作物病虫害防治技术，包括生物防治。农业防治、药物防治等都有所发展。生物防治主要是利用天敌防治农业害虫，最早的记载是把黄柑蚁放在南方柑橘、柠檬树等，能捕食棱蝽等20多种害虫；同时人们对鸟类食虫早有认识，所以采取了保护鸟类的措施。农业防治主要采取适当耕耘、合理轮作、选育优良品种等方式进行防治；药物防治主要是采用草木灰、石灰等防治室内害虫，如矾石、杀百虫。此外，为防止立秋后贮麦生虫，采用艾蒿为药物防治。诱杀法是一种采用诱饵消灭害虫的方法，如瓜田“有蚁者，以牛羊骨带髓者，放置瓜科左右；待蚁附，将弃之。弃二三，则无蚁矣”。

农业生产过程中的害虫多种多样，其中危害最重的莫过于蝗虫、螟虫、黏虫。古人对这些害虫的防治曾经创造和积累了许多宝贵的经验，到明清时期，在综合防治方面有了进一步的发展。首先是人工捕杀。这是一种古老的方法，明清时期仍然在用，但更注意掌握捕杀时机。周焘《敬筹除楠灭种蔬》中认为：捕成虫不如若虫，捕若虫不如掘蝗卵；李秘园《捕蝗记》认为一天之中抓住“三不飞”，即早晨沾露不飞、中午交配不飞、日暮群聚不飞的时机进行扑打。针对大田作物的害虫，由于面广量大，通常采用耕翻和冬沤、调节田间温度、烤田、轮作换茬、合理间作、调节播种时期、选种蝗虫不吃的作物等措施进行防治。

用药物防治害虫的历史比较悠久，明清时期不仅药物种类增加，而且施用方法多种多样。植物药剂方面，明清时期农书中谈到的有百部、桐油、烟茎、巴豆等。同治《浏阳县志》记载：“道光年间生螟，晚稻岁恒不收，截烟茎或叶入泥中，则不生”，描述了烟茎治理螟虫的方法；《农桑经》记载了用芥子末治理麦根椿象的方法；清末《布种洋芋方法》还有用“硫酸铜和石灰水”杀灭害虫的记载。

（3）肥料的制备

1）踏粪法。魏晋南北朝时有关施肥的记载，只关注到园圃植物，对大田方面很少提到施肥问题，隋唐时期对农田施肥比较重视，积肥技术也有了很大发展，并在《杂说》、《四时纂要》、《山居要术》、《地利经》等文献提到积制厩肥的踏粪法，以及因地、因时、因栽培对象等具体情况而采取的粪田技术。《杂说》说：“其踏粪法：凡人家秋收治田后，场上有新的穰谷秸秆等，并须收储一处，每日布牛脚下，三寸厚，每平旦收聚堆积之，还依前布之，经宿即堆聚。计经冬，一具牛踏成三十车粪。”就是说：把谷物的秸秆以及晒谷场上秸秆以外的一切糠屑、碎皮等，把这些废物收集起来，铺在牛脚下，和牛的粪尿混合在一起，经过牛的践踏，就成了厩肥。踏粪法是开辟肥源的一种好方法，以牲畜的粪尿加上秸秆踏制肥料，肥效保存好，又是完全肥料，对改良土壤提高地力有很好的效果。

2）聚糠稿法。随着宋元时期农业生产的发展，需要肥料逐渐增多，开辟肥源、提高肥效、合理施肥成为人们关心和重视的内容。宋元时期的肥料类型主要包括四大类：即苗粪、草粪、火粪、泥粪等，并形成了特定的肥料积制方法：一类是杂肥沤制，就是利用微生物在厌气条件下分解有机物使之成为肥料的一种方法。王祯《农书》记载："为圃之家，以厨栈之下深阔凿一池，细甃（zhou）使之不渗泄，每舂米即聚砻簸谷壳、及腐草败叶，沤渍其中，以收涤器肥水，与渗漉泔淀，沤久自然腐烂。"这种方法当时称为"聚糠稿法"。沤制的肥料，称之为糠粪。这是中国利用沤制技术造肥的开端。

3）垫底与接力。我国古代把基肥称为垫底、坐兜、胎肥；追肥叫作接力、托腰。古代施用粪肥总的趋势是越来越细致，至清代中叶已经相当完备。杨屾在《知本提纲·农则》中说："胎肥始培祖气，浮沃徒长空叶。"我国古代施用的肥料主要是农家杂肥，这种肥料分解时间长、肥效慢，作为基肥，可以随着它的分解而徐徐讨力，追肥一般要求速效，农家杂肥一时就难以发挥作用，因此古代特别强调施基肥。关于基肥与种肥的关系，《沈氏农书》指出："凡种田，总不出粪多力勤四字，而垫底尤为重要"。至于追肥，《沈氏农书》认为施用追肥的时间和数量要考虑多种因素，提出"相其时候，察其颜色"的"看苗施肥。"对于肥料的用量，认为用一般农家肥垫底，"垫底多"不致成灾，"水旱无忧"。到了立秋追肥，"苗已经长足，壅力已尽，干必老，色必黄"，这时"接力愈多愈好"。

3.3.6 粮食的贮藏技术

（1）窖麦法、劁麦法、蒸黍法

魏晋南北朝时，粮食贮藏方面出现了"窖麦法"、"劁麦法"、"蒸黍法"等。窖麦法是指将麦子晒干后乘热进窖，而且要在"立秋前治讫"。劁麦法是指"多种、久居供食者，宜作劁麦：倒刈，薄布，顺风放火，火既著，即以扫帚扑灭，仍打之。"这是把收割下来的麦，铺成薄薄的一层，顺风点火，着火后，就用扫帚扑灭，然后再脱粒。据说"如此者，经夏虫不生"，但也说明"唯中作麦饭及面用耳"。因为麦子经过火烧后，可以把麦粒上的虫卵、虫蛹等寄生物杀死，但火烧时温度高，麦胚也会被烫死而影响发芽能力，故不能作为种子用，只能食用。

穄的贮藏方法比较特殊。《齐民要术·黍穄》篇说："穄，不蒸者难舂，米碎，至春又土臭。蒸则易舂，米坚，香气经夏不歇也。"就是说要在穄子脱粒后，立即蒸一遍，并趁湿热时密封收藏。如不经蒸，将来难舂，米粒也容易破碎。到翌年春天，又会发出像泥土一样的气味；蒸过的，不仅易舂，而且米粒紧实，到第二年夏天还是香的。

（2）宋代的冬舂米与火米

冬舂米是利用冬季干燥米干，进行加工而减少稻米损耗的一种加工方法。范成大《冬舂行》记载："腊日舂米为一岁计，多聚杵臼，尽腊中毕事，藏之土瓦仓中，经年不坏，谓之冬舂米。"明代陆容在《菽园杂记》中说：尝疑开春农务将兴，不暇为此，及冬预为之。闻之老农云：不特为此，春气动则米芽浮起，其粒亦不坚，此时舂者多碎而为粞，折耗颇多。冬月米坚折耗少，故及冬舂之。

火米也是一种使稻米可以"久积"的加工方法。《后山丛谈》记载："蜀稻先蒸而后炒，谓之火米，可以久积，以地润故也。蒸用大木，空中为甑，盛数石；炒用石板为釜，凡数十石。"它的加工原理同现代稻米加工上的半熟米和转化米相似。太湖地区还有一种蒸谷米，其加工方法与火米大致相同。

3.3.7 代田法和区田法

代田法和区田法是我国汉代出现的两种著名的耕作栽培方法。代田法的倡导者是西汉中期的赵过；区田法的推行者是西汉晚年的氾胜之。代田法采用的是"沟垄相间，禾生甽中，沟垄均宽一尺，沟深一尺"，种子播在沟中，待出苗后逐渐用垄土壅苗，起到防风抗倒伏和保墒抗旱的作用。代田法的垄和沟的位置逐年轮换，今年的垄，明年变为沟，今年的沟变为明年的垄，由于代田总是在沟里播种，垄沟互换达到土地轮番利用与休闲，使部分耕地能劳息相匀、用养兼顾。代田法每年都要整地做沟垄，犁耕与耨耕相结合。每年施行犁耕的仅仅是作甽的部分耕地，但这种做垄沟的半面又以中耕作为补充。中耕从苗生叶开始，除草壅苗，直到盛夏把垄土锄平为止，这样第二年旧垄做新沟之前，垄土已经翻锄一遍，为垄沟互换奠定基础。

3.3.8 二十四节气的形成与应用

二十四节气是我国古代劳动人民一项重要的发明创造。节气在我国商代已经出现萌芽，甲骨文中有“今秋入我商”等记载，西周时期，出现春、夏、秋、冬四季的名称。《尚书·尧典》记载：“日中星鸟，以殷仲春；日永星火，以正仲夏；宵中星虚，以殷仲秋；日短星昂，以正仲冬。”这里的仲春、仲夏、仲秋、仲冬就是后世的春分、夏至、秋分、冬至四个节气。战国时代成书的《周髀算经》已根据日晷的影长来确定二十四节气了，并有了“春耕、夏耘、秋收、冬藏”的说法。《吕氏春秋》也提到立春、立夏、立秋、立冬和春分、夏至、秋分、冬至等节气，并有反映物候气象和气候特征的“蛰虫始振”、“始雨水”、“小暑至”等说法。公元前2世纪西汉淮南王刘安及其门客写成的《淮南子·天文训》一书中已经有完整的二十四节气的记载：“日行一度，十五为一节，以生二十四时之变。”因此，二十四节气大约完成于战国之末或秦初。

3.3.9 农田水利与灌溉工具的定型

秦汉中央集权的建立，为大规模农田水利建设创造了条件，秦代成立初期即兴建大规模的水利工程灵渠。西汉时期，农田水利建设出现高潮，兴建了一批大型沟渠系工程；西汉晚年，水利工程建设重点转移为陂塘建设。到了魏晋南北朝时期北方战乱，灌溉事业废多兴少。隋唐时期，兴办水利事业，扩大农田灌溉面积，农业生产有了很大的恢复和发展。

（1）龙首渠

西汉以来，灌溉建设臻于极盛。雄才大略的汉武帝十分重视农田水利建设，认为泉流浸灌是发展农业的关键。关中著名的郑国渠开始兴建后136年，即汉武帝元鼎六年（公元前111年），左内史倪宽主持穿凿六辅渠，使郑国渠水无法浇灌的高地也得以灌溉。在穿凿六辅渠之前，庄熊罴（pi）上书言：“临晋（今大荔县）民愿穿洛以溉重泉（今蒲城县东南）以东万余顷故卤地。”汉武帝同意后，发卒万余人，自徵（zhi）（今澄城县）引洛水穿渠。穿到商颜山（今澄城、大荔之间的铁链山）下，由于该山土质为黄土覆盖，修明渠容易出现塌方，乃改自商颜山顶部凿井，依照渠道走向，不远即凿一井，深者达四十余丈（约13米），使井下相通，连接成为暗渠，水从山下行经十余里（约5千米），流过商颜山，是为井渠，这种井渠施工法，开创了后代隧洞竖井施工方法的先河。穿凿时曾凿得龙骨，故称龙首渠。

（2）井灌

汉代遗址中经常发现水井模型和水井残址。例如洛阳烧沟汉墓中，有 86 座墓共出土 97 件陶井，多数有陶水斗、滑轮、水槽等，水槽平面呈凸字形。各地出土的水井遗址，其用途是多方面的，但相当一部分是用于农田灌溉。汉代井灌的发展是与园圃业的发达互为因果的。明清时期，由于农业生产中商品经济的发展，经营愈益向于集约化，井灌得到迅速发展，利用地下水凿井灌田，蔚然成风。明末徐光启认为冀南豫北一带缺水的地方“唯井可以救之”。据记载，河北井灌和植棉有关。方观承《棉花图》：“植棉必先凿井，一井可溉田 40 亩。”据顾炎武记载：“河南仿古井田之制，每天 100 亩，四隅及中各穿一井，每井可灌田 20 亩，四围筑以长沟、深阔各丈余。旱则掣井之水灌田，潦则放田之水以入沟。”清代陕西关中井灌也颇有成效，崔纪在陕西凿井实践中总结出：“因地势不同凿井深度也不同：渭南一二丈或二三丈即可，渭北则需四、五丈或五、六丈方得，另外根据地形和地势，把他所凿的井分为三类：即甲，水车大井和豁泉大井，每井可灌田 20 亩；乙，桔槔井可灌田 6～7 亩；丙，辘轳井，可灌田 2～3 亩。”

（3）翻车、筒车的多样化

隋唐时代所用的灌溉工具除了桔槔、辘轳等以外，还广泛的使用了水车。水车有两类，一类是南北朝时期的翻车，另一类是唐代新创的筒车。从动力来看，有手摇的、足踏的、畜拉的和水力推动的，还有辘轳汲水与架空索道相结合的“机汲”灌溉工具。翻车为东汉末年毕岚所创，三国时期马钧加以改进，就是后世的龙骨水车。宋元时期的灌溉工具，就其类型主要有两种，一种是翻车，一种是筒车，这两种工具汉唐时期先后出现和应用，宋元时期发展很快。翻车方面除了人力翻车外，还出现了水转翻车、牛转翻车和风车。筒车方面，除原来的筒车又出现了卫转筒车，这些不同形式的灌溉工具，对利用不同的动力和适应不同的灌溉条件均有重要意义，我国传统的灌溉工具在这一时期已经完全定型。

（4）坎儿井

清代尤其是乾隆平定准噶尔贵族叛乱、统一新疆以后，新疆的水利有了很大发展。新疆的水利工程是包括新疆土著在内的各族人民共同建造的。新疆气候干燥，雨水短缺，蒸发量大，沙碛多，地面流水渗漏严重，发展水利必须针对这些特点解决开源和节流，这其中最有特色的水利工程应推坎儿井。《清史列传》："卡井应准酌开也，查吐鲁番境内地亩多系挖井取泉，以资灌溉，名曰卡井，每隔丈余掏挖一口，连环导引，水由井内通流，其利甚溥，其法颇奇，洵为关内外所见。"卡井即坎儿井，它是利用雪水渗漏入砾石层的伏流或潜水作为水源，包括暗渠、明渠和竖井三个部分。暗渠的作用在于把水源引流到明渠即灌渠中，开挖暗渠前每隔三四丈挖一竖井，一则了解地下水位，确定暗渠位置；二则便于开挖和维修暗渠时取土和通气。坎儿井即可利用深层潜水，又减少水的蒸发，避免风沙埋没，是适应当地自然条件的巧妙的灌溉工程。

3.4 滚滚车轮"拉"农耕

近代中国是处在外辱内乱、社会动荡不安的特殊时期，这种环境严重影响了农业的发展。这一时期的中国农业尽管取得了一定的发展，但并没有实现由传统农业向现代化过渡。直到1949年中华人民共和国的成立、半封建半殖民地制度的废除和社会主义制度的建立，中国农业才结束了停滞的历史，中国农业才逐步由传统农业向现代农业转变，实现了中国历史上最广泛最深刻的社会变革，使中国人民掌握了自己的命运。仅仅用了半个多世纪时间，不仅改变了旧中国一穷二白的落后面貌，而且建立起独立的和比较完整的国民经济体系，门类齐全的农业科技体系，农业科学技术领域的许多方面进入了世界先进行列。13亿中国人不仅解决了温饱问题，而且总体上达到小康水平。

3.4.1 土地制度的变革

晚清时期，大部分土地为封建地主所有，分散出租给无地或少地的农民耕种，地权集中、使用分散是近代土地制度的基本特点。辛亥革命以后，官田、屯田除少量学田和地方慈善事业公地外，都变成了民田。民田分为公田和私田两部分。前者主要是寺庙田、族田以及某些地方公益机构占有的土地，后者是地主和农民私人占有的土地。民国时期，地权大部分集中在官僚、地主、商人、高利贷者手中。近代土地买卖更加盛行，有当、典、卖（绝卖）三种形式。由于农民经济状况恶化，农民往往先以土地抵押借款，到期无力偿还本息，只好典地，订定回赎期限，到期又无力回赎，只好绝卖，由自耕农变成佃农。

中华人民共和国成立后农业发展大致经历四个历史阶段：第一阶段1949～1958年为农业蓬勃发展的阶段。1949～1952年全国实行土地改革，在农村废除封建土地所有制，实行耕者有其田，大大提高了农民的生产积极性，农业生产得到迅速恢复。第二阶段1958～1966年为曲折发展阶段。第三阶段1967～1977年为农业长期停滞徘徊阶段。第四阶段1978年至今农业快速发展阶段。20世纪80年代初农村普遍实行了“联户承包责任制”，极大地调动了农民生产积极性，解放了生产力，实现了长久以来中国人梦寐以求的温饱愿望，农村经济也有了相当程度的发展。

3.4.2 农业生产结构的调整

为适应新形势下农业生产的发展和技术的进步，中华人民共和国成立后，我国农业生产结构也进行了相应的调整。如粗粮和细粮（粮食作物内部）的调整。

中华人民共和国成立初期到20世纪70年代初，农业基础建设差，农业生产力低下，各种自然灾害频繁，粮食产量低而不稳。中华人民共和国成立初期小麦亩产只有41千克左右。因此，始终把粮食生产作为稳定政治、稳定经济、稳定人心的头等大事来抓。粮食作物结构是以甘薯、玉米等高产作物为主，人民的食粮也基本是以甘薯等粗粮为主，实行粗细粮搭配，粗细粮比例为6∶4，吃白面馍是过年过节的事情。70年代中后期，小麦和水稻产量提高，细粮比重逐渐增加，粗粮细粮比例变成了4∶6。80年代以后农村面貌发生了很大变化，由全年吃粗粮为主变成了全年吃细粮为主，而甘薯、玉米等已经不再是农民的主要口粮，成为调剂生活的粮食品种。

3.4.3 农业机具的继承和发展

农业机具的发展是随着社会生产力的发展而发展的。民国时期，除元善耕、耙、播、灌溉、施肥、收获、加工等农具外，还开始从美国、德国、日本等国家引进拖拉机、柴油机等动力机械用于农业，改变过去依靠人、畜力的农机具为人、畜、机器三结合的农机具，大大提高了生产效率，减轻了农民的劳动强度、工业革命的爆发促使落后的、不适应工业发展的传统农业向现代农业转变，实现了农业生产、工具等的机械化。进入现代农业阶段后，机械化、自动化、电气化等取代了传统落后的工具，科学技术的突飞猛进使农业生产效率和劳动生产率得到空前提高，显著的标志就是机械化的推广、使用。

(1) 耕地技术

现代农业阶段，耕地技术在大部分地区实现了半机械化、机械化操作。由机械化播种机、联合收割机到飞机、机器人等，以及各种计算机等辅助设备都已进入农业生产领域。在北方，采用大、中、小等不同型号的农业机械进行耕、耙、耱、压等整地处理，用播种机械、收割机械进行直接播种和收割；在南方，免耕插秧机代替人力，耕作方法主要是翻耕、旋耕，所用的工具以铧式犁、旋耕耙等为主。北方以伏耕、秋耕为主，少部分进行春耕；南方以秋耕、冬耕为主，利于干耕晒垡、冻融交替加速土壤熟化。深松耕、旋耕技术的发明，大大提高了农业生产效率，节约了农时，加速了现代农业的发展。

20 世纪 80 年代以来，一系列先进农具如旋耕机、免耕抛秧机和秸秆锯齿式玉米免耕播种机的研制成功，在解决人工农作均匀度不高的同时，也提高了作业的质量，缩短了农忙时间。农业半机械化、机械化作业领域由粮食作物发展到经济作物，由大田发展到人工温室，由水平发展到立体，发展空间不断扩大。在小麦、水稻、玉米和大豆作物中，小麦生产基本实现了全程机械化（播种、收获机械化水平分别达到 74.0% 和 72.8%）。

在现代农业生产中，尽管田间管理日趋精简化，但是中耕的重要作用仍不容忽视。中耕在为作物的生长创造良好的外部环境的同时，又具有农药、除草剂等化学方法不可比的优越性。中耕的农具有机引中耕机和畜力牵引的耘锄以及人力操作的手锄、大锄等，这些农具各有特点、作用和功能。这一时期对中耕的要求更加精细化，在深度上遵循“浅、深、浅”的原则，在中耕次数上依据作物的种类、生长状况、杂草数量、土质、灌溉等情况灵活掌握。

20 世纪 50 年代开始的绿色革命，以矮化育种为主导的品种改良技术得到较快发展，同时化肥和农药被大量使用。“3S” 技术和计算机自动控制系统核心技术的应用，致使“精准农业”的产生。生态技术革命将是 21 世纪农业的新技术革命的主要特征之一，围绕“土壤保护、秸秆利用、节本增效”为中心，重点发展资源节约、高产高效的保护性耕作技术。围绕农田生态健康和农业生产效率，在“4R”原则指导下的循环农业耕作技术正在应用和推广。

（2）农田水利与灌溉技术

面对水资源日益紧张的局面，现代耕作制度要求在农艺、生物、工程和管理方面实施节水技术。灌溉技术已发展到相当成熟和完备的阶段，如微灌、喷灌、滴灌、渗灌等技术，大大提高了农田作物对水分的利用率。随着计算机技术的发展，在采用地面灌溉实时反馈控制技术的基础上，利用数学模型对地面灌溉全过程进行分析，已成为研究地面灌溉性能的重要手段。应用地面灌溉控制参数反求法可有效地克服田间土壤性能的空间变异性，获得最佳的灌水控制参数，有效地实施地面灌溉技术。

（3）栽培技术

近代农业栽培技术主要是继承和发展了轮作复种、间作套种、多熟种植的耕作栽培技术，发展了两年三熟制，并在部分地区发展了麦豆两熟、稻麦两熟，局部地区运用间作套种，实现了一年三熟制。现代栽培技术是对传统栽培技术的继承和发展。在多种作物间的间、混、套作和复种轮作的基础上，利用现代科学技术的新成果，形成了多种复合种植模式，如种养结合栽培、立体种植、温室栽培、精准定量栽培等。

（4）病虫害防治新技术

“预防为主、综合防治”是我国一贯坚持的植保方针，中华人民共和国成立以来，现代化的病虫害防治技术不断推陈出新，极大地丰富和发展了现代化的农业生产技术，采用的防治技术主要有物理防治、化学防治、生物防治以及多技术相结合的防治技术。20 世纪 50 年代，化学防治农业病虫害得到了充分发展，植保机械一般是以手动药械为主，大量使用手摇式喷粉器、压缩式喷雾器、踏板式喷雾器、背负式喷雾器，同时首次利用飞机喷洒农药进行灭蝗工作。随着社会的发展，可持续发展成为我国现代化农业生产的必然趋势，在害虫防治上，单纯依靠化学农药往往得不到好的防治效果，反而引起越来越多的负面效应。化学农药严重污染环境，造成人畜中毒；农药残留有益生物被杀害，自然控制作用降低，次要害虫逐年上升，抗药性致使害虫猖獗，防治成本加大，农业生态系统遭到严重破坏等。因此，选择高效，快捷、安全的防治方式和产品，已成为病虫害防治工作的重要课题，并积极探索和发展了新型的无公害农产品生产病虫综合防治技术，如频振式杀虫灯等技术。频振式杀虫灯主要利用害虫对光、波、性、色和趋性，将光波设定在特定范围内，做到近距离用光、远距离用波加以色和味，引诱成虫上灯，通过高压电网将害虫击落接虫袋，从而达到诱杀成虫降低田间落卵量，压缩虫基数的目的。

3.5　数字信息“绘”农耕

从20世纪50年代开始，随着生物遗传育种技术的进步，耕地面积的扩大，化学肥料及农药的大量使用，世界农业取得了长足发展。但这种农业增长模式也同时带来了水土流失、生态环境恶化、水资源浪费、生物多样性遭到破坏等一系列问题。进入21世纪后，人类正逐渐由工业社会走向知识经济时代的大门。20世纪80年代以来信息技术的高速发展，已使它迅速渗透到国民经济的各个部门并改变着人们的生活方式、工作方式和思维方式，引发着许多传统技术思想和观念的革命。“精准农业”技术作为信息技术在农业领域的应用，正受到越来越多人们的关注。

3.5.1　精准农业

精准农业是将现代化信息技术与农学、农业工程技术集成，应用于“高产、优质、高效”现代农业的精耕细作技术。“精准农业”的核心，就是要利用现代空间信息技术，获取农田内影响作物的生长和产量的各种因素的时空差异，避免因对农田的盲目投入所造成的浪费和过量施肥施药造成的环境污染。具体而言，就是利用卫星定位系统（GPS）对采集的农田信息进行空间定位；利用遥感技术

（RS）获取农田小区内作物生长环境、生长状况和空间变异的大量时空变化信息；利用地球信息系统（GIS）建立农田土地管理、自然条件（土壤、地形、地貌、水分条件等）、作物产量的空间分布等的空间数据库，并对作物苗情、病虫害、墒情的发生发展趋势进行分析模拟，为分析农田内自然条件、资源有效利用状况、作物产量的时空差异性和实施调控提供处方信息；在获取上述信息的基础上，利用作物生产管理辅助决策支持系统（DSS）对生产过程进行调控，合理地进行施肥、灌溉、施药、除草等耕作措施，以达到对田区内资源潜力的均衡利用和获取尽可能高的产量。简而言之，实施"精准农业"技术的目的就是提高耕地资源的产量潜力，实施合理投入、科学管理，谋求作物生产的最好经济效益。

当前发达国家，精准农业技术体系已应用于小麦、玉米、大豆、甜菜和马铃薯等作物的生产管理上。1995 年美国约有 5% 的作物面积不同程度的应用了精准农业技术，近年来又有了更为迅速的发展。不仅发达国家对精准农业技术实践非常重视，巴西、马来西亚等国亦已开始了试验示范应用。我国着重研究了近年来发达国家精准农业的技术思想，并已探索我国农田作物精细经营之路。可以说，21 世纪初精准农业技术体系将为我国主要商品粮棉地区实现可持续发展提供一种新的途径和机遇。精细农作的逐步深化，将近一步推进大田作物、设施农作、养殖业和加工业的精细管理的整体发展。精准农业技术体系在 21 世纪具有广阔的应用前景。

3.5.2 "4R"施肥技术

20 世纪 90 年代以来，随着信息技术的发展，尤其是"4S"技术（即遥感技术 RS、地理信息系统 GIS、全球定位系统 GPS、专家系统 ES）在农业中的运用，国外精确农业得到了长足发展，并成为主要发达国家合理利用农业资源，改善生态环境的前沿研究领域之一。精准施肥是实施精准农业的重要内容之一，是以不同空间单元的产量数据与其他多层数据（土壤理化性质、病虫草害、气候等）的叠合分析为依据，以作物生长模型、作物营养专家系统为支持，以高产、优质、环保为目的的变量处方施肥理论和技术。以"4S"技术为基础的精准施肥技术是基于光谱反射特征识别物体的遥感技术，利用作物叶片光学特性，检测作物冠层的光反射和吸收性质，诊断作物营养状况，特别是氮素营养状况，并指导施肥。该方法可以排除大面积农田取样，更为快速和省时省力的实现无破坏、快速、实时监测。研究表明，采用遥感技术可直观地了解整个试验区的土壤养分丰缺状况；而利用SPAD、归一化植被指救（NDVI）等数据能够准确估测作物生物量和氮素吸收率，据此采取的精确施氮肥比粗放管理节约肥料48.7%，节约用肥量32~57千克/公顷。国外最早提出采用遥感技术快速诊断作物植株养分状况并精准施肥。人们利用田间作物的归一化植被指数预测作物潜在产量和作物的氮吸收，诊断施氮量。采用无损测试技术，通过光传感器实时获取作物冠层反射光谱的面状信息，并相应计算出每平方米的潜在产量和施氮量，直接精确指导大田施肥。在此基础上，人们又提出“4R”氮肥管理模式指导生产，即采用遥感技术实时监测和诊断作物生育期养分供应状况，然后选用合适的肥料（Right Source）于作物生长的合适阶段（Right Time），在合适的位置（Right Place），施用合适的氮肥量（Right Rate）。

3.5.3 智能化节水灌溉管理技术

精量灌溉系统包括三个组成部分：一是田间土壤水分自动测定系统，二是设施灌溉系统，三是计算机自动控制系统。核心技术是计算机自动控制。主要功能是通过连续监测土壤墒情变化，结合特定作物的需水规律，准确地确定灌溉时间或灌溉定额，达到充分节水和满足作物需水的双重目的。将肥料加于灌溉水中施用通常称为“灌水施肥”，这种施肥方式已成为常规农业的措施。利用灌溉水施肥已被人们认为是最方便、最经济的施肥技术。美国自20世纪70年代以来，灌溉方法发生了若干变化，实现了水和肥料养分利用率的提高。在农业集约经营程度较高而水较缺乏或水价较高的地区，滴灌或亚表灌溉系统较为流行。提高效率，节约劳力，降低能耗；不论在作物的那个生长阶段或机械能否进入的大田，均可灵活地施用养分，适应作物对养分的需求；可使作物根带维持土壤最适水分和养分，以满足植物旺盛生长的需要，同时留下一部分未湿润的土壤供贮存雨水之用，可以减少养分的淋溶。精量灌溉就是利用优良的灌溉系统，根据不同作物、作物不同生长期和土壤条件，精确地施用、分配养分，根据不同作物的需肥模型决定最佳施用时间和施用量，扣除土壤中的养分，根据不同作物的需肥模型设计肥料施用时间和施用量。其使用量要充分考虑精量灌溉特点，做到适量勤灌，以提高肥料吸收利用率。良好的灌溉仍是提高肥效的关键因素之一。水流过量过大会造成肥料分布不均，导致养分损失。

3.5.4 精准农业耕作

精准农业耕作是一种把科学的精确性引进农田耕作生产的方法。它根据田间作物生长条件和产量状况等差别，应用地理信息系统技术（GIS）全球卫星定位系统（GPS）、智能农机技术进行农业生产信息管理及农田投入的调节与控制，从而达到提高效益、避免资源浪费、减少环境污染的目的。根据精准农业耕作的基本内容，可将其分为以下两方面：

第一，农业信息技术应用研究方法。搜集、整理各种不同类型农业信息，包括文字、数据、图片等，将信息输入计算机，按技术标准建立信息系统；建立数学模型，进行信息处理分析；运行信息系统。全面实现数据存储、查询、操作、显示、输出、分析、预测等功能，提供决策咨询。

第二，精准农业耕作技术示范方法。由于精准农业技术尚处于起步阶段，智能农业装备需大量资金，采取分步实旋的办法，在先期阶段采用农田措施方案和地图；利用常规农业装备，在全球定位系统和人工介入的情况下精确定位，定量投入。建立人机结合精确定位的可变施肥系统。根据我国国情逐步推进，使精准农业技术日趋完善。根据试验示范的需要，逐步引进产量定位采集仪、土壤状况定位采集仪等设备。精准农业耕作有利于提高农产品产量，高效利用资源，降低投入成本，减少对环境的污染。

现代科学技术在当代农业生产体系耕作、栽培等各个环节中的广泛运用，使得传统的农业生产工具得到了改善，大大提高了土地利用率，同时极大地提高了劳动生产率，增加了农产品产量，改善了农产品质量，改变了传统农业生产管理的理念，而精耕细作的农业生产体系逐渐发生变化，推动了人类社会由农业社会向工业社会的转变。

4 五谷情结

谷类作物（包括稻谷、小麦、大麦、玉米、燕麦等）是粮食作物的一类，其产品含有大量的淀粉、蛋白质、脂肪及维生素等。栽培谷物不仅为人类提供粮食和某些副食品，以维持生命的需要，并为食品工业提供原料，为畜牧业提供精饲料和大部分粗饲料，故谷物生产是多数国家农业的基础。世界粮食作物种植面积约占农作物总播种面积的85%，其中小麦、稻谷和玉米约占世界粮食总产量的80%。小麦、稻谷和玉米从其起源地经过陆路、海路等不同的途径向世界各地进行传播，并在所在地定居和生长发育。人类依据作物的生育特性、当地的自然环境，形成了颇具特色的栽培管理技术，进一步推动了谷物产量的提高和品质改善，为谷物生产的发展和粮食安全注入了新的活力。

4.1 小麦

4.1.1 小麦进化史上的两次跃进

小麦的原始祖先是野麦草——野生一粒小麦。野生一粒小麦即每小穗只结实一粒，穗很小，穗轴容易折断。一般认为栽培一粒系小麦来自野生一粒小麦，当野生一粒小麦进化为栽培一粒系小麦时，首先失去护颖的高度木质化和穗轴逐节自然断落的特性。栽培一粒系小麦的起源地在土耳其东南部，在距今大约6 000年，欧洲地中海沿岸国家已经广泛种植一粒系小麦。在长期栽培过程中，一种跟一粒系小麦生长在一起的禾本科野草——野生二倍体的拟山羊草和一粒小麦发生天然授粉杂交，杂种经过染色体的自然加倍，进化成为28 条染色体的四倍体二粒系小麦，这是小麦进化史上的第一次飞跃。

距今5 000多年前，二粒系小麦已经在非洲尼罗河三角洲、美索不达米亚和欧洲的一些地区种植了。在瑞士“湖滨居地”新石器时代遗址，曾发现栽培二粒系小麦的穗。近代在我国的新疆婼羌县古墓里，曾发现在地下沉睡了500多年的一种古老的二粒系小麦子粒，播种后仍能发芽和解释，经选育和繁殖，现已经在年降水量只有50毫米的诺羌地区推广，定名为戈壁麦。

二粒系小麦经过长期栽培后，又分化不少类型，如二粒小麦、圆锥小麦、硬粒小麦、东方小麦等。现在仍在地中海沿岸和中东一带广泛种植。在长期栽培中，有一种叫草（山羊草属）的野生二倍体植物又跟二粒系小麦发生杂交，杂交后经染色体天然加倍后表现出穗大、子粒多的特征，由此发展成为近代小麦的祖先——六倍体普通小麦。这是小麦进化史上的第二次飞跃。

4.1.2 小麦起源与传播

小麦是人类古老的栽培作物之一。小麦起源于亚洲西部，外高加索及其邻近地区，西亚和西南亚一带至今还广泛分布有野生一粒小麦、野生二粒小麦与普通小麦亲缘关系较近的粗山羊草。从小亚细亚到伊朗的中东部地区，特别是伊朗西南部、伊拉克西北部和土耳其东南部地区，是栽培一粒小麦和提莫菲维小麦最早的驯化地；以色列西北部、叙利亚西南部、黎巴嫩东南部是野生二粒小麦的分布中心和栽培二粒小麦起源地；普通小麦的出现晚于一粒小麦和二粒小麦，一般认为是大约在8 000年前，起源于里海的西南部。据考证，历史上某一时期，伊朗西部某地区栽培的二粒小麦被带到粗山羊草分布地区后，发生自然杂交，其杂种经染色体自然加倍后产生了普通小麦。

据考古研究，小麦是新石器时代人类对野生祖先进行驯化的产物，栽培历史已经有1万年以上。中亚广大地区，曾在史前原始社会居民点发掘出许多残留的实物，其中包括野生的和栽培的小麦小穗、子粒，炭化麦粒、麦穗、麦粒在硬泥上的印痕，其后，从西亚、近东一带传入欧洲和非洲，并东向印度、阿富汗、中国传播。早在公元前7 000～前6 000年，在土耳其、伊朗、巴勒斯坦、伊拉克、叙利亚、以色列就已经广泛栽培小麦；公元前6 000年在巴基斯坦，公元前6 000～前5 000年在欧洲的希腊和西班牙，公元前5 000～前4 000年在非洲的埃及，公元前3 000年在印度，都已先后种植小麦。中国的小麦是由黄河中游逐渐扩展到长江以南地区，并传入朝鲜、日本。15～17世纪，欧洲殖民者将小麦传播至南、北美洲；18世纪，小麦传播至大洋洲。

小麦传入中国的时间较早，小麦是中国古代五谷之一，其栽培历史悠久。黄河下游是举世闻名的古老农业区，也是我国栽培小麦的重要起源地。考古资料证明，距今约7 000年前，在河南省陕县东关帝庙底沟原始社会遗址的红烧土台上就有麦类印痕；随后在甘肃东灰山原始社会遗址发现小麦炭化子粒，距今5 000年左右；在安徽亳县钓鱼台新石器遗址发现大量普通小麦子粒，距今约4 000年，此外在新疆孔雀河畔古墓中、甘肃民乐县西灰山遗址、青海诺木洪遗址等地也都发现了距今3 000多年的炭化小麦，说明殷商时期，小麦栽培已经由黄河流域传播到我国的西部、西南部、淮北平原。

安阳殷墟出土的甲骨文中就有“麦”和“来”字以及卜辞“告麦”的记载。公元前6世纪我国著名诗歌《诗经》里有“丘中有麦”、“禾麻菽麦”等诗句，说明我国在公元前6世纪以前在黄河和淮河流域广大地区都已经种植小麦了，到公元3世纪的战国时期，除黄淮外，有进一步扩展到内蒙古的南部和华北北部。到了汉代，已经有了冬小麦和春小麦之分。西汉时代秋种夏收的冬小麦称宿麦；春种秋收的是春小麦，称旋麦。沿黄河流域、关中、河东、冀南是冬小麦主产区；长城以北，陕、晋、冀北部，气候寒冷，只宜种春小麦。这一时期小麦栽培开始向南向北发展，冬小麦向长江中游的荆州、淮北地区发展，春小麦向河北北部发展。魏晋南北朝时期，春小麦栽培向西扩展到甘肃陕西地区、河西地区，向西北推进到高昌、向东北推进到勿吉、失韦。唐宋时期，随着生产力的提高、文化的发展、疆土的扩大，以及对外关系的加强，小麦栽培范围向西、向北、西南、南方继续发展。明清时期，小麦栽培已经遍及全国各地。

4.1.3 中国古代小麦栽培技术

在长期的生产实践中，中国古代小麦栽培技术主要有以下几方面。

（1）轮作和间作套种

在轮作方面，汉代北方已经出现小麦和粟或豆的轮作方式；宋代则在长江流域普遍实行稻麦轮作；明清时期北方的小麦、豆类和粟及其他秋杂粮的两年三熟制有很大发展，而且在山东及陕西的少数地区出现了稻、麦两熟，山西朔县还出现了包括小麦在内的五年轮作制，南方的浙江、湖南和江西的一些地方还产生了小麦和稻及豆的一年三熟制。在间作套种方面，明代的《农政全书》和清代的《齐民要术》记载了松江等地在小麦田内套种棉花的棉麦两熟制。另外，《农政全书》及清代的《补农书》、《救荒简易书》和不少地方志中记载了在小麦田内间作蚕豆及套种大豆等。明清时林粮间作也有发展。《农政全书》中有在杉苗行间冬种小麦的记载。清代《橡茧图说》也记载了橡树行间冬种小麦的经验。

（2）种子处理

《氾胜之书》就载有在半夜“薄渍麦种”后天明即行播种的方法，认为“酢浆令麦耐旱，蚕矢令麦忍寒”。明代《群芳谱》指出麦种以“棉籽油拌过，则无虫而耐旱”。《天工开物》也说，“陕洛之间，忧虫蚀者，或以砒霜拌种子”。清代《农蚕经》曾介绍用煮小米为毒饵，调油后拌小麦种子，可诱杀地下害虫；还介绍了用干青鱼头粉、柏油、砒霜及芥子末拌小麦种子，可防治“蜚虫”（即麦根椿象）的经验。

（3）整地

北方自古以来重视保墒防旱。《氾胜之书》就说：“凡麦田常以五月耕，六月再耕，七月勿耕，谨摩平以待时种。五月耕一当三；六月耕一当再，若七月耕五不当一”，强调早耕，因为耕的早有利蓄墒保墒和增进地力。南方的稻麦两熟田则普遍重视排水防涝。

（4）播种和移栽

适时播种是古代普遍重视的问题。早在《吕氏春秋·审时》篇中就分析了小麦播种适时及失时的利弊。《氾胜之书》说种麦得时无不善，夏至后70日可种宿麦，早种则虫而有节，晚种则穗小而少实。强调要适时播种。《四民月令》认为播种时间要根据土壤肥力的不同而有所差别，提出“凡种大小麦，白露节种薄田，秋分种种田，后十日种美田”，主张瘦田要早播，肥田则可迟播。《齐民要术》明确指出“良田宜种晚，薄田宜种早”，并将小麦的播种期分为上、中、下三期，指出迟播的用种量要增加。因各种原因不能适时播种时，古代也有很多补救措施。明代《沈氏农书》就说因田太湿不能下种而“时候已迟，先浸种催芽，以候埨干”再种。清代《农蚕经》又指出：“如地燥，但不致揭大块，便当速耕，万勿迟待。早种者得雨即出，苗瘦者得雨即肥。隔秋分十数日，如不甚干即种之，不然愈待愈晚愈干，悔何及矣。”另外还有采用冬播和早春播种的，如明万历河北《怀柔县志》就有“冬除种麦，谓之冻黄”的记载。近代河北《霸县志》还说小麦“又有种于立冬前后，使苗不出土，次年夏至后熟，名冻谷”的记载。清代《救荒简易书》还载有河南、河北、山东等地农民在农历正月中旬顶凌播种小麦等作物的经验。山西忻州等地还有“麦坐冰槎粒数多”的农谚，说明顶凌播种的小麦产量较高。在育苗移栽方面，明代万历浙江《崇德县志》就有小麦“或下种或移秧，俱不妨田”的记载，明末《沈氏农书》首先总结了这方面的经验：“八月初先下麦种，候冬垦田移种，每棵十五六根”，加以追肥和管理，可使“秆壮麦粗，倍获厚收”。清初《补农书》还指出“中秋前于高地，获稻毕，移秧于田，使备秋气。虽遇霖雨妨场功，过小雪以种无伤也”，其目的主要是解决晚稻收后种麦季节较迟的矛盾。

（5）施肥灌溉

古代普遍认为要多施基肥。陈旉《农书》说整地时要屡加粪锄转。元代《农桑衣食撮要》及明代《群芳谱》等提出麦田内先种绿肥，耕翻后种麦易茂。种肥多用灰粪，也有用豆饼者，如《补农书》指出“吾乡有壅豆饼屑者，更有力。但麦子须浸芽出者为妙，若干麦则豆速腐，而并腐麦子”。古代也要求多次追肥，如陈旉《农书》指出“宜屡耘而屡粪”。《沈氏农书》也说“麦沉下浇一次，春天浇一次”。另外，还重视腊肥的作用，如《农政全书》说“腊月宜用灰粪盖之”，《齐民要术》也说“小麦粪于冬，大麦粪于春社，故有大麦粪芒，小麦粪桩之谚”。古代还有因麦地土壤性质不同而施用不同肥料的经验。王祯《农书》指出“江南水地多冷，故用火粪，种麦种蔬尤佳”，火粪就是烧制的土杂肥。清代《农圃便览》还说：山东日照于“春分，耙二麦一遍，每亩撒盐一斗，则麦长盛。或耙后，至清明节内撒盐亦好”。在灌溉方面，《氾胜之书》指出：“秋旱，则以桑落时浇之。”《农政全书》强调“秋冬宜灌水，令保泽可也”，灌冬水既可抗旱，又能使麦苗耐寒而安全越冬。清代《三农纪》又指出“苗将苞时，以水溉更佳"，指出在小麦孕穗时灌溉能够增产。

（6）中耕和理沟

锄麦是古代麦田管理的重点。《氾胜之书》指出秋季锄麦后壅根。早春解冻，待麦返青后再锄，到榆树结荚时雨止后，候土背干燥又锄，就能"收必倍"。《齐民要术》指出，适时锄麦，"麦倍收，皮薄面多"。王祯《农书》则指出"既秀，不须再锄"，即一直要锄到孕穗为止。理沟是古代南方稻田种小麦的重要管理措施。《农政全书》指出"冬月宜清理麦沟，令深直泻水，即春雨易泄，不浸麦根。理沟时一人先运锄，将沟中土耙垦松细，一人随后持锹，锹土匀布畦上。沟泥既肥，麦根益深矣"。清代《补农书》指出，"垦沟锹沟"便于旱，旱则脱水而堎燥，力暇而沟深，沟益深则土益厚。旱则经霜雪而土疏，麦根深而胜壅。根益深则苗益肥，收成必倍。堎燥土疏够深，又为将来种稻之利。又说"俗谓冬至垦为金沟，大寒前垦为银沟，立春后垦为水沟"。说明南方麦田理沟，有利于排水、压草、抗倒伏，而且有利于下季种稻，但理沟的时间宜早不宜迟。

（7）收获贮藏

古代一致认为小麦要及时收获而不能延迟。如《农桑辑要》引《韩氏直说》指出："五六月麦熟，带青收一半，合熟收一半。若过熟则抛费。"古语云"收麦如救火"，若少迟慢，一值阴雨，即为灾伤"。其他很多农书也都强调要适时早获。在贮藏方面，《氾胜之书》及《论衡·商虫》都提出要晒至极干后贮藏，前者还指出要"取干艾杂藏之"可避虫。晋代《搜神记》还说麦子用灰同贮可防虫。《齐民要术》则指出"窖麦法，必须日曝令干，及热埋之"，并以蒿、艾蔽窖。宋代《格物粗谈》还说用蚕沙与麦同贮可免蛀。《群芳谱》则提出："伏天晒极干，乘热覆以石灰，则不生虫，又以蚕沙和之辟蠹。苍耳或艾曝干剉碎同收，亦不蛀。若稍湿，必生虫。"强调要热进仓。但清代《齐民要术》则主张晒至极干后要"掠去日气"，还要"洗瓦器微火炕之，冷过收贮"，并放干艾同贮。强调要对容器进行消毒杀菌后再贮麦。

4.1.4 从 "三土三农" 到 "两高一优"

小麦生产历史悠久，但在中华人民共和国建立以前，由于受水、旱、雹、病虫和战争的影响，造成“地瘠民贫”，农民生产情绪低落，不仅没有力量进行农业技术改造，就是原有的传统耕作栽培技术也难以推广，致使小麦产区产量长期低而不稳。中华人民共和国成立初期，小麦产区的生产条件普遍较差，小麦生产上应用的是“三土”，即土井、土耧、土犁耙，“三农”即农家种、农家肥、传统农业生产经验。由于土壤肥力低，农家肥料缺乏，耕作粗放，种植过稀，经常遭受干旱威胁和病虫害危害，尤其是地下害虫普遍，加之当时利用的农家种秆高穗小，不抗病，易倒伏，小麦产量长期低而不稳，群众形象的说为“小麦小麦，不过一百”。1949 年，河南省全省的小麦平均亩产只有 42.5 千克。

中华人民共和国成立以后，小麦产量不断增加，以河南省为例，小麦年递增速度约为 6.2%。在整个生产过程中，大致经过几个比较明显的变化阶段（以河南为例）：第一阶段是 1949～1958 年。这是新中国成立后生产恢复和稳步发展的阶段，也是推广应用传统耕作栽培技术的阶段。主要通过归纳农业生产劳动模范的深耕细耙、防旱保墒、抗旱播种、增施底肥、中耕镇压、防治虫害等方面的经验，总结了小麦栽培的关键技术措施，继承和完善传统小麦栽培技术并进一步系统化，推广应用了“三肥、五水、两锄耙、一镇压”，即：整地施基肥，冬春两季施粗肥或人粪尿追肥两次，适时浇塌墒水、返青水、拔节水、孕穗水、灌浆水，冬、春季各锄地一次，早春镇压防倒伏。并开展了小麦播期、播量、施肥时期、施肥量等一系列单项技术试验，使小麦栽培技术进入到了比较完善的传统经验系统化阶段。第二阶段是 1959～1961 年的三年困难时期。第三阶段是 1962～1970 年是小麦生产恢复稳步上升阶段。推出了兴修水利、增施肥料、推广优良品种、推广新式农具、实行精耕细作、改良耕作方式等增产措施，提出了“猪耳朵”、“驴耳朵”、“马耳朵”三种判断小麦旺、壮、弱苗的叶片形态指标，总结出了合理动态群体结构的小麦高产稳产促控成套田间栽培管理技术。第四阶段是 1971～1980 年小麦生产和科学技术发展较快的时期，也是以高产栽培为中心，实行栽培技术指标化的研究推广阶段。科技人员系统研究了小麦生长发育与外界条件、群体与个体、营养生长与生殖生长的关系，提出了小麦“两长一短”（分蘖期长、幼穗分化期长、子粒灌浆期短）的生育特点，总结出了小麦分蘖成穗、幼穗分化、子粒形成与灌浆三大规律和合理群体动态结构、合理施肥、合理浇水、看苗管理、生产成本构成等五项技术经济指标，提出了实现小麦高产稳产低成本的技术环节。推广应用了小麦“低群体、壮个体”高产途径和叶龄指标促控法、精量播种等技术。第五阶段是1981～1984年，小麦栽培技术方面主要是运用生态学原理把生态、技术、经济紧密结合起来，系统分析和综合研究不同生态类型区小麦栽培技术规程，促进了小麦实现“种植区域化、管理规范化、技术指标化”，带动大面积均衡增产提供了定性、定量的科学依据和配套栽培管理技术。小麦栽培研究也在麦田冠层结构、群体动态结构、产量构成因素、需肥需水规律、促控管理指标等方面取得了较大进展。第六阶段是1985～1992年的小麦生产徘徊阶段，栽培技术还是大水、大肥、大播量、主茎成穗等增产技术。第七阶段是1993～1996年，小麦栽培技术上明确了中产向高产过渡，必须依靠分蘖成穗为主的增产途径，采取精量匀播、增施磷钾肥、病虫害综合防治等技术，对产量500千克小麦生育规律与栽培技术、麦间套高效种植、小麦逆境栽培生理与抗逆应变栽培技术、中高产田实施氮肥后移和搞好健株栽培、提高群体质量、稳定增加穗粒数等综合调控技术进行了系统研究。第八阶段是1997年至今，当小麦战略性结构调整阶段，普遍推广了小麦高产、优质、多抗新品种，应用了精量匀播、种子包衣、配方施肥、间作套种、旱作栽培及病虫害防治等先进实用技术，实施了不同层次的小麦高产技术综合开发，科学种田水平大大提高，并涌现了大批大面积高产稳产典型。小麦生产目标由大面积均衡增产转向优质高产高效阶段。

4.1.5 现代小麦耕作技术

（1）播前耕作

现代麦田耕作是指使用农机具进行一系列田间耕作，改善农田的土壤物理、化学性状，为小麦的播种、出苗、植株生长创造良好的土壤条件。

耕翻地是播种前整地的中心环节，也是进行其他耕作管理的基础。耕翻地是为了破碎经过前茬作物生长后变为板结紧实的土壤，并将施用的有机肥料和田间残茬、杂草掩埋到土壤下层，把底土耕翻到上层使之进一步熟化。同时耕翻后的土块，裸露面积增大，土壤孔隙增多、通透性好，可以更好地蓄纳雨水和有利于水分、空气的下渗。所以，耕翻地有改善土壤中肥、水、气、热等条件的作用。耕翻地要根据不同土壤质地和墒情变化，掌握适耕期。麦田耕翻后要及时耙细、耙实，把上层土块破碎成为细小的土粒，同时平整地面。若土层过于疏松或有架空现象，应该进行适当的镇压，以防止透风和水分的过多蒸发，为提高播种质量大小基础。

中国北方冬麦区一年两熟的麦田，由于农时紧张，需要在前茬作物生育后期进行中耕，做到有雨蓄水、无雨保墒，又可消灭杂草，促进秋作物早熟；前作收获后及早耕地，细整、细平，以提高播种和灌溉的质量；如天气干旱、土壤缺墒，则应在前茬作物收获前提早浇好底墒水，以利于及时耕作，适时种麦。一年一作的旱地麦田，要求在前作收获后立即灭茬，以减少地面蒸发，在雨季高峰来临前耕完；要耕深、耕透，使土壤充分松散，能蓄纳更多的雨水；耕后多耙耱，以减少水分蒸发。中国南方稻茬麦田，土壤长期处在浸水条件下，犁底层紧实，水分常呈饱和状态，土壤发僵，因此应增施有机肥料，改善土壤理化性状；健全灌排系统，排除地面水，减少潜层水，降低地下水位，增强土壤通透性；前作水稻生长后期提早落干，以使收稻后土壤能够及时爽干，适时进行深耕晒垡，再浅耕细耙，提高小麦播种质量。

（2）田间耕作

小麦生长期间，田间土壤在湿度较高的情况下，特别是遇到中到大雨或灌水后，以及北方麦田在早春土壤解冻返浆后，地表容易结成硬壳而板结干裂，造成土壤通气不良，常使小麦根系发育受阻；春播小麦在种子萌发过程中，土壤湿度大还会破坏种子呼吸，造成烂种或出苗不全，麦苗纤弱，严重时发生死苗现象。通过中耕、耙地或搂麦等措施，及时破除板结，疏松表土，改善通气条件，以利于出苗和生长。如遇小麦播种以后土层疏松，表土干燥；或者越冬前后麦田土壤经过冻融交替，土块膨松，孔隙度增大以及早春发生“凌抬”现象，将麦苗茎基部抬出地表，应及时进行镇压，才能促成全苗、壮苗和保护麦苗安全越冬。

中耕和镇压还兼有促进和控制小麦生长发育的作用。适时、适度的中耕有利于小麦生长，而在麦苗生长过旺的情况下，深中耕可切断部分根系，有暂时抑制小麦生长的作用；镇压可使小麦地上部受损，抑制小麦的生长。三叶期前后适当镇压，可以促进地下部的生长，使根系发育良好，分蘖增长加快；过旺的麦田连续镇压也能抑制徒长，起到控制小麦生长的作用。

4.1.6 现代小麦管理技术

（1）小麦播种

根据气候特点、土壤条件、小麦品种特性，适时将适量的小麦种子播入土壤中。播种质量高，可使小麦个体生长健壮，群体组成合理、抗逆能力增强，是小麦丰收的基础。

1）播种期。适期播种可使小麦各器官的生长发育和产量形成处在最适时期，是有效利用温度、光照资源，发挥优良品种丰产性能的关键。播种期与温度密切相关，低纬度、低海拔，秋季温度下降迟缓的地区，其播种适期较迟；高纬度、高海拔、秋季气温下降比较早的地区播种适期较早。中国各个麦区的播种适期相差较大，北部冬麦区为9月上中旬到9月下旬；黄淮冬麦区为9月下旬至10月中旬，长江中下游冬麦区和西南冬麦区为10月中旬至11月中旬，华南冬麦区为11月上旬至11月下旬，新疆和西藏地区的冬小麦播种适期为8月下旬至9月中旬。春麦区的播种适期范围一般在3月至4月中旬。冬小麦不同类型品种，播种适期要求的温度有所不同，冬性品种为16～18℃，弱冬性品种为14～16℃，春性品种为12～14℃。春小麦以日平均气温稳定在0～4℃时播种为宜，其时表土化冻到适宜播种深度，且夜冻昼消，有利于出苗。同一地区在播种适期内，一般先播旱地、薄地、阴坡地、盐碱地；后播灌溉地、肥沃地、阳坡地。

2）播种密度。把播种密度控制在适宜的范围内，是建立合理群体结构的基础，对个体和群体的发展与产量结构的形成，关系很大。小麦播种密度以生产条件而定。土壤瘠薄、水肥不足的地块，密度宜小。密度过大不能保证麦株营养消耗，穗少粒小；当土壤肥力和水肥条件得到改善，适当增加播种密度是提高小麦单位面积产量的有效措施。随着水肥条件的进一步改善，增苗、增穗已达一定水平时，继续增加播种密度，则易造成群体过大，个体生长受到抑制，穗多而小，且易倒伏。因此，在达到一定穗数基础上，适当降低播种密度，可提高单株分蘖及成穗率，是进一步提高产量的有效途径。黄淮冬麦区的晚茬田，播种春性小麦品种，应适当增加播种量，以主茎穗为主。春麦区，因春小麦分蘖少，宜采取较大播量，以主茎穗为主取得高产。

3）播种方式。有条播、穴播（点播、窝播）和撒播。条播是世界上小麦播种的主要方式，中国也广泛应用。条播的优点是落籽均匀，覆土深浅一致，出苗比较整齐，适于机播并便于管理。条播的方式有窄行条播、宽窄行条播、宽幅条播等，播种方法有机播、耧播、随犁下种、锄头开沟条播等。穴播主要在南方部分丘陵坡地应用。华南和长江中下游稻麦两熟地区，由于稻田土质黏重，整地困难，播种季节紧，稻茬种麦大部分采用撒播。

（2）小麦施肥

施肥是根据小麦在不同生育期的需肥特点，对麦田补充土壤中天然供给量不足的营养元素，为获得小麦高产稳产提供营养物质基础的措施。由土壤供给的营养元素中，氮、磷、钾的消耗量比较大，需要通过施肥来补充土壤中贮量的不足，被列为“肥料三要素”；钙、镁、硫、铁和各种微量元素也为小麦生长和产量形成所不可缺少，而且相互之间不能替代，但吸收量少，大多数土壤中的含量可以提供需要，一般不作为必需的常用肥料。

小麦的需肥特性有一定规律。根据不同生态地区、土壤条件、品种类型和栽培条件的分析，平均每生产 100 千克小麦子粒，大致需要从土壤中吸收纯氮 3.0~3.5 千克，磷 51.0~1.5 千克、钾 2O2.0~4.0 千克，在每公顷 4 500 千克左右的产量水平时，三者的比例约为 3∶1∶3，当产量提高到 7 500 千克左右时，则接近于 2.6∶1∶3.5。可见随产量提高，对磷钾的吸收量有明显增加的趋势。在小麦的一生中，对氮的大量吸收是在分蘖、拔节和开花结实阶段；磷在植株体内积累最快的时期主要是在拔节到子粒形成阶段，而吸收钾的高峰出现在开花前后。中国麦区的小麦施肥强调以基肥为主，追肥为辅，对于化学肥料的使用，氮肥一般是在播种前和拔节期分两次施用；磷肥大都在播种前作底肥一次施入；钾肥在长期使用有机肥的土壤中含量比较丰富，施肥量较少，但在有机质缺乏的瘠薄土壤、沙质土壤、南方红壤土、东北白浆土以及重施氮磷肥的高产麦田，必须通过施肥补充。除了氮磷钾肥外，小麦施肥还要根据不同土壤正确掌握其他营养元素的施用。

（3）小麦灌溉

灌溉是将水引入田间补充自然降水的不足，以满足小麦正常生长发育对水分需要的措施。中国由于受季风影响自然降水量由东南向西北递减，分布很是不均衡。东南部降水量较多，小麦生育期需水量可以满足，西北干旱地区需水主要依靠灌溉来满足；华北半干旱地区，小麦生育期降水量也只能满足需水量的1/3；西南地区旱地小麦也需要灌溉，因此，灌溉是中国北方小麦丰产的重要措施之一。

1）小麦耗水量。小麦水耗量是指小麦由播种到收获整个生育期内麦田所消耗的水量。冬小麦的含水量为450～600毫米，折合每公顷4 500～6 000立方米；春小麦375～450毫米，折合每公顷为3 750～4 500立方米。小麦耗水量主要包括棵间蒸发和叶面蒸腾两部分。小麦耗水量多少和产量高低、气象因素以及应用的技术措施有关。通常是随着产量的提高而耗水量加大，但并不是成比例增加。深耕、合理施肥和适当密植，均可有效地改善土壤结构，促进根系发育，增加土壤蓄水保墒能力，抑制棵间蒸发，提高水分利用效率。

2）灌溉制度。主要包括灌水时期、灌水次数、灌水定额（一次的灌水量）、灌溉定额（小麦全生育期的灌水总量）。小麦产量的高低不在于灌溉次数多少和灌水定额，而主要决定于灌水是否适时适量。灌水原则是根据降水、土壤墒情以及苗情，做到因地、因时、因小麦生长状态制宜。

3）灌水技术。必须使灌溉田块受水均匀，不产生地面流失，深层渗漏及土壤结构破坏等情况，从而达到合理而经济用水的目的。小麦灌水的方法主要有畦灌、沟灌、喷灌。畦灌是中国北方麦区主要灌溉方法，是在平整土地基础上，修筑土埂，将麦田分割成若干个长方形或方形小畦。灌水时，引水入畦，水在田面上以连续水层沿畦田坡度方向移动，湿润土层。沟灌常用于小麦和其他作物间、套种植以及稻麦两熟地区。采取沟灌遇旱能灌水，遇涝又可利用沟来排水。喷灌是借助一套专门设备（如动力、水泵、输水管路和喷头等），将水喷到空中，散成细小的水滴，均匀地落在田间如同降雨对小麦进行灌溉。喷灌的优点是节省水、喷洒水点小，很少破坏土壤结构；不必修埂打畦。喷灌的局限性表现在：一是易受风力影响，一般3～4级风以上大风时，灌溉均匀度降低；二是空气湿度降低时，水滴未落到地面前，在空气中的蒸发损失较大；三是只有表土湿润，深层土壤湿润不够，影响小麦根系下扎，难以抗御严重干旱；四是在高产田后期喷灌时，容易造成倒伏。

（4）小麦收获

收获是指把成熟的小麦子粒从田间收回，直到进仓贮藏的过程，包括收割、脱粒、清粮、干燥、贮藏等环节。根据小麦成熟程度、品种特性、生产条件、当地农事安排的天气特点等来确定适宜的收获时间，采取适当的收获方法。小麦成熟程度是决定收获期的主要依据。熟期分为乳熟期、蜡熟期、完熟期，其中蜡熟期又分为初、中、末阶段。乳熟期的茎叶由绿逐渐变黄绿，子粒有乳汁状内含物，乳熟末期子粒的体积与鲜重都达到最大值，粒色转淡黄、腹沟呈绿色，子粒含水率45% ~50%。蜡熟期子粒内含物呈蜡状，硬度随成熟期由软变硬。蜡熟初期叶片黄而未干，子粒呈浅黄色，腹沟褪绿，粒内无浆，子粒含水量30% ~35%；蜡熟中期下部叶片干黄，子粒转黄色，饱满而湿润，种子含水量为25% ~30%；蜡熟末期全株变黄，子粒黄色稍硬，含水量20% ~25%。完熟期叶片枯黄，子粒变硬，呈品种本色，含水量在20%以下。最适宜的收获时期是在蜡熟末期到完熟期。

收获方法分为分别收获法、分段收获法、直接联合收割法。分别收获法是用人力、畜力或机具分别进行割倒、捆禾、集堆、运输、脱粒、清选等各项作业；此法可根据自然条件灵活运用，投资少，但工效低、进度慢、损失较大。分段收获法是把收割、脱粒分两个阶段进行，第一阶段是用割晒机或经改装的联合收获机将小麦植株割倒铺放成带状，晾晒；第二阶段是用装有拾禾器的联合收获机进行脱粒、初步清选。直接联合收获法是用联合收获机在田间一次完成刈割、脱粒、清选。此法作业效率高、损失少、收割质量好。

清粮和干燥是脱粒后迅速把子粒的夹杂物清除干净，降低子粒含水量。小麦子粒贮存的安全水分标准为14%以下。中国传统的清粮是用手簸风扬，现在已采用扬场机或大型清粮机。干燥的方法有自然干燥和人工干燥两种。日晒干燥是传统的方法；人工干燥是根据谷物平衡水分原理，将具有适当温度、相对湿度低的空气通过粮层或散落流动的子粒，带走子粒中的水分，以降低含水量，往复循环数次，以达到要求的标准。太阳能、远红外线干燥机等也在试制和试用。进仓贮藏是小麦收获最后一个重要环节。主要任务是尽量保持原有品质，麦种要保持高发芽率，防止不应有的损失。贮藏时必须控制好子粒水分与温度，做到防霉、防虫、防鼠、防雀、防火；种子还要防混杂。

4.1.7 中国小麦区划和专用小麦区划

根据现代作物生态区划，全国小麦种植分布为三大类型区：一是北方冬麦区，它是我国小麦主产区，面积约占全国小麦总面积的 60%；二是东北、西北春麦区，约占 16%；三是南方冬麦区，约占 24%。

（1）中国小麦种植区划

依据中国各地不同的自然条件和小麦栽培特点，把全国划分为不同类型的小麦种植区，便于因地制宜、合理安排小麦生产。

中国小麦分布广，全国各地都有种植。由于各地自然条件不同，形成明显的不同种植区。1936 年，依气候及小麦生产状况把中国小麦分为 7 个区域，其中 6 个冬麦区，1 个春麦区；1937 年又根据 100 多个小麦品种在 8 省 9 个地点进行 3 年区域适应性试验的结果，把 6 个冬麦区归为 3 个主区。1943 年，依据中国小麦冬、春性，子粒色泽和质地软硬，将全国主要麦区划分为硬质红皮春麦区，硬质冬、春麦混合区，软质红皮冬麦区 3 个种植区。20 世纪 60 年代初，《中国小麦栽培学》又将全国小麦划分为北方冬麦区、南方冬麦区和春麦区 3 个主区和 10 个亚区，为中国较完整的小麦分区奠定了基础。尤其是冬、春小麦分界线和各主要麦区的划分得到重新确定。以后气象，品种和栽培等学科的科学工作者根据各自学科的特点相继提出不同的区划。《中国小麦品种及其系谱》一书以《中国小麦栽培学》的区划为基础，直接划分为 10 个麦区，有的区还进一步划分了若干副区。80 年代以来，全国小麦生产迅速发展，有关小麦区划的资料不断丰富，认识也在不断深化。为此将全国小麦种植区划在原有的东北春麦、北部春麦、西北春麦、新疆冬春麦、青藏春冬麦、北部冬麦、黄淮冬麦、长江中下游冬麦、西南冬麦以及华南冬麦 10 个麦区基础上，重点对区属范围及分区走向进行了相应的调整。

1）东北春麦区。包括黑龙江、吉林两省全部，辽宁省除南部沿海地区以外的大部以及内蒙古自治区东北部。全区小麦面积及总产量均接近全国的8%左右，约占全国春小麦面积和总产量的47%及50%，故为春小麦主要产区，其中以黑龙江省为主。

本区地势西北高而东南低，大部分地区海拔为40～500米，西北部的内蒙古部分地区可达600～800米。土壤以黑钙土为主，土层深厚，土质肥沃。黑龙江省东部三江平原及北部黑河地区小麦面积比较集中，建有大批国营农场，其小麦产量占黑龙江全省春小麦总产量1/2左右。全区属大陆性气候，气温偏低，热量不足，冬、夏气温相差极大。温度为自北向南递增，最冷月平均气温－23～10℃，绝对最低气温－41～27℃，为全国气温最低地区。年降水量320～870毫米，小麦生育期降水量130～333毫米，但东部多雨，西部干旱。东部的黑龙江省三江平原，后期常因雨水偏多而形成湿涝灾害，并影响收获。而西部吉林省白城与辽宁省朝阳等地区，则又多因春旱、多风而造成干旱和风沙危害。本区小麦品种属春性，对光照反应敏感，生育期短，多在90天左右。病害以根腐病、锈病、赤霉病为主，丛矮病和全蚀病也有发生。种植制度一年一熟，4月中旬播种，7月20日前后成熟。全区除对各类病害及时防治外，东部排涝防湿；北部防除杂草；西部兴修水利，采用少深翻，多深松，少耕、免耕等防风固沙和减少蒸发的耕作技术，均为小麦增产的主要措施。根据温度和降水量的分布，又可将本区分为北部高寒、东部湿润和西部干旱3个副区。

2）北部春麦区。本区地处大兴安岭以西，长城以北，西至内蒙古自治区的伊克昭盟和巴彦淖尔盟，北邻蒙古人民共和国。全区以内蒙古自治区为主，并包括河北、陕西两省长城以北地区及山西省北部。全区小麦种植面积及总产量分别占全国的3%和1%左右，约为全区粮食作物面积的20%。小麦平均单位面积产量在全国各麦区中为最低，且发展很不平衡；西部河套灌区的伊克昭盟、巴彦淖尔盟等地的产量水平较高，向河北省的张家口、山西省的雁北及陕西省的榆林等地区均为低产区。

全区海拔1 000～1 400米，土壤以栗钙土为主。大陆性气候的特点显著，寒冷少雨，土壤贫瘠，自然条件差。最冷月平均气温－17～11℃，绝对最低气温

－38～27℃。全年降水量309～496毫米，多数地区为300毫米左右，小麦生育期降水量只有94～168毫米。种植制度以一年一熟为主，个别地区有两年三熟。本区小麦品种属春性，对光照反应敏感，生育期90～120天。播种期在3月中旬至4月中旬，成熟在7月上旬前后，最晚可至8月底。全区病害主要有叶锈病、秆锈病和黄矮病，丛矮病；虫害以麦秆蝇及黏虫为主。早春干旱，后期高温逼熟及干热风危害，以及河套灌区的土壤盐渍化，均属小麦生产中的主要问题。在增产措施上应实行休闲轮作等种植制度，以培肥地力；灌区提倡沟、畦灌，做好渠系配套工程，改进灌溉制度，防止土壤盐渍化。依据全区南、北降水量的不同，可分为北部干旱和南部半干旱两个副区。

3）西北春麦区。本区以甘肃省及宁夏回族自治区为主，还包括内蒙古自治区西部及青海省东部部分地区。麦田面积约占全国的4%，总产量达5%左右。单产在全国范围内仅次于长江中下游冬麦区，而居各春麦区之首；地区间差异大，其中甘肃省河西走廊灌区及宁银引黄灌区的单产较高。

本区地处内陆，海洋季风影响微弱，部分地区属干旱荒漠气候。海拔1 100～2 240米，土壤主要为棕钙土及灰钙土，结构疏松，易风蚀沙化。黄土高原地区沟深坡陡，水上流失严重，地力贫瘠。最冷月平均气温－9.3～7.5℃，绝对最低气温－27～23℃。光能资源丰富，热量条件较好，气温日较差大；晴天多，日照长，辐射强，有利于小麦进行光合作用和干物质积累。但年降水量仅86～335毫米，小麦生育期降水量52～181毫米，为中国降水量最少的地区之一，且蒸发量大。小麦生长主要靠黄河河水及祁连山雪水灌溉。后期常有干热风为害，小麦锈病、黑穗病以及吸浆虫均为本区小麦主要病虫害。全区种植制度为一年一熟。小麦品种属春性，生育期120～130天。3月上旬播种，7月中旬至8月上旬前后成熟。依据地形、降水等情况，全区可分为荒漠干旱、宁银灌区、陇西丘陵以及河西走廊4个副区。

4）新疆冬春麦区。位于新疆维吾尔自治区，全区小麦种植面积约为全国的4.6%，总产量为全国的3.8%左右。其中北疆小麦面积约为全区的57%，以春麦为主，单产也高于南疆；南疆则以冬小麦为主，面积为春小麦的3倍以上。

本区为大陆性气候，气候干燥，雨量稀少，但有丰富的冰山雪水资源，且地下水资源也比较丰富。晴天多，日照长，辐射强。其中北疆位于天山和阿尔泰山之间，温度低，最冷月平均气温 -18 ~ 11℃，绝对最低气温为 -44 ~ 33℃，但由于冬季常有积雪覆盖，故一般年份小麦可赖以安全越冬。雪量少的年份，冬小麦越冬死苗情况较严重。全年降水量 163 ~ 244 毫米，小麦生育期降水量冬麦为 107 ~ 190 毫米，春麦为 83 ~ 106 毫米。南疆气温较北疆高，最冷月平均气温 -12.2 ~ 5.9℃，绝对最低气温为 -28.0 ~ 24.3℃；全年降水量仅为 13 ~ 61 毫米，小麦生育期降水量冬小麦为 8 ~ 48 毫米，春小麦为 7 ~ 39 毫米，但均有冰山雪水可资灌溉。北疆土壤以棕钙土及灰棕土为主，南疆则主要为棕色荒漠土。种植制度以一年一熟为主，南疆兼有一年两熟。冬小麦品种属强冬性，对光照反应敏感。预防低温冻害、干旱、土壤盐渍化以及生育后期干热风为害等均属本区小麦生产的重要问题。冬小麦播期为 9 月中旬左右，翌年 7 月底或 8 月初成熟。北疆春小麦于 4 月上旬前后播种，8 月上旬左右成熟；南疆则 2 月下旬至 3 月初播种，7 月中旬成熟。依照天山走向，全区可分为南疆与北疆两个副区。

5）青藏春冬麦区。包括西藏自治区，青海省大部，甘肃省西南部，四川省西部和云南省西北部。全区以林牧为主，小麦种植面积及总产量均约为全国的 0.5%，其中以春小麦为主，约占全区小麦总面积的 65.3%。20 世纪 70 年代中期起，在藏南的雅鲁藏布江河谷地带冬小麦发展迅速，西藏常年冬麦面积约占麦田总面积的 40 ~ 80%。雅鲁藏布江中游河谷地带以及吕都等地区，地势低平，土壤肥沃，灌溉发达，是本区主要小麦产区。农区一般在海拔 3 300 ~ 3 800 米，气候温凉，夏无酷暑，冬无严寒，最冷月平均气温为 -4.8 ~ 0.1℃，绝对最低气温为 -25.1 ~ 13.4℃。冬季气温较低而稳定，持续时间长，冬小麦返青至拔节及抽穗至成熟均历两月之久；且日照时间长，光合作用强度大，净光合效率高，产量也较高。冬小麦播期为 9 月下旬，春小麦 3 月下旬至 4 月上旬，均于 8 月下旬至 9 月中旬成熟。全生育期冬麦长达 330 天左右，有的直至周年方能成熟；春小麦 140 ~ 170 天。全区年降水量 42 ~ 770 毫米，平均约 450 毫米。其中藏南地区全年降水量 280 ~ 764 毫米，通常 500 毫米左右。小麦生育期降水量冬小麦为 250 ~ 590 毫米，春小麦为 224 ~ 510 毫米。种植制度一年一熟。青藏高原土壤多高山土壤，土层薄，有效养分少。雅鲁藏布江流域两岸的主要农业区，土壤多为石灰性冲积土，柴达木盆地则以灰棕色荒漠土为主。冬小麦品种为强冬性，对光照反应敏感。兴修水利，平整土地，精种细管，改进灌溉条件以防止土壤盐渍化等为本区关键性增产措施。全区可分为青海环湖盆地、川藏高原及青南藏北3个副区。

6）北部冬麦区。包括河北省长城以南，山西省中部和东南部，陕西省长城以南的北部地区，辽宁省辽东半岛以及宁夏回族自治区南部，甘肃省陇东地区和北京、天津两市。全区麦田面积、总产量分别为全国的9%及6%，约为本区粮食作物种植面积的31%。小麦平均单产低于全国平均水平。

本区地处冬麦北界，除河北省境内大部为平原及辽宁省沿海为丘陵区外，海拔750～1 260米。土壤有褐土、黄绵土及盐渍土等。其中以褐土为主，腐殖质含量低，但质地适中，通透性和耕性良好，有深厚熟化层，保墒、耐旱。大陆性气候的特点明显，最冷月平均气温－7.7～4.6℃，绝对最低气温－24～20.9℃；正常年份冬麦基本可以安全越冬，但年际间变率大。低温年份冻害时有发生，冬、春麦区交接边缘地带冬小麦冻害尤重。年降水量440～660毫米，多集中在夏、秋季，7月至9月降水量占全年的44%左右。小麦生育期降水量143～215毫米。旱害较重，春旱尤甚。种植制度以两年三熟为主，其中旱地多为一年一熟，一年两熟制在灌溉地区有所发展。品种类型为冬性或强冬性，对光照反应敏感，生育期260天左右。病害有条锈病、叶锈病、白粉病，黄矮病等；虫害以地下害虫及红蜘蛛、麦蚜等为主。旱地9月上中旬播种，灌溉地9月20日左右；成熟期通常在6月中下旬，少数晚至7月上旬。加强农田基本建设和水土保持，兴修水利，增施肥料，选用抗寒、耐旱品种，是本区小麦增产的关键措施。全区可分为燕（山）太（行）山麓平原、晋冀山地盆地和黄土高原沟壑3个副区。

7）黄淮冬麦区。包括山东省全部，河南省大部（信阳地区除外），河北省中南部，江苏及安徽两省淮北地区，陕西省关中平原地区，山西省西南部以及甘肃省天水地区。全区小麦面积及总产量分别占全国麦田面积和总产量的45%及48%左右，约为全区粮食作物种植面积的44%，是中国小麦主要产区。

全区地势低平，除陇东、关中和山西西南部以及部分丘陵区海拔略高外，主要麦区均不及100米。土壤类型以石灰性冲积土为主，部分为黄壤与棕壤，质地良好，具有较高生产力。全区气候温和，雨量比较适宜。最冷月平均气温

-3.4~0.2℃，绝对最低气温-22.6~14.60℃；小麦越冬条件良好，冬季麦苗通常可保持绿色。年降水量580~860毫米，小麦生育期降水量152~287毫米，多雨年份基本可满足小麦生育需要，但偏北地区常因雨量分布不均或年际间变异而发生旱害。全区水资源比较丰富，可以发展灌溉。种植制度灌溉地区以一年两熟为主，旱地及丘陵地区则多行两年三熟，陕西关中、豫西和晋南旱地部分麦田有一年一熟的。品种类型多为冬性或弱冬性，对光照反应中等至敏感，生育期230天左右。本区南部以春性品种作晚茬麦种植。一般病虫害与北部冬麦区大致相同，但全蚀病及土传花叶病在山东省胶东地区危害比较严重。小麦生育后期的干热风危害普遍而严重。播种适期一般为10月上旬，但部分地区常由于各种原因不能适期播种，致使晚茬麦面积大，产量低，从而影响全区小麦生产。故合理安排茬口和播种期，是小麦生产中的关键。全区小麦成熟在5月下旬至6月初。依照气候、地形等条件，全区可分为黄淮平原、汾渭河谷和胶东丘陵3个副区。

8）长江中下游冬麦区。北抵淮河，西至鄂西山地及湘西丘陵区，东至东海海滨，南至南岭，包括江苏、安徽、湖北、湖南各省大部，上海市与浙江、江西两省全部以及河南省信阳。全区小麦面积约为全国麦田总面积的11.7%，总产量约为全国的15%，单位面积产量高，为全国各麦区之冠，但省际间发展极不平衡。其中产量最高的为江苏省，而江西全省以及湖南省西南部则为低产区。小麦在全区不是主要作物，湖北、安徽、江苏各省小麦面积只为粮食作物种植面积的20%左右，而江西、湖南、浙江则只有5%左右。全区气候温和，地势低平，滨海一带如上海、宁波海拔均不及10米，其他地区也只50米左右。最冷月平均气温1.0~7.8℃，绝对最低气温-15.4~4.1℃。年降水量1 000~1 800毫米，小麦生育期降水量360~830毫米，小麦生长不仅不需要灌溉，而且常有湿害发生。江西省南部抚州等地甚至因湿害严重而影响小麦种植。种植制度以一年两熟制为主，部分地区有三熟制。小麦品种多属弱冬性或春性，光照反应不敏感，生育期200天左右。播种期为10月中下旬至11月上中旬，第二年5月下旬成熟。病害除赤霉病外，还有白粉病、叶锈病、条锈病、纹枯病、叶枯病等。麦田沟渠配套，降低和控制地下水以治理湿害并辅以药剂防治病害，是提高本地区小麦产量的关键措施。全区可分江淮平原、沿江滨湖、浙皖南部山地和湘赣丘陵等4个副区。

9）西南冬麦区。包括贵州省全境，四川省、云南省大部，陕西省南部，甘肃省东南部以及湖北、湖南两省西部。全区小麦种植面积约占全国麦田总面积的12.6%，总产量约为全国的12.2%。其中以四川盆地为主产区，面积和总产分别约占全区的53.6%及63%。

本区地形复杂，山地、高原、丘陵和盆地均有。海拔300~2 000米。全区气候温和，水热条件较好，但光照不足。最冷月平均气温为2.6~6.2℃，绝对最低气温-11.7~5.2℃；其中四川盆地最冷月平均气温为5.2~7.5℃，绝对最低气温为-5.9~1.7℃。雨量除甘肃省东南部偏少外，其余地区年降水量772~1 510毫米，小麦生育期降水量279~565毫米。土壤类型主要有红、黄壤两种，鄂西、湘西及四川盆地以黄壤为主，红壤主要分布在云贵高原。种植制度多数地区为稻麦两熟的一年两熟制。小麦品种多属春性或弱冬性，对光照反应不敏感，生育期180~200天。全区条锈病、白粉病危害较重，间有赤霉病发生。虫害则以蚜虫为主。有湿害、低温冷害和后期高温逼熟等自然灾害。平川麦区其播种适期为10月下旬至11月上旬，成熟期在翌年5月上中旬。丘陵山地播种期略早而成熟期稍晚。全区除应加强对湿害和病虫危害的防治外，平川稻麦两熟区改进播种方法，丘陵干旱地区加强水土保持和农田建设，增施肥料以培肥地力等，都是小麦增产的关键措施。本区可分云贵高原、四川盆地和陕南鄂西丘陵3个副区。

10）华南冬麦区。包括福建、广东、广西和台湾四省（自治区）全部以及云南省南部。小麦种植面积约为全国麦田总面积的2.1%，总产量约为全国的1.1%。小麦在本区不是主要作物，其种植面积只占粮食作物面积的5%左右，且历年面积很不稳定。

全区近90%面积为山地丘陵，珠江三角洲，潮汕平原以及闽南沿海小平原的面积总计不过10%。山地海拔高度约1 000米，丘陵区约200米，沿海平原均不及100米。土壤主要是红壤和黄壤。全区气候暖热，冬季无雪，最冷月平均气温7.9~13.4℃，绝对最低气温-5.4~0.5℃。年降水量1 280~1 820毫米，小麦生育期降水量为320~450毫米。水热资源丰富，但季节间雨量分配不均，尤其是与小麦生育期的需水规律很不协调。幼苗阶段干旱少雨，灌浆时却又多雨寡照、湿度大，影响小麦开花、灌浆和结实，常导致赤霉病、锈病等危害。种植制度主要为一年三熟，部分地区行稻麦两熟或两年三熟。小麦品种属春性，对光照反应迟钝，生育期120天左右。病害以赤霉病及白粉病为主，其次为秆锈病、叶锈病。虫害有蚜虫和黏虫。成熟期多雨，穗发芽严重，增产措施以开沟排渍防湿及适当安排播种期为主。播种适期在11月中下旬，成熟期最早为3月中下旬，一般为3月下旬至4月上旬。全区可分山地丘陵和沿海平原两个副区。

（2）中国专用小麦区划

专用小麦是商品小麦，区划范围的确定应以小麦商品量大的集中产区为重点。根据专用小麦生产的自然适宜条件、产业基础和市场方向，专用小麦区划体系划分为专用类型区、专用优势产区。将我国专用小麦区分为9个专用优势区。在专用优势区下根据行政区划以及产业规划需要，按省划分为集中产区，其分区体系和范围如下：

1）黄淮平原北部硬白麦区。包括河南、河北太行山东麓平原，以及鲁西北、鲁中南部平原的165个县市。该区属我国东部季风区南温带，气候温和，雨热同季，适宜冬小麦生长，小麦生育期230～250天。黄河以北地区4～5月自然降水较南部减少，对专用小麦后期品质形成有利。山麓平原水土条件较好，黄河、马颊河和滏阳河等河流的冲积平原，地势开阔平坦，海拔多在100米以下。该区小麦生产水平和加工水平较高。据2001年课题调查（下同），全区小麦种植面积7 925万公顷，小麦总产2 813万吨，年小麦加工能力约在400万吨。该区专用小麦的主要代表品种8901、豫麦34、高优503、济南17等，是目前市场上需求最旺的品种。黄淮平原北部硬白小麦是我国硬白小麦的重点发展区域。发展目标是提高小麦群体品质，着力替代进口小麦，提高硬白小麦供给能力。

2）黄河中游硬白麦区。包括陕西、山西、河南的78个县市。该区由黄河支流渭河、汾河、洛河等一系列河谷平原组成，海拔200～800米。土壤多为潮土，土层深厚，通透性好，保水保肥力强。小麦生育期240～260天，年降水量500～700毫米。小麦种植面积2 478万公顷，总产587万吨，年小麦加工量约100万吨，是专用小麦和专用面粉流入区。

该区专用小麦主要代表品种有临优1451、运9805、晋麦69号、晋麦71号、荔垦2号、陕优225、小偃503、小偃6号等。专用小麦的发展目标是提高专用小麦品质和产量，满足该区对硬白小麦的市场需求。

3）河西走廊硬白麦区。河西走廊硬白麦区，南靠祁连山脉，北邻腾格里沙漠，东倚乌鞘岭，包括甘肃的10个县市。无霜期100～160天，以春小麦种植为主。大气干燥，太阳辐射强，光照充足，有利于小麦专用品质形成。该区是灌溉农业，小麦产量比较稳定。全区小麦面积139万公顷，总产量69万吨。专用小麦的发展目标是建立西部地区的硬白小麦商品供应基地，提高西部地区优质麦供应能力。

4）松嫩平原西部硬红麦区。位于东北的大小兴安岭山麓丘陵，包括黑龙江黑河市、齐齐哈尔市东部、内蒙古呼盟的西部地区，以及所在区域的国营农场，共24个旗、县、市。该区是我国最北端的麦区，与美国、加拿大硬红春小麦产区纬度相近，夏季气温较高，雨热同季，光照时间较长，昼夜温差大，适于喜凉的春小麦生长。海拔高度多在120～200米，土壤肥沃，有机质含量3%～7%，全氮含量0.2%～0.5%，全钾含量在2%以上，有利于硬红小麦蛋白质的形成。

20世纪90年代中期以来，小麦种植面积大幅度压缩，劣质品种大部分淘汰。目前全区小麦种植面积850万公顷，小麦总产量179万吨，年加工能力约40万吨。主要硬红小麦代表品种有龙麦26号、垦红14、龙幅麦10号、克丰6号等。由于小麦专用品质好，产品远销全国及港台地区，是天津“康师傅”、香港南顺集团、台湾大成集团的供应地。专用小麦的发展目标是建立国家硬红小麦商品生产基地，在调整麦豆种植结构的基础上，适当扩大硬红小麦生产规模。

5）华北北部白麦区。包括太行山燕山的山前带，环渤海低平原及山东半岛，涉及河北、山东、山西的96个县市。区内大部分为开阔平坦的近代冲积平原，海拔10～100米，年平均降水600毫米。位于华北平原北部，也是我国冬小麦种植的北端，一般弱冬性、光照反映不敏感的小麦品种易遭冻害。该区为强冬性小麦产区，白小麦品种较多，主要有京冬6号、京冬8号、石4185、晋麦54、晋麦63、晋麦53、晋麦3和京411、济麦19、山东优农2号、莱州95 021、鲁麦21等。全区小麦种植面积3 250万公顷，总产量1 091万吨。全区大的专用面粉企业年加工能力约在110万吨以上。该区的发展目标应是最大限度地满足京津地区小麦市场需求。重点提纯白小麦品质，适当扩大生产规模。

6）黄淮平原南部白麦区。包括皖北、苏北和河南南阳盆地、关中平原南部的108个县市。区内河流众多，低平原海拔多在50米以下，土壤有潮土、轻沙土、砂姜土、盐碱土等。气候温和，年降水量500～700毫米，小麦生育期降水量在120～250毫米，占全年降水的25%～29%。该区为弱冬性小麦产区，在小麦灌浆后期常出现不同程度的干热风危害，引起小麦“青枯逼熟”，品质下降。该区是国家重要的小麦生产基地。全区小麦种植面积7 347万公顷，总产量1 888万吨。有一定种植面积的优质品种有豫麦18、豫麦49、豫麦47、新麦9号、内乡188、周麦12、皖麦38号、皖麦19、陕麦150、陕麦229等。区内大中型面粉加工企业分布少，加工能力有限。该区发展目标是努力提高国家商品小麦供给能力，提纯专用小麦的品质。

7）江淮红麦区。位于长江和淮河之间，包括鄂北、皖中和苏中西部三片，共67个县、市、区。平原地势低平，有少量低山岗地和丘陵分布其间。气候属于北亚热带季风气候，气候温和湿润，年降水量830～1 400毫米，水资源丰富，河湖众多。适宜红皮小麦越冬种植，主要灾害性气候因素是多雨，尤其是小麦生育后期雨水过量易造成小麦湿害和赤霉病，降低小麦加工品质。小麦播种面积3 349万公顷，总产量826万吨，大部分是商品小麦。主要代表品种有宁麦8号、扬麦10号、淮麦18号、扬麦11号、扬麦158号、徐州24号、鄂麦14号、鄂麦13号、鄂恩1号、徐州26号等。产区离南方面粉市场最近，上海、广东、深圳等沿海大型面粉企业多采购该区红小麦。该区发展目标是为南方市场提供优质面条、优质馒头专用红小麦，通过小麦品种结构调整，扩大专用红小麦种植面积。

8）河套红麦区。该区包括内蒙古巴彦淖尔盟、包头市、伊克昭盟北部的21个旗、县、市。地处西北干旱地区，海拔1 000米左右。春季稳定通过℃的日期始于3月中旬，适宜春小麦种植。因降水少，日照长，昼夜温差大，有利于小麦光合作用和干物质积累，加之黄河水灌溉，所以区内小麦子粒饱满，色泽鲜艳，是优质小麦的适生区。该区小麦品种纯度高、品质一致，主要栽培品种永良4号种植比例占小麦的95%以上，适宜加工。全区小麦播种面积430万公顷，总产量109万吨。“河套牌”雪花粉等产品远销全国25个省市区，并出口日本、俄罗斯、蒙古、朝鲜等国家。该区的发展目标是继续坚持优质专用小麦产业化发展道路，保持小麦品种品质的一致性，优化主导品种，使之达到小麦国际贸易质量标准。

9）沿江沿海及豫南软红麦区。包括江苏省沿江沿海、安徽省沿江、河南省信阳等产区，共59个县、市、区。该区地势低平，多为平原，亦有丘陵，境内长江横贯东西。气候同江淮中部红麦区相似，为北亚热带季风气候。年降水量更为丰沛，全区水资源丰富，河湖众多，水网密布。沿江沿海多分布沙土、盐碱土等，土壤持氮能力较差，有机质含量低，小麦蛋白质下降，筋力普遍较弱。

4.2 水稻

4.2.1 中国水稻生产概况

水稻是世界上重要的粮食作物之一，全球有半数以上的人口以稻米为主要食物来源。稻米中的成分以淀粉为主，蛋白质次之，另外还含有脂肪、粗纤维和矿质元素等营养物质。稻米是禾谷类作物子粒中营养价值最高的，它的蛋白质生物价比小麦、玉米、小米高，各种氨基酸的比例更合理，并含有营养价值高的赖氨酸和苏氨酸。稻米的淀粉粒很小，粗纤维含量少，容易消化，食用的口感也较好，加工、蒸煮方便，深受人们喜爱。

全球有122个国家种植水稻，种植面积常年在1.40亿~1.57亿公顷。主要集中在亚洲，占世界总面积的91%，南北美洲、非洲、欧洲和大洋洲也都有种植，但面积较小。印度是世界种植面积最大的国家，占全球水稻种植面积的28.1%。世界最主要的水稻生产国家有中国、印度、印度尼西亚、孟加拉国、越南、泰国、缅甸、菲律宾、巴西和日本等国。

我国水稻种植面积居世界第二位，常年种植面积2 860~3 000公顷，占全球总面积的22.8%。在我国，南自海南省，北至黑龙江省北部，东起台湾省，西抵新疆维吾尔自治区的塔里木盆地西缘，低如东南沿海的滩涂田，高至西南云贵高原海拔2 700米以上的山区，凡是有水源灌溉的地方，都有水稻栽培，总的趋势是“南籼北粳”。根据水稻种植区的自然生态环境、品种类型、栽培制度，结合行政区划，我国划分了6个大的稻作区（图4－1）。

（1）华南双季稻稻作区

华南双季稻稻区位于南岭以南，包括广东、广西、福建、海南岛和台湾5省（区）。这个稻作区面积居全国第二位（不包括台湾），约占全国稻作总面积的22.5%，品种以籼稻为主，一年可以种植两季。另外在山区也有粳稻分布。

（2）华中单、双季稻稻作区

华中单、双季稻稻作区位于南岭以北和秦岭以南，包括江苏、上海、浙江、安徽的中南部、江西、湖南、湖北、四川（除甘孜外）八省（市），以及陕西和河南两省的南部，稻作面积约占全国稻作总面积的61.1%。在这个稻区内，江汉平原、洞庭湖平原、鄱阳湖平原、皖中平原、太湖平原和里下河平原等，历来都是我国著名的稻米产区。早稻品种多为籼稻，中稻多为籼型杂交稻，可以种植双季；连作晚稻和单季晚稻以粳稻为主。

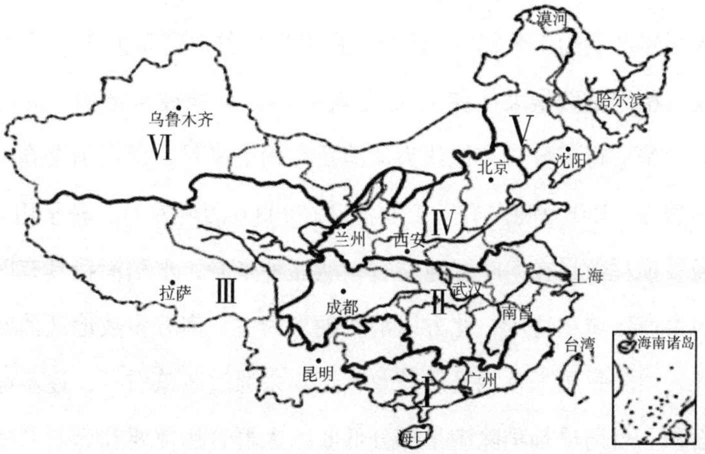

图4－1 中国水稻种植区划

Ⅰ. 华南双季稻稻作区 Ⅱ. 华中单、双季稻稻作区 Ⅲ. 西南单季稻稻作区

Ⅳ. 华北单季稻稻作区 Ⅴ. 东北早熟单季稻稻作区 Ⅵ. 西北干燥区单季稻稻作区

（3）西南单季稻稻作区

西南单季稻稻作区位于云贵高原和青藏高原，包括湖南西部、贵州大部、云南中北部、青海、西藏和四川甘孜藏族自治区。本区稻作面积占全国稻作面积的

6.7%。水稻垂直分布带差异明显，低海拔为籼稻，高海拔为粳稻，中间地带为籼粳交错分布区。

（4）华北单季稻稻作区

华北单季稻稻作区位于秦岭、淮河以北，长城以南，包括北京、天津、河北、山东、山西等省和河南北部、安徽淮河以北、陕西中北部、甘肃兰州以东地区。稻作面积占全国稻作面积的3.6%。品种以粳稻为主。

（5）东北早熟单季稻稻作区

东北早熟单季稻稻作区位于黑龙江以南和长城以北，包括辽宁、吉林、黑龙江和内蒙古自治区东部。稻作面积约占全国稻作面积的5.6%。品种为粳稻。

（6）西北干燥区单季稻稻作区

西北干燥区单季稻稻作区位于大兴安岭以西，长城、祁连山与青藏高原以北地区，包括新疆维吾尔自治区、宁夏回族自治区、甘肃西北部、内蒙西部和山西大部。稻作面积占全国稻作面积约0.5%。主要种植早熟籼稻。

我国水稻年产量为1.8亿~2亿吨，占世界稻谷总产量的35%左右，居世界第一位。我国稻米消费量大体在1.92亿吨左右，卢景波从结构、品种等方面对我国稻谷的消费进行了分析，他认为从消费结构上来看，食用消费在1.4亿吨左右，饲料消费在3 150万吨左右，工业消费在1 000万吨左右，种子用粮在100万吨左右，损失损耗数量在500万吨左右；从品种来看，水稻消费具有明显的区域性特点。与生产区域相适应，北方以消费粳米为主，南方多数地区消费的主要是籼米。另外，由于早籼米食用品质较差，近年来通过政策引导，逐步减少了早籼稻的播种面积。目前早籼稻除满足部分低收入人群食用需要和米制品的加工需要外，正逐步退出城市居民的口粮消费领域。外形美观、食用品质较好的中晚稻越来越受到人们的喜爱。随着人口增长、收入水平的提高，国内稻谷消费量呈稳定增长态势。

4.2.2 水稻的起源与传播

（1）关于水稻的传说

传说神农氏是发明种植五谷的人，《易经·系辞》中说“神农氏作，斫木为耜，揉木为耒；耒耜之利，以教天下”，《淮南子·修务训》中记载“于是神农乃教民播种五谷，尝百草之滋味、水泉之甘苦”。但是，实际上水稻的种植起源要早得多。对于稻谷的来源，主要有两个传说，《礼记·月令》：“是月也，天子乃以犬尝稻，先荐寝庙。”在四川、湖北、湖南、广东和江苏等地流传着这样一个传说，神州大地上发生了大洪水，冲走了所有的东西，人们没有吃的，于是玉皇大帝派了一些动物送稻谷给人们吃，其他动物没有完成任务，只有狗把稻谷送给了人。当狗在水中向前游时，身上其他地方的稻谷都让水冲走了，只有黏在尾巴上的稻谷没有被冲走，所以，此后人们种植的稻谷都是长在稻穗的顶端（尾巴上）的。

（2）水稻的起源

现在的水稻（又叫栽培稻）是由野生稻经过人工长期驯化而来的。那么野生稻是在什么时候进化成水稻的呢？科学家们估计，野生稻大概在 1 万年前进化成了栽培稻。在我们国家有很多关于水稻（图 4－2）的考古发现，在大量发掘的新石器时代遗址中，含有新石器时代稻的遗存就有 144 处。表明在新石器时代我们的祖先就广泛种植水稻了。

图 4－2 湖南澧县彭头山遗址出土的炭化稻谷

最初认为水稻起源于印度，但是国内外科学家研究认为，现代水稻是起源于中国的。在湖南澧县虎头山遗址中发现的稻壳，距今有 8 200～7 800 年；在河南舞阳县贾湖遗址发现的炭化稻米，距今约有 8 500 年，这些都比在印度发现的稻谷遗迹时间要早，并且利用现在的分子生物技术也证明了现代水稻起源于中国。水稻起源于中国又有几个假说。一是起源于华南说。丁颖是中国现代水稻科学的主要奠基人，他根据中国5 000年来的稻作文化、普通野生稻在华南的分布及栽培稻的遗传相似性以及稻作民族在地理上的接壤关系等，提出中国栽培稻起源于华南的普通野生稻。二是起源于云贵高原说。依据是云贵高原海拔变化大，形成了包括热带、亚热带和温带的各种气候；植物资源丰富，多种野生稻共存，栽培稻的类型也多样化，并且在多地也发现了3 700～3 000年前出土的稻谷、稻壳，因此一些学者提出了栽培稻起源于云贵高原的这一假说。三是长江中下游起源说。从20世纪80年代起，长江中下游起源说逐步发展成为中国稻作起源的主流学说，中国的稻作农耕以长江流域为最早，考古发掘出土的稻也以长江中下游地区最多、最早。现在的分子生物学研究也证明水稻起源于长江中下游地区。四是长江中游——淮河上游说，即整个黄河以南地区，包括淮河、长江和珠江流域，是一个大的稻作农业起源地。

（3）水稻的传播

栽培稻的传播有多条路线，与它的起源地是对应的。一些科学家认为，起源云贵高原的原始栽培稻，顺江而下，进入红河、湄公河，传入东南亚；向东进入中国的南部和长江流域，成为广为栽培的籼稻，北路进入黄河流域，演化为粳稻。起源于长江中下游，并以长江下游为中心波浪式逐级扩大传播。

在亚洲范围内，日本学者在《稻米之路》一书中讲述了3个传播途径：一是扬子江系列。长江流域的原始栽培稻向北传播，到达黄河流域至朝鲜半岛和日本；二是湄公河系列。云南的稻种经湄公河、红河、萨尔温江、伊洛瓦底江进入中南半岛上的东南亚国家，继续南下到达印度尼西亚和菲律宾；三是孟加拉系列。印度北部阿萨姆地区的栽培稻种沿孟加拉湾海岸线东进，或者随商船经过孟加拉湾到达东南亚；随后南下到恒河流域，扩增到整个印度，而后向西经伊朗入巴比伦再传入欧洲，于600～700年传入非洲。新大陆发现后才有欧洲传入美洲。

（4）中国稻作史

在原始稻作时期，在山地种植水稻采用"刀耕火种"，把树木杂草砍掉，点火烧掉，然后用木棒在地上扎出土眼，把稻谷点种进去，或者直接把种子撒到地里；而在低湿的水田种植水稻，则采用"火耕水耨"。《史记（货殖列传》记载："楚越之地，地广人稀，饭稻羹鱼，或火耕而水耨"，唐代人张守节对《史记

《货殖列传》中的“水耕火耨”做了解释：“言风（即焚，编者注）草下种，苗生大而草生小，以水灌之，则草死而苗无损也。耨，除旱也。”

战国至秦汉时期出现了较为先进的整地农具犁，随着先进工具及农耕技术的的出现和推广，水稻种植技术也逐步发展起来，摆脱了“火耕水耨”的状况。北魏《齐民要术》中记载了种植水稻对水田和旱田的要求：“北土高原，本无陂泽。随隈曲而田者，二月，冰解地干，烧而耕之，仍即下水；十日，块既散液，持本斫平之，纳种如前法。”对于旱田则要求：“凡种下田，不问秋夏，候水尽，地白背时，速耕，耙、劳频烦令熟。”

唐宋以前，直播是一种普遍现象，北方水稻的育秧移栽，是为了减轻草害，南方的育秧移栽除了有减轻草害的作用外，与复种制度的发展有密切关系，育秧移栽解决了多熟制的季节矛盾。北方水稻移栽最早记载于东汉崔寔的《四民月令》：“五月可别稻及蓝。”别稻就是水稻移栽。唐宋以后，水稻移栽已普及。南宋时期的陈敷《农书》提出了较为详尽的育苗移栽种植水稻的方法，宋元时代水稻育苗栽培技术基本定型，直到明清时代。虽然水稻育苗移栽技术获得很大应用，但是水稻直播依据不同的区域和耕地条件，像黄河流域、淮河流域和长江流域都一直存在。从育秧移栽发明开始到清朝时代，我国已发明了秧田整治、浸种催芽、插秧、浇水施肥、除草、病虫害防治及收获等水稻种植的全面技术，使我国水稻生产十分兴旺，像唐代卢殷《雨霁登北岸寄友人》中写道：“稻黄扑扑黍油油，野树连山涧自流”；王建《汴州水蜂》中描写的“晚泊水边骚，柳塘初起风，蛙鸣蒲叶下，鱼入稻花中”。出现了江汉平原、洞庭湖平原、鄱阳湖平原、皖中平原、太湖平原和里下河平原等我国著名的稻米产区。

当前我国水稻种植主要采用以下方法：育秧移栽和直播。育秧移栽是我国目前主要的水稻种植方法，就是先在苗田进行育苗，而后再移栽到大田。目前我国主要的移栽方法有人工插秧、抛秧和机械化程度高的机械插秧（图 4 – 3、图 4 – 4和图 4 – 5）。随着灌溉条件的改善、高效除草剂技术的应用、早熟高产新品种的育成以及劳动力成本的升高，机械直播方法逐步发展起来。机械直播分为两种，即旱直播和水直播。旱直播就是在干燥土壤中直播，将田地整理平整，将干稻种直播于地里，种后行间歇灌溉，随灌随排，保持土壤湿润，以促进种子吸水发芽。水直播即先耙田整平，然后放水落干沉实，再进行播种，种子可以用催过芽的或者干种子（图4－6和图4－7）。现在我国水稻生产技术位居世界前列，为我国粮食生产做出了巨大贡献。

图4－3　人工插秧

图4－4　抛秧

图4－5　水稻机械插秧

图4－6　水稻旱直播

4.2.3　栽培稻的种类

栽培稻根据不同的划分方法可以划分为不同的种类，如籼稻和粳稻，水稻、深水稻、浮稻和陆稻，黏稻和糯稻，早稻、中稻和晚稻以及杂交稻等。

（1）籼稻和粳稻

籼稻和粳稻是水稻在不同温度条件下形成的两个亚种，粳稻是水稻在向北和高海拔地区传播的过程中演化出的一种类型。籼稻和粳稻是我国自古以来栽培稻的两大类型。《说文》中已将栽培稻分为"黏"和"不黏"两大类型，就是粳稻和籼稻。1928 年日本学者加藤茂苞等根据籼、粳稻间杂交一代的结实率低于双亲，在血清反应上有籼、粳稻间互不融合的环状反应，而把栽培稻划分为两个籼亚种和粳亚种。现代，籼稻和粳稻在农艺性状和生理特性上存在较大的差异。籼稻分布在热带、亚热带的平川地带，具有耐热、耐强光的习性，粒形细长，米质黏性较弱，叶色淡绿，叶片粗糙多毛，颖壳上毛稀而短，易落粒。粳稻主要分布在秦岭淮河以北及以南的高寒山区，具有耐寒、耐弱光的习性，粒形短而大，米质黏性较强，叶片少毛或无毛，颖壳毛长而密，不易落粒。

（2）陆稻

陆稻是适应于缺乏淹水条件下生长的生态变异类型，又称旱稻。陆稻和水稻在形态、生理、生态上的差异，一般在缺水状况下表现出来。陆稻叶色较淡；叶片较宽，谷壳较厚。陆稻品种可以在水田种植，而水稻品种一般不太适于在旱地种植。陆稻种子吸水力强，在 15℃的低温下发芽较水稻快，幼苗对氯酸钾的抗毒力较强，根系发达且分布较深，维管束和导管较大，吸水力强，蒸腾量小，故而耐旱能力较强。

（3）深水稻和浮稻

深水稻和浮稻主要分布于江河下游低洼地带和湖泊沿岸的洼堤、塘田、湖田。它们浮生水中，地上茎节能发根、分蘖，并随水位上涨而伸长，茎长可达 5 米以上。

（4）黏稻和糯稻

黏稻和糯稻的主要区别是米质黏性大小的不同，糯稻是黏稻淀粉粒性质发生变化而形成的变异型，米粒的胚乳中含有较多直链淀粉的水稻类型。籼稻、粳稻都有黏稻和糯稻之分，粳型黏稻的直链淀粉含量一般为 12% ~20%，籼型黏稻一般为 14% ~30%。黏稻米粒因含有一定量的直链淀粉，煮出的米饭质地干、胀性大，饭粒不易黏结成团。黏稻的米粒多为半透明状，遇 1% 的碘—碘化钾溶液，因吸碘量较多而呈蓝紫色反应。糯稻是由黏稻发生基因突变而形成的变异类型，其胚乳的糯性是由 1 对隐性基因控制的，糯稻和黏稻在农艺形态性状上无明显差异。糯米未干时呈半透明状，干燥后呈乳白色（图 4 -7）。糯米的胶稠度极软，米的胀性小，煮出的米饭黏结成团。糯米胚乳遇 1% 碘—碘化钾溶液仅呈红褐色反应。

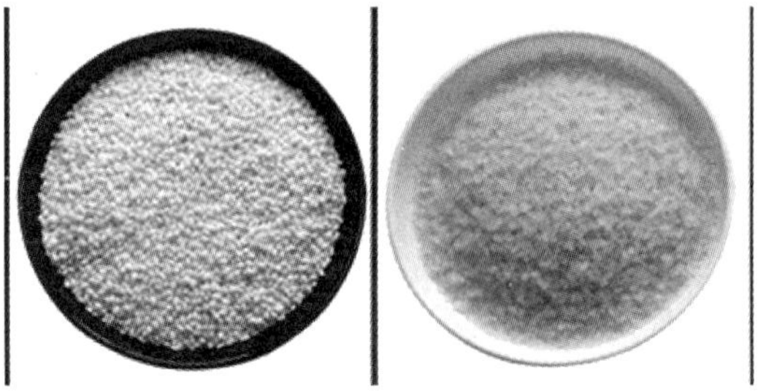

图 4－7　黏稻和糯稻

左：糯稻；右：黏稻

由于水稻对温度和光照反应的多样性，不论籼稻和粳稻或水稻和陆稻，都可以分为早稻、中稻和晚稻三种季节型。全生育期从播种到成熟在 120～130 天内的叫早稻或早熟种，在 130～150 天的为中稻或中熟种，150～160 天及以上的叫晚稻或晚熟种。

20 世纪初，美国的 Jones 首先提出水稻也存在杂种优势。水稻杂种优势的研究，一般从选育雄性不育系入手，中国杂交水稻的研究和成就居于世界领先地位，早在 1964 年，中国杂交稻之父袁隆平从洞庭早籼稻中找到雄性不育株，揭开了国内水稻杂种优势利用研究的序幕。1973 年，我国成功地实现了籼型杂交水稻的三系配套，1975 年又实现了杂交粳稻三系配套。选育出的不同类型的杂交水稻组合在生产上大面积推广，成为世界上第一个成功利用水稻杂种优势的国家。生产杂交水稻种子有两种办法，一种是三系配套即不育系、恢复系和保持系配套使用来生产杂交水稻种子，另一种方法是两系法即利用光温敏核不育系和恢复系来生产杂交水稻种子。光温敏核不育系在长日照、高温下表现为雄性不育，这个时候利用恢复系和它进行杂交，可以生产杂交种子。在短日照、低温下又变成了雄性可育的正常水稻，可以自然繁育。因为这种生产杂交稻的方法只有不育系和恢复系，所以称为两系法。

杂交稻根系发达，吸收力强，植株长势旺盛，分蘖力强，穗大粒多，因此，杂交稻比常规水稻产量高。为满足中国的粮食需要，中国在 20 世纪 90 年代启动了培育超级杂交水稻的计划，第一阶段（1996～2000 年）、第二阶段（2001～

2005 年)、第三阶段（2006 ~ 2015 年），亩产目标分别是 700 千克、800 千克、900 千克。到 2011 年袁隆平院士培育的杂交水稻产量已达到了每亩 926. 6 千克，第三期目标已经实现。杂交水稻在 2000 年时面积已达 2. 3 亿亩，目前已超过中国水稻面积的 50%。中国杂交稻已推广至东南亚、南亚、南美、非洲等地 30 余个国家和地区，海外杂交稻种植面积达到 3 000 余万亩。

“杂交水稻在保证世界粮食安全方面发挥着十分重要的作用，如果全世界在种植水稻时，种植 50% 面积的杂交水稻，将增加产量 15 000 万吨，每年可多养活 4 亿 ~ 5 亿人。”袁隆平表示，“杂交水稻将造福全世界，我们愿意帮助世界各国尤其是非洲国家发展杂交水稻。”

4. 3　玉米

玉米何时传入中国尚未定论，大约已有 460 年的历史。发展到现在，中国玉米种植面积和总产量仅次于美国，居世界第二位。玉米在中国分布很广，南自北纬 18°的海南岛，北至北纬 53°的黑龙江省的黑河以北，东起台湾和沿海省份，西到新疆及青藏高原，都有一定面积。玉米在中国各地区的分布并不均衡，主要集中在东北、华北和西南地区，大致形成一个从东北到西南的斜长形玉米栽培带。种植面积较大的省份是山东、吉林、河北、黑龙江、辽宁、河南、四川 7 个省。我国幅员辽阔，玉米种植形式多样。东北、华北北部有春玉米，黄淮海有夏玉米，长江流域有秋玉米，在海南及广西可以播种冬玉米，海南因而成为我国重要的南繁基地。但最重要的种植形式还是春、夏玉米。春玉米主要分布在黑龙江、吉林、辽宁、内蒙古、宁夏的全部玉米种植区；河北、陕西两省的北部、山西省大部和甘肃省的部分地区；西南诸省的高山地区，以及西北地区。其共同特点是由于纬度及海拔高度的原因，积温不足，难以实行多熟种植，以一年一熟春玉米为主。相对于夏播区，大部分春播区玉米生长期更长，单产水平也更高。夏玉米主要集中在黄淮海地区，包括河南全省、山东全省、河北省的中南部、陕西省中部、山西省南部、江苏省北部、安徽省北部，西南地区也有部分面积。

4.3.1 漂洋过海救荒济世

（1）玉米漂洋过海

玉米（学名：*Zea mays* L.，英文名：maize，corn）起源于南美洲。考古学家在墨西哥、秘鲁、智利的古墓中发掘出3 000～4 000年前的玉米穗轴化石。哥伦布于1492年发现美洲新大陆后，1496年将玉米带到西班牙，随后在各大洲逐渐传开。玉米在世界各地的传播主要有三条路线：

第一条路线：玉米由美洲大陆首先传到西班牙，然后沿地中海航线传播到意大利、希腊和土耳其；经由比利牛斯山传入法国和德国。1562年传入英国，其后由土耳其再传入罗马尼亚、波兰等国家，大约17世纪末叶传入俄国。

第二条路线：16世纪初叶，伴随各国的商业往来，玉米从突尼斯传入埃及、埃塞俄比亚、苏丹等国家；其后沿着贩卖黑奴的路线，玉米传入南非的许多国家。

第三条路线：玉米传到亚洲的时间比较晚。大约在16世纪30年代，玉米一路通过陆路从土耳其、伊朗、阿富汗传入东亚；另一路通过海路传播至印度和东南亚各国。

玉米大约于16世纪中叶传入中国。玉米传入中国的途径大致有三条：①西北路：从西班牙传到麦加，再由麦加经中亚细亚的丝绸之路传入中国的西北地区，再从西北传到内陆省份；②西南路：先从欧洲传入印度、缅甸等地，再由印度或缅甸引种到我国西南地区的云南、贵州、四川等地，尔后向北传到陕西、甘肃、山西等地，向东传播至广西、湖南、湖北、浙江等地；③东南沿海：经中国商人或葡萄牙人由海路传入我国东南沿海。玉米在中国内地的传播大致是先边疆后内地，先丘陵山地后平原，从现在的资料分析，玉米从西南陆路传入中国的可能性比较大。

（2）玉米在中国的分布

中国玉米栽培大致分为三个时期：①明代仅河南、江苏、甘肃、云南、浙江、安徽、福建、山东、陕西、贵州、河北11个省份的方志中有零星记载，在粮食生产中尚无地位，属于引种时期；②清初至乾隆年间，湖北、湖南、江西、四川、山西、广东、辽宁、台湾、广西等地相继引进，全国大部分省份已有栽培，属于推广发展时期；③嘉庆以后至民国期间玉米已传遍全国，在北方平川地区逐步取代了原有的低产作物，南方不宜种植水稻的山丘地带也广泛种植，在部分地区成为当地人民的主粮。目前我国玉米种植划分为六个区：

1）北方春播玉米区。包括黑龙江、吉林、辽宁、宁夏和内蒙古的全部，山西的大部，河北、陕西和甘肃的一部分。本区属寒温带大陆性气候，无霜期短，冬季严寒春季干旱多风，夏季炎热湿润，多数地区年均降水量500毫米以上，分布不均匀，60%集中在夏季形成春旱、夏秋涝的特点，玉米栽培基本上为一年一熟制。种植方式有玉米单种、玉米大豆间作及春小麦套种玉米。

2）黄淮海夏播玉米区。位于北方春玉米区以南，淮河、秦岭以北。包括山东、河南全部、河北中南部，山西中南部，陕西中部，江苏和安徽北部，是全国玉米最大的集中产区，播种面积733万公顷（约合1.1亿亩），占全国玉米种植面积的30%以上，总产量占全国的50%左右。该区属温带半湿润气候，无霜期170~220天，年均降水量500~800毫米，多数集中在6月下旬至9月上旬，自然条件对玉米生长发育极为有利。但由于气温高，蒸发量大，降雨较集中，故经常发生春旱夏涝，而且有风雹、盐碱、低温等自然灾害。栽培制度基本上是一年两熟，种植方式多样，间套复种并存，复种指数高，地力不足成为限制玉米产量的主要因素。

3）西南山地丘陵玉米区。包括四川、贵州、广西和云南全省，湖北和湖南西部。陕西南部以及甘肃的一小部分。玉米播种面积400万公顷（合6 000万亩）左右，占全国玉米面积的1/4。属温带和亚热带湿润、半湿润气候。雨量丰沛，水热条件较好，光照条件较差，有90%以上的土地为丘陵山地和高原，无霜期200~260天，年平均温度14~16℃，年降水量800~1 200毫米，多集中在4~10月，有利于多季玉米栽培。在山区草地主要实行玉米和小麦、甘薯或豆类作物间套作，高寒山区只能种一季春玉米。

4）南方丘陵玉米区。包括广东、海南、福建、浙江、江西、台湾等省全部，江苏、安徽的南部，广西湖南湖北的东部。玉米面积较小，占全国面积的5%左右。

5）西北灌溉玉米区。包括新疆的全部和甘肃的河西走廊以及宁夏河套灌溉区。占全国玉米种植面积的2% ~3%。

6）青藏高原玉米区。包括青海和西藏，是我国重要的牧区和林区，玉米是本区新兴的农作物之一，栽培历史很短，种植面积不大。

（3）玉米救荒济世

1）明清时期漫山遍野种玉米。明代，玉米作为一种抗灾高产的作物新品种被引入中国。至清代，因救荒的需要，玉米已在20多个省广泛种植，对我国的救荒事业先后产生了重要的影响。清代是我国灾害发生最为频繁、破坏最为严重的阶段，统计显示，清代发生的旱灾201次，水灾192次，雹灾131次，风灾97次，蝗灾93次，霜雪灾74次。其中以水、旱灾最为频繁，清代的特大洪水及淫雨所造成的受灾州县为2 681个，年均为13.75个；特大旱灾的受灾州县为1 188个，年均为6.09个。与前代相比，清代灾害具有发生频率高，持续时间长，灾害地区分布广，成灾面积大，特大灾害继起迭至，交相并发等特点。这些特点决定了只有抗灾性比较强的作物才能生存下去。因此，灾害自然选择的结果就是种植抗灾作物。而玉米适应性很强，即使在丘陵旱地、斜坡陡崖，都能良好的生长。人们在种植过程种，逐渐发现了其优势。玉米“但得薄土，即可播种”，与水稻、小麦相比“种植不难，收获亦易”；“玉麦，盘根极深。西南山陡绝之地最宜，若稷、黍、高粱艺株殊少”；而且玉米“收成至盛，工本轻，为旱种之最”。从这些史料中可以看出，正是由于玉米的这种较强的耐旱、涝的生理特性，在引进后不太长的时间里，玉米在西南和南方丘陵旱地迅速上升至主粮的地位。

2）国民党辖区多渠道发展玉米生产。日寇侵华，抗日战火遍及全国各地，生灵涂炭，人口迁徙，土地荒芜，农业生产遭到严重破坏，而国民政府蛰居西南一隅，人口密集，粮食匮乏，供需矛盾日益尖锐，为此国民政府调整经济体制，解决军需民食问题。四川省是当时国民党管辖区种植玉米面积最大的、发展最快的地区之一；国民党当局鼓励农民开发冬闲田和扩大间套复种，提高单位面积，采取了以玉米为主的多熟种植形式：一是早玉米—晚稻。将早玉米套种小麦行间，7月中下旬收获，小麦收获后插种水稻，10月下旬收获，早玉米亩产可达2石5斗；二是春玉米－秋玉米，又称双季玉米。早玉米于谷雨前后套种于麦田，立秋收获；秋玉米点播于行间，寒露收获，两季玉米产 4 石 8 斗至 6 石；三是早玉米 - 荞麦或蔬菜复种。这种方法主要适用于坝地。

改良农具提高功效是增加玉米产量的重要措施之一。抗日战争期间，时任美国副总统的玉米专家华莱士访问重庆，为崇敬中国军民抗日战争的英雄业绩，带来一种适宜于中耕除草的小农具，赠给中国人民作为纪念。该农具呈三角形，中有空孔，向前推进时前部尖端入土，两边亦可切割表土，切断草根；向后拉动时后边刃部亦可完成同样的工作。试用效果良好，被农学业界人士命名为“华莱士锄”。

3）抗日根据地多形式玉米生产。陕甘宁边区是中国共产党领导下著名的抗日根据地，也是当时中共中央所在地。根据地多为干旱丘陵，生态环境严峻，农业水平低下，人民生活艰苦。为了粉碎日伪封锁和取得抗战的胜利，民众响应毛主席号召“自己动手，丰衣足食”，全民动员，开垦荒地，扩大良田，推广农法，种植高产作物，开展轰轰烈烈的农业生产运动。为满足军用民需，抗日政府大力提倡垦荒殖稼，扩大玉米等高产作物的种植面积，许多低产田也变成高产农田，到 1943 年粮食生产已做到自给自余。为发展玉米生产、推广优良品种和适用技术，抗日根据地举办了多种形式的农业展览会：①1943 年陕甘宁边区举行盛大的农业生产展览会，其中光华农场展出的马齿玉米备受农民的喜欢：普通的黄玉米每垧顶多打 2 石 4 斗，而马齿玉米每垧能打 4 石 5 斗，且马齿玉米一个穗子长 500 ~ 600 粒。②1944 年晋绥边区举办的战斗生产展览会，展出了延安实验农场的高产马齿玉米，它比一般的玉米穗长大，收获量多，每亩至少能多收 1 石以上；种法也与别的不同，需要在平地里种，施肥比一般的多一些，留苗也要稀疏一些。③1945 年晋察冀边区举办的农业展览会展出了玉米高产典型和优良品种。劳动英雄聂荣富说多半辈子没有见过这么多籽种肥大、颗粒饱满的黄玉米；平山张积成采用优良品种，精耕细作，锄了 5 次，上了 135 担肥，每亩地收获了 4 石 4 斗；老乡们好奇的观看了龙华劳动英雄葛存种的一株结了 5 个穗子的玉米后啧啧称叹。

抗战时期，这些优良玉米品种跟随八路军的战斗足迹，先后被引种很多根据地，种植面积迅速扩大，产量不断增加，成为抗日军民备战度荒的重要口粮，其中金皇后是杰出的代表，太行山根据地流传着赞颂金皇后玉米的民歌：金皇后，尺把长，哥哥带你打东洋；甜津津的窝头暖心房啊，嗨！打败鬼子快回乡。金皇后粒粒黄，妹妹靠你生产忙，金灿灿的玉茭满山岗啊，嗨！军民团结渡灾荒。

（4）助推民族复兴

1）丰产竞赛推动玉米生产。中华人民共和国建国初期，满目疮痍，百业待兴，长期的频繁战乱和自然灾害使农村经济遭受严重破坏，农业生产力水平低下。1949 年 12 月，中央农业部召开“全国农业会议”，要求全国农民兴修水利、改良品种、增施肥料、防治病虫害、开垦荒地，迅速提高农作物产量。为此，陕西省农业劳模王德彪等倡议“开展竞赛，增加生产”；山西省劳模李顺达等倡议“爱国丰产”。中央农业部积极支持群众性的创举，组织和引导全国各地农民开展爱国丰产竞赛运动。河南省制定的竞赛指标：一般丰产标准灌溉玉米亩产 300 ~ 400 千克，旱地玉米亩产 250 ~ 350 千克；高产纪录指标灌溉地玉米亩产 500 千克，旱地玉米亩产 400 千克。

在农业增产竞赛运动中，玉米方面被评为全国农业劳动模范的有：山西省平顺县的李顺达、郭玉恩，河南省偃师县的韩俊昌，黑龙江肇源县的任国栋等。山西省平顺县的李顺达，在十年九旱的丘陵山地，采取抗旱保墒、选用良种、增施肥料、精细管理等措施，春玉米亩产达到 490 千克。山西省平顺县的郭玉恩，创造了玉米分层施肥法，即秋耕深施基肥，春耕浅施底肥，播前巧施种肥，创造了春玉米亩产 790 千克的高产纪录。河南省偃师县的韩俊昌，根据玉米的生长发育规律，创造出玉米“三攻”施肥法，即重施基肥攻苗，追施拔节肥攻杆，巧施孕穗肥攻穗，获得夏玉米每亩 621 千克的高产纪录。黑龙江肇源县的任国栋等，针对玉米生产上存在的植株稀密不均、覆土不严、缺苗断垄等问题，总结出“等距、宽播、间苗、保苗”种植玉米的经验，大面积推广后使全县玉米增产 50% 以上。

农业爱国增产竞赛运动有力的促进了玉米的生产发展：首先是充分显示了玉米的增产潜力。长期以来，玉米亩产停留在 50 千克上下，最高产量也很少超过 300 千克。随着爱国增产竞赛运动的开展，农民精细耕作，选用良种，加强管理，逐步提高的玉米单产。例如，山西省河津县百底村杨法法互助组，22 亩水地玉米亩产310千克，比当地玉米平均亩产高出55%；山西省屯留县西故县村杨喜成农业社，54.2亩旱地玉米平均亩产303千克，比当地玉米增产149%。其次加快了新技术新品种的推广。通过农业增产竞赛运动，农民们认识到要获取玉米高产，必须采用精耕细作、选用良种、增施粪肥和防治病虫害等新技术。如玉米高产良种金皇后，新中国成立初期仅在山西、山东、河南等地种植，开展增产竞赛运动后，迅速普及其他省区，1954年全国种植金皇后玉米面积超过1 000万亩。三是促进了农民学习农业技术和增产经验。玉米高产典型为农民树立了学习榜样，而且高产典型看得见、学的起，在全社会掀起了“比、学、帮、赶、超”增产竞赛活动。

2）联产承包推动科学种粮。1978年12月，中共中央召开十一届三中全会，中国农业和农村经济进入了改革和发展的关键时期。中央加强对农业生产的领导，农村改革开放以及实行农户联产承包责任制，农村经济和农业生产呈现新的形势。联产承包责任制给农村带来了新变化，调动了亿万农民向生产深度和广度进军的积极性。在大集体时代，农民干活挣工分，种田由队长指挥，种什么品种、种在哪里、怎么管理，农民均不用操心。一位山东农民在回忆大集体生产队干活情景时说：“当他拿起锄头给玉米中耕时，心里就想：第一锄是给会计干的，第二锄是给队长干的，第三锄才是给自己干的。唉，多费那劲干吗？有口饭吃饿不死就行啦!”实行责任制以后，千家万户、男女老幼的劳动热情都迸发出来了。精耕细作、选用良种，不但种满了田，连田埂地边都种上了庄稼。地里缺了苗，不吃饭、不睡觉也要想办法补上。中耕除草，施肥浇水，防治病虫，每项农活都管理得非常细致。玉米生长健壮，穗大粒饱，精收细打，粒粒归仓，玉米实现了连年增产。依靠科技进步、增强物质投入，特别是确定玉米在饲料中的主导地位，玉米生产稳步发展。

3）窖水微灌激发旱地农业潜力。旱作玉米是我国玉米种植的重要特点之一。我国3亿多亩玉米有2/3分布在从东北斜向西南的半干旱和半湿润易旱地、丘陵旱地和没有灌溉条件的平原旱地。纳蓄天上水，保住土中墒，经济有效的利用自然降水，是旱作玉米运筹栽培技术的关键。旱地窖水微灌法是20世纪90年代兰州大学赵松岭教授主持创造的旱作玉米蓄水栽培法。方法是根据地形和降水流向，农民在自家门口、道路旁、荒坡下、沟口边或其他便于蓄水的地方修建蓄水窖或人工制作径流面以便蓄积雨水。窖形可以多种多样，根据土体质地建成盖碗窖、棒槌窖、南瓜窖等形式，以圆形直立封闭式水泥衬砌窖壁，供水时根据地势采用暗管自动压力输水法或机械提灌管道输水法，灌溉时采用软管移动式注射法、耕层埋草渗灌法和膜下膜管喷灌法。该技术在甘肃、宁夏、陕西等旱作地区进行了推广，基本形成了“以建窖蓄水为龙头，节水灌溉技术为核心，两高一优种植为内容”的旱作蓄流节灌农业体系。宁夏固原县倪家壕村，1994 年建窖 58 眼，一场 20 分钟的阵雨即灌满窖，在连旱 7 个月，干土层深达 30 厘米的情况下，保证了全村 120 亩农田适时灌溉并获得丰收，窖灌玉米比旱地玉米增产 3 –5 倍。宁夏海源县冯川村 27 户农民修窖 48 眼，窖集雨水 1 600 立方米，除满足人畜饮水外，还保证了粮食和经济作物灌溉用水，玉米亩产 300 千克。甘肃榆中县北山村海拔 2 300 米的丘陵旱地，年降水量仅 60 ~80 毫米。当地农民在 30° ~40° 的陡坡上筑窖蓄水，接纳冬春雨雪和夏季降雨径流，并在窖底部接出细小的橡胶软管引入田间，依靠坡度水位差自然压力，在作物关键生育期进行根区渗灌，每窖可供 3 ~5 亩农作物生育期蓄水，粮食作物也由过去的每年只能种一季作物亩产仅 100 千克，发展成为小麦玉米一年两季且春小麦亩产 200 千克和春玉米亩产 200 千克的高产典型。

4.3.2 从地里刨到机器跑

（1）传统技术推动面积扩张

玉米于 16 世纪初期传入中国，是在人口压力下以“救荒作物”而迅速扩大的，所以相当长的时期只在不宜稻麦和谷菽等作物地区才种植玉米，耕作粗放，广种薄收，直至距今 100 多年左右，玉米才发展成为主要粮食作物后，才逐渐发展起比较系统的传统的精细农艺。玉米传统的栽培技术主要包括以下几个方面：

1）选用良种。玉米传入中国后，劳动人民精心选择培育出许多新品种。玉米有“黑、白、红、青、诸色，有粳有黏”，有“白、蓝、紫之不同色”。从 1 月至 12 月，可以播种各类不同熟育期的玉米，最早熟者“快包谷”生育期仅 60 天。贵州的玉米品种有“九子包谷、黏包谷、糯包谷、红包谷、黄包谷”；陕西的有象牙白、筒子黄、火坑子、野鸡啄、乌龙早等。其中，野鸡啄为“高山所种，苗长二三尺许，结包至低，稚可啄食”；与河谷盆地种植的“高至丈许”的玉米品种相比，植株低矮，果穗着生部位低。乌龙早是适应高山地区气候条件种植的早熟品种，还有一种“六十日早”的极早熟品种，可以预防低温灾害，提早成熟。古人特别注意玉米留种的方法，一般“采种于丰收田，择完好之穗十分成熟者，去其首尾，采中部之粒藏之”；或“每年留种时，穗之大者晒之，晒后捆把，挂在屋中，种时将籽取下，再采大者为种，小籽丢下”。当发现“玉米种之既久，收获渐不如前”的品种退化现象时，即需另换新种。针对不同地区之间的引种，“种之佳者，购之北方，因北方之种，成熟早而性能耐寒，移植稍暖之地，更可茂盛也。若以南方之种，种于北方，不但成熟较晚，且需试种数次，方与北方之土性相宜”。

2）整地施肥。玉米“植宜山土”，而“黄子包谷、白子包谷宜种沙地，快包谷宜种水地”。黄子包谷因为植株高大，果穗更大，其熟亦略晚，尤宜植于山田。“下种时用牛马粪、猪粪、鸟粪一大握，和种子并纳穴中，则结穗多而生长亦速。至叶长数寸再雍之”。或用“木灰、石灰膏各等份，相和。每穴用一大握，种子即播于其上，种毕覆以土”。

3）田间管理。玉米有“三月点种”和“谷雨种玉黍”。豫北地区玉米播种期要根据玉米品种和土质决定。沙土地“于立夏断风前五日种之，则苗不为沙石所打，而能早熟”；低洼地种“快包谷伏前熟，涝水之患弗及也”。“六十日快包谷，七月种，九月初熟。他谷已晚，快包谷熟期绰绰有余”。“冻包谷，九十月间土壤未冻时，预先将地耕熟，到冬至前一日，将包谷子种入土中，使谷子得半元阳之气，明年小暑即熟，旱蝗俱不能灾”。豫北地区玉米播种前种子处理技术：“用家藏雪水，浸少许时，捞出晾之，晒后播于地中。雪为五谷之精，即可发苗，又能杀虫，故年年多藏雪水”。玉米一般“三月点种，每棵须三尺许，种二三粒，苗六七寸，去其苗弱者，留壮苗一株”；或“每穴下种五粒，每畦只种一行，发芽后，去其弱者，择肥壮之干留之”；或“穴之疏密，与畦背之宽狭，因玉米之种类而异。长出之枝，高而长者，则畦背宽，而穴亦疏；低而短者，则畦背狭，而穴亦密”。

玉米出苗后要加强管理。玉米出苗后，用锄松土去草，两次或四次，直至玉米开花抽穗为止。初次用锄入土宜深，及玉米根长大，则逐渐减浅，不要将四面盘根周围的肥料搅起来。天晴宜勤锄，因下雨则土融，锄之则土黏成饼，反而有害。玉米植株高大，很适宜与其他作物间作套种。玉米种法与种黍法无异，唯每株间距 66 厘米，稍长后即播大豆等于其间，也有玉米与棉花套种者。这些显示了玉米间套混种多熟高产的栽培技艺。玉米的种植由丘陵、山地发展到平原，由粗放耕作逐渐发展到精耕细作。

（2）病虫害防治为玉米产量保驾护航

中华人民共和国成立后，农作物病虫害防治研究工程提到重要日程。玉米螟是玉米生产上危害最严重的虫害。据估算，春玉米每年损失产量 7% ~10% 大发生年份高达 20% ~30%；夏玉米损失产量 10% ~15% 或更多。玉米螟寄主种类很多，除危害玉米外，也危害谷子、高粱、棉花等作物。

1959 年，中国农业科学院邱式邦及其助手周大荣、魏鸿钧、董慧芳等系统开展了玉米螟防治工作。他们通过对玉米螟危害习性的研究，查明玉米在抽雄前，绝大部分玉米螟幼虫生活在玉米心叶的缝隙内，是防治的最佳时机。理想的心叶期杀虫剂不仅在施药当时要与虫体充分接触，在施药以后的较长时间内，也应继续分布在玉米螟经常活动的部位，而不受玉米叶片生长的影响，使陆续侵入的幼虫都能接触到药剂而致死。邱式邦等比较了毒土防治和颗粒剂防治的优缺点，研究了颗粒剂的特性，比较了颗粒剂和液剂施用后在心叶中位置的变化，最后确认颗粒剂的杀虫效果最好。因为颗粒剂在玉米心叶中能逆玉米叶片生长方向移动，在较长时期内能与玉米螟幼虫接触，即使玉米抽雄穗后一部分玉米螟在叶鞘内或经叶鞘钻入茎秆时，药剂仍能发挥杀虫作用。研制的 5% 滴滴涕和 1% 林丹 666 颗粒剂，不仅能防治一代玉米螟，还可兼治二代玉米螟。防治春玉米螟害以玉米心叶末期、第一代螟卵高峰出现后，田间卵块即将绝迹时为撒施颗粒剂最适宜时期。

邱式邦通过一系列试验，证明了玉米不同生育时期玉米螟成活率的差异性。早期发生的螟虫成活率低，因此田间产的螟卵虽多，实际成活危害的螟虫并不多，后期产的螟卵成活率高，危害性大，因此适期晚治效果更好。防治玉米螟工作中，不能单独用害虫发生情况和发生数量来确定防治的必要性和防治时期，必须考虑害虫与作物的关系。

（3）异地培育与南繁加速育种进程

农作物异地培育是利用我国南方温暖的气候条件，把农作物育种材料夏季在北方种植一代，冬季在南方再种植一代或两代，这样南北交替种植，一年繁殖2~3代，加速世代繁育，缩短育种年限，加快繁育进程。农作物异地培育理论的研究和创立是从玉米育种工作开始的。农业生产一般是一年作为周期，选育一个玉米杂交种，从杂交、选择、评比、直至应用到大田生产，至少需要7~8年。

20世纪50年代初，河南农学院的吴绍骙教授在地处中原的郑州主持玉米育种工作，曾是他的学生的程剑萍，在地处亚热带的广西柳州进行玉米杂交育种试验。他们彼此交换育种材料，互相帮助种植。吴绍骙当年秋季收获的玉米材料，程剑萍在广西当年秋季或冬季种植，这样两年可以繁育4~5代。吴绍骙教授受此启发，思考把北方玉米材料送到南方繁殖加快玉米种植创新、丰富杂交资源、缩短育种周期、加快种子繁育进程的方法，并与广西柳州农业试验站的程剑萍、河南省农业科学院的陈汉芝合作开展“异地培育玉米自交系”的研究课题。1956年选用20个品种208个果穗的种子在郑州试种；1957年将每一个自交果穗分成3份，其中两份分别种在河南郑州和广西柳州，进行自交和选择，考察第一代的生育期、抽雄期、株高、穗位以及雄穗性状，经连续四年观察分析发现：北方的玉米材料可以在南方正常生长，并成功的培育成自交系，把自交系引种到北方后仍能正常开花结实；异地培育可以加速玉米自交系的时代繁育，并不影响自交系的植物学性状；自交系配合力能继续保持下去，用自交系配制的玉米杂交种，在不同地区种植均表现良好地增产效果。

为进一步查明异地培育对玉米自交系配合力的影响，吴绍骙教授等继续在两地对所培育的自交系进行详细观察，结果发现：同一自交系在两地自交数代后，再与同时在郑州种植的加以比较，两组的植株形态没有明显差别，即在南方选育的材料移至北方后仍可以正常生长；不同植株选出的自交系在配合力上存在着差别，但同一自交材料不因异地培育而受到影响。这就从理论和实践上为玉米开展异地培育铺平了道路。

1960年1月，河南农学院吴绍骙等联名发表《异地培育对玉米自交系的影响及其在生产上利用可能性的研究报告》，详细阐述异地培育玉米自交系的理论依据及其结果。1960年2月，在“全国玉米科学研究工作会议”上，吴绍骙做了《关于多快好省培育玉米自交系配制杂交种工作方面的一些体会和意见》的报告。1961年12月在湖南长沙召开的“全国作物育种学术讨论会”上，吴绍骙正式提出《进行异地培育以丰富玉米自交系资源》的可行性建议。玉米异地培育的理论和实践受到中央农业部的重视和学术界的肯定。从20世纪60年代起，北方许多农业科研单位先后开展玉米异地培育工作，促进了南繁工作的兴起，在广东、广西特别是海南等地，繁殖的玉米材料获得了预期的结果。70年代米北方很多科研单位先后在海南省建立永久性的育种和繁殖基地。异地培育理论的创立和应用，加快了玉米育种世代的繁育速度，对加快我国农业的发展和提高产量做出了重要贡献。

（4）科技开发玉米高产创新高

玉米高产研究标志着玉米栽培研究从个体性状转向群体性状，从生物学研究深入到生理学研究，从单项措施效应转向综合措施效应。科技开发则是对已经研究成熟的科学技术进行引进、组装、推广、深化等应用和发展的活动过程。20世纪80年代开始，全国各地纷纷开展大部分玉米科研人员投身农业区域综合治理，采取内外结合、点面结合，开展玉米高产开发研究活动，在理论和实践的结合下推动玉米高产稳产。吉林省农业科学院和黑龙江省农业科学院李维岳、谭国强等主持《松嫩平原玉米主产区高产稳产耕作栽培技术体系》项目，重点研究了不同玉米品种的生物学特性及其配套栽培技术。陕西省农业科学院鲍巨松主持的《渭北旱塬春玉米规范化栽培技术体系研究》，总结出蓄水保墒、垄沟种植、地膜覆盖技术，推广适期早播、选用耐旱耐瘠稳产品种等抗旱增产技术。山西省农业科学院王文学主持了《高寒地区以玉米为主的高产作物开发》等项目。山东省莱阳农学院玉米栽培专家刘绍棣主持玉米高产开发项目，总结出“一换、二增、三坚持”综合配套技术，即更换普通型杂交种为紧凑型杂交种，增加密度和增施钾肥，坚持套种和配方施肥及科学管理的技术规范，充分发挥各项技术的独立增产作用和相互联系、相互联系、共同增产作用。中国农业科学院佟屏亚“八五”期间主持农业部重点项目：北方地区小麦玉米两作高产高效综合栽培技术体系的研究。首先是抓紧凑型玉米高产示范样板，1 000 多亩夏玉米平均亩产 604 千克，总结出夏玉米“一换（更换紧凑型高产良种）、二增（增加密度和肥料）、三改（改进种植方式、施肥技术和灌溉制度）”的高产措施。河南省连续 20 多年实施玉米高产、稳产、优质、低成本的研究与推广攻关项目，开展玉米高产理论和综合开发研究。玉米专家先后主持或参加了夏玉米增产途经研究、河南省玉米生态类型区划及栽培技术规范化研究、玉米去雄剪雄研究、不同株型玉米杂交种的最佳群体结构研究、黄淮海平原中低产地区夏秋粮均衡增产综合技术研究等。

玉米科技开发的显著特点：一是各种学科以及各种措施之间交叉渗透，从而产生叠加效应；二是技术科学和社会科学的交汇融合，显示出人的宏观决策促进技术的增益效应；三是计算机应用渗入有关学科和领域，把科学、经验、智力融入一个系统或模型中。玉米高产科技开发取得令人瞩目的成绩。它不仅综合组装和运筹各项适用技术，而且把各学科、各部门的科技力量组织起来，形成一个以综合组装技术为龙头、以产量为指标，以农业产业化为方向的高产、优质、高效集约化栽培体系。

（5）全程机械化助推增产增效

农业机械化是指运用先进适用的农业机械装备农业，改善农业生产经营条件，不断提高农业的生产技术水平和经济效益、生态效益的过程。如在种植业中，使用拖拉机、播种机、收割机、动力排灌机、机动车辆等进行土地翻耕、播种、收割、灌溉、田间管理、运输等各项作业，使全部生产过程主要依靠机械动力和电力，而不是依靠人力、畜力来完成。实现农业机械化，可以节省劳动力，减轻劳动强度，提高农业劳动生产率，增强克服自然灾害的能力。

玉米播种机械化是指播种机械完成符合玉米播种农艺要求的全部作业环节的技术。主要内容有：开沟、播种、覆盖、镇压。按不同的播种时期分春玉米和夏玉米播种。春玉米主要适宜于一年一作区，播种方式为机械直播，在春季的 4 ~ 5 月。夏玉米种植适宜于一年两作地区，播种方式和时间为麦收前机械套种和麦收后机械直播。按播前对土壤处理方式，可分为传统播种、少耕播种和免耕播种。按播种量和播种方式可分为点播、穴播和条播。玉米播种机械化技术要求一次完成全部播种作业内容和技术环节，同时还要具有破土开沟、分草防堵、化肥深施、覆土镇压等功能，并要求保证播量适宜、深度一致、覆土严实、镇压适度等机械播种的质量要求，为种子萌发创造一个良好的种床环境。播种深度是机械化播种技术的一个关键质量因素，深度适宜，覆土均匀，有利于苗全、苗齐、苗壮；玉米播种深度主要根据土壤墒情和土壤质地来决定；播种深浅保持一致，可以提高群体整齐度，有利于均衡发挥群体生育优势。玉米机械化播种作业应注意：①播前对播种机进行调试。连接部位要紧固，传动部位要灵活，润滑部位要注油，按单位面积株数调整好总播量和行距。调整好施肥机构的施肥量，正常运转后再作业。②观察下种量是否准确。半精量播种一般每亩用种 1.75～2 千克，精量播种每亩用种 1 千克左右。观察是否定量、定位，有无空穴。化肥排量是否准确，排肥传动是否正常。如果发生故障，应立即停车排除，以免产生断垄、缺苗。③控制播种作业速度和播种深度。墒情好的地块覆土厚度 4～5 厘米，墒情差的覆土厚度 5～6 厘米，化肥深度在种子下 5～6 厘米。机械式播种机作业速度一般为每小时 4～6 千米，气力式播种机一般为每小时 8～10 千米。④经常观察和检查开沟器、覆土器、镇压器的工作情况，如开沟器和覆土器是否缠草和壅土，开沟深度是否一致，种子覆盖是否良好，镇压器镇压强度是否适当。⑤播种过程中应注意使相邻行程之间（即衔接行之间）的行距尽量与行程内的行距保持一致。⑥田间因故停车时，应将播种机升起，后退一定距离再继续播种，以免出现缺苗、断垄现象。⑦播完一个品种，要认真清理种箱，严防品种混杂。

黑龙江省是我国重要的玉米主产区和生产基地，玉米总产、人均占有量、商品化率均居全国前列。玉米生产在黑龙江省农业中占有举足轻重的地位，对我国粮食安全及国内玉米市场有较大影响。黑龙江省玉米生产中整地环节基本实现了机械化作业，但播种、中耕锄草、收获环节仍是主要以人工投入为主的生产模式，玉米机械化耕作栽培技术的研究与应用尚处在起步阶段，机械化程度较低，致使劳动生产率、土地产出率、先进栽培技术的普及率提高缓慢，生产成本居高不下，经济效益一直在低水平上徘徊，制约了农业和农村产业结构的合理调整，影响了农民收入的提高。玉米全程机械化可实现节能、降耗、增效，玉米生产的综合效益明显提高。此外，玉米机械摘棒、脱粒、秸秆抛撒一次完成，有利于发挥大马力机群机械化作业，生产效率提高的同时，可减轻劳动强度，节约劳动力，增加农村家庭收入。从发展玉米生产，保障玉米优质、高产、高效和玉米供给安全的目的出发，玉米全程机械化耕作栽培技术的研究与推广是促进农业增效、农民增收的需要。

粮食作物是农作物中的主导作物，也是农业的基础。世界粮食作物种植面积约占农作物总播种面积的85%。粮食作物是人类主要的食物来源，粮食作物的发展历程是人类认识作物、驯化作物、改良作物的过程。随着社会的发展，栽培粮食作物逐渐从为人类提供粮食和副食品，维持生命的需要，逐渐演变为为食品工业提供原料，为畜牧业提供精饲料和大部分粗饲料，进一步拓宽了粮食作物的用途。

5 经济作物

古人云："一日不再食则饥，终岁不制衣则寒"，可见经济作物与人类生活息息相关。经济作物又称技术作物、工业原料作物，是具有某种特定经济用途的农作物。经济作物通常具有地域性强、经济价值高、技术要求高、商品率高等特点，对自然条件要求较严格，宜于集中进行专门化生产。经济作物具有特殊的使用价值，许多产品是人类生存最基本、最必需的生活资料，直接关系到人类饮食、穿衣等。经济作物对我国工业尤其是轻工业的发展有着举足轻重的作用，同时也是出口、创汇、增加国民经济收入的主要来源。通过农业生产结构调整，加快经济作物生产，促进我国外向型农业的发展，增加先进技术设备的进口，是加快国家工业化和实现农业现代化的有效途径。因此，经济作物的生产对整个国民经济的发展和社会稳定起着十分重要的作用，发展经济作物是农业增效、农民增收的重要途径。

5.1 棉花

棉花是一个古老而重要的经济作物。棉花何时开始被人类利用已难以考证，根据已发现的资料推断，可能在有文字记载前数个世纪已被人类用作纺织和衣着原料。20 世纪初，棉花纤维已取代羊毛、丝、亚麻等纤维，在世界范围内成为衣被天下的重要原料。20 世纪 30 ~ 50 年代，人造丝和化学纤维先后兴起，产量和消费量迅速增长，使棉花及其他自然纤维的生产和消费受到冲击。随着时间的推移，人们逐渐认识到棉花及其他天然纤维具有吸湿、透气、保暖、不带静电等优良特性。尤其是随着人们生活水平的提高，人们对棉纤维的喜好也不断增强。

5.1.1 棉花的引入、传播与发展

（1）棉花的引入与传播

棉花在植物分类学上属于锦葵科的棉属，现在已经知道这一属中有 30 多个种，有乔木、灌木，有一年生或多年生草本植物。在为数众多的野生棉中，有四种被人类长期选择进化成为世界各地种植的栽培种，分别是亚洲棉、非洲棉、陆地棉和海岛棉。

亚洲棉原产于印度，非洲棉原产于非洲，陆地棉和海岛棉原产于中南美洲。中国不是棉花的原产地，棉花是由国外经南路和北路两个途径引入中国。从南路传入的是亚洲棉，由印度经缅甸、泰国、越南传入我国西南和南部的云南、广西和海南及闽广等地，再传到珠江流域，然后再向北跨越五岭传向广阔的中原内地棉区，直至辽河流域，遍布中国南北。亚洲棉在我国种植历史悠久，已形成我国的地理种系，一般将其称为“中棉”。亚洲棉在我国种植范围也十分广阔，在长期的栽培过程中，由于地理生态条件、自然演变和人工选择的作用，形成了形态各异的大量地方品种。从北路传入的是原产非洲的非洲棉，亦称草棉，由阿拉伯地区经伊朗、巴基斯坦传入中国新疆，再由新疆传入甘肃到陕西。非洲棉在我国历史上对西北地区的植棉业发挥了重要的作用。亚洲棉和非洲棉与陆地棉相比，由于产量低，且纤维品质不适合于机器纺织，从 20 世纪 50 年代起种植面积不断缩小。陆地棉引进中国较晚，1865 年，由英国商人最早带来少量的陆地棉在上海试种。清代湖广总督张之洞于 1892 年从美国引进较大量的陆地棉种子在湖北省多地种植。随着中国纺织工业兴起，由于亚洲棉纤维粗短，不能适应机器纺织的需要，因此，以后又多次从美国引进陆地棉品种，在主要棉区试种推广。到 19 世纪 50 年代，陆地棉已基本取代了曾广泛种植的亚洲棉，成为现在普遍种植的对现代棉业贡献最大的棉种。海岛棉最先引入中国云贵高原和华南沿海部分地区种植，至于海岛棉最早传入我国的时间与途径有多种说法，未能定论。

公元前 3 ~ 3 世纪是棉花传播到我国的初期阶段，植棉业和棉花纺织只限于在海南岛、滇西和新疆等边疆地区发展。3 ~ 12 世纪，我国棉花已发展到岭南、闽北、川西等地，而在内地几乎不生产棉花。13 世纪长江流域和黄河流域已种

植棉花，从14世纪起，棉花已扩展到长江域和黄河流域各省，后又传到东北辽河流域地。

（2）棉区的划分与调整

我国棉区分布辽阔，1940年冯泽芳根据1934～1936年全国棉花区域试验及西南各省1939年棉花区域试验结果，将全国棉区划分为三个棉花适应区域，即黄河流域棉区、长江流域棉区及西南棉区。

1956年，冯泽芳根据全国棉花分布情况和气候、地理等条件又进一步将我国棉区划分为五个棉区，即黄河流域棉区、长江流域棉区、辽河流域棉区、西北内陆棉区和华南多年生棉区。由原划分的三个棉花适应区新增辽河流域棉区及西北内陆棉区，并将西南棉区改称为华南多年生棉区。1959年中国农业科学院棉花研究所主编的《中国棉花栽培学》肯定了上述五大棉区的划分，并将辽河流域棉区更名为特早熟棉区，将华南多年生棉区更名为华南棉区。同时提出每个大区可以分为几个副区的设想。

1980年，中国棉花学会召开的全国棉花种植区划和生产基地建设学术讨论会再次肯定全国五大棉区的划分，并就植棉面积较大的黄河流域棉区和长江流域棉区以及极具开发潜力的西北内陆棉区的自然生态条件与棉花生育特点等地域差异，进一步划分为若干亚区。将黄河流域棉区划分为华北平原、黄准平原、黄土高原及京、津、唐四个亚区，将长江流域棉区划分为长江上游、长江中游、长江下游及南襄分地四个亚区，将西北内陆棉区划分为东疆、南疆及北疆——河西走廊三个亚区。20世纪80年代，中国农学会、中国农业科学院棉花研究所、中国农业大学等单位根据各地的生态条件、棉花品种生育特点及生产布局的演变，在黄河流域棉区和长江流域棉区的亚区划分上又进行了修正，将黄河流域棉区划分为华北平原、黄准平原、黑龙港、黄土高原及京、津、唐五个亚区，将长江流域棉区划分为长江上游、长江中游沿江、长江中游丘陵、长江下游及南襄五个亚区。中国棉花种植区域划分如图5－1所示。

我国五大棉区由南向北分属北热带、南亚热带、中亚热带、北亚热带、南温带和中温带6个不同气候带，生态条件呈现有规律的变化。大体上说，热量资源由南向北逐渐降低，降水量从东南向西北渐次递减，日照时数南北棉区相差近1

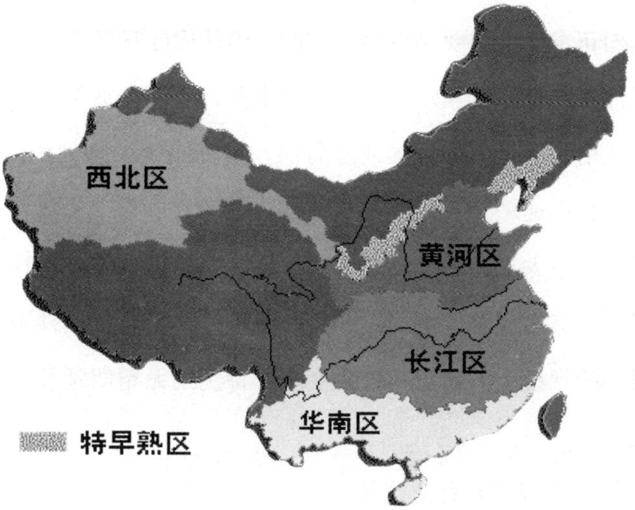

图 5－1　中国棉花种植区域划分

倍，海拔高度东西棉区相差近千米。东部主要是平原和丘陵，西部大都是高原和盆地，存在着明显的地域性。五大棉区生态条件的地域组合差别较大，不仅各棉区的宜棉程度不同，而且适宜的棉花品种类型、耕作栽培特点、主要病虫害的发生危害均呈现一系列有规律的差异。

生产上，常把华南棉区和长江流域棉区统称为南方棉区；把黄河流域棉区、特早熟棉区以及西北内陆棉区统称为北方棉区。华南棉区是我国最早引种并发展棉花生产的地区，有 2 000 多年的植棉历史，在以往相当长的一段时期内一直是棉花主产区。1949 年华南棉区棉田面积一度占全国的 18%。本区热量资源丰富，雨水多，但日照条件差，病虫危害严重。其土壤一般为赤红壤和砖红壤，较黏重，普遍呈酸性、强酸性反应。宜栽种中熟海岛棉或中晚熟陆地棉。可一年三熟种植。目前已成为零星产棉区。长江流域棉区属亚热带湿润气候区，热量条件较好，年降水量 800～1 200 毫米，年日照时数 1 200～2 400 小时。春季和秋季多阴雨，常有伏旱。土壤在平原地区以潮土和水稻土为主，肥力较好；丘陵棉田多为酸性的红壤、黄棕壤，肥力较差；沿海有大片盐碱土。实行粮棉套种，一年两熟或多熟。是我国三大主产棉区之一。黄河流域棉区属暖温带半湿润季风气候区，本区水热条件适中，春秋日照充足，有利于棉花早发稳长和吐絮。虫害及枯黄萎病较重。实行一年一熟或粮棉两熟套种。是我国三大主产棉区之一。缺水和生态条件脆弱是其棉花发展的主要制约因素。西北内陆棉区日照充足，气候干燥，温差大，有利于棉花稳长和吐絮。但土壤地力瘠薄，水资源贫乏，限制了棉花生产的发展。适宜栽培中、早熟陆地棉或海岛棉。实行一年一熟种植。20 世纪 90 年代以来，棉田面积迅速增加，已成为我国棉花生产的重心。北部特早熟棉区日照较为充足，昼夜温差大，有利于棉花多结伏桃。但热量条件差，秋季温度下降过快，易遭低温冷害，霜后花比例大。一年一熟种植。受热量条件限制，棉花生产只能保持在很小的规模上。而近年气候变暖，特别是无霜期延长，有利于提高产量并改善品质。

（3）三大棉区形成三足鼎立之势

随着我国社会经济的发展及科技的进步，促成了我国棉花生产迅速发展，植棉区域必然相应变化。主要是向植棉效益高、科技作用大和自然生态更适宜的区域集中，西北内陆棉区迅猛发展。由此，形成西北内陆棉区、长江流域棉区和黄河流域棉区三足鼎立的现状。

1）西北内陆棉区的崛起。西北内陆棉区主要是新疆广大棉区，包含甘肃河西走廊。它的崛起正是自然生态、社会经济和科技进步三重因素互相结合共同促进的结果。既是历史的机遇，又是发展的必然。1980 年，中国农业科学院棉花研究所等 8 个单位组成新疆棉花考察团，对新疆的植棉优势、布局及发展前景提出分析与建议。建议巩固调整北疆棉区，使之成为早熟陆地棉基地；大力发展南疆棉区，逐步建成全国最大的优质陆地棉基地和唯一的长绒棉基地。认真实施扶植棉花生产的各项政策；棉田合理布局，适当集中，建立基地，逐步实现专业化、规模化；加强棉花生产基本条件建设，改善棉田水、肥、土的状况；积极运用先进植棉技术，实行科学种棉。并预测新疆棉花生产将迅速发展，成为我国最大产棉省（区）。30 多年来的实践表明，上述分析、建议和预测正确可行。在各级领导、各地科技人员和广大棉农的积极努力下取得了巨大进展。据农业部 2007 年统计，西北内陆棉区植棉 186.19 万公顷（其中新疆占 178.26 万公顷），占全国棉田面积 31.4%；总产棉花 314.22 万吨（其中新疆占 301.27 万吨），占全国总产的 41.2%，棉花平均单产 1 661 千克/公顷出此可见，西北内陆棉区已成为我国新兴的大棉区，而新疆则是我国植棉面积最大、棉花总产最多和棉花单产最高的省（区），棉花生产集约化、规模化和科学化程度最高。

2）长江流域棉区和黄河流域棉区在调整中发展。近年来，尽管长江流域和黄河流域棉区的一些地方棉田缩减，但这两大棉区仍存在许多植棉优势区域，如长江中下游沿江沿湖平原与丘陵地带，下游沿海滩涂地等；黄河流域的黄淮海平原，各支流的河谷平原，滨海与内陆的盐碱地与旱地等。这些区域自然生态条件宜于植棉，粮棉争地矛盾较小，植棉效益较好。再者，这两大棉区正是我国纺织工业基地所在，纺织行业对植棉业的拉动作用较为明显；而且，两大棉区的科技力量强大，科技创新对棉业的促进作用十分显著。在我国加入世贸组织后纺织品出口大增，对棉花需求紧迫的大形势下，长江和黄河流域两大棉区有很大的发展空间，仍将作为我国主要棉花生产区域而存在并发展。

3）三大棉区三足鼎立。西北内陆棉区尤其是新疆棉区尽管近期发展迅速，取得了巨大成绩，但也存在一些不足之处与限制因素。不利的自然因素，如盐碱、风沙、霜冻和秋季降温快，以及病虫害蔓延危害等，仍然影响植棉业发展；土地与水资源虽然较丰富，但绝不能无限开发用于植棉。更重要的是必须考虑粮食安全和农牧业的总体持续发展，还必须做到资源节约与环境友好。由此可见，西北内陆棉区不能无限扩展造成我国棉业的一统天下，长江流域和黄河流域两大棉区必须继续存在和发展，我国三大棉区三足鼎立的格局正是顺理成章的事。三大棉区优势互补，丰歉相济，共同促进我国棉花生产持续稳定发展。农业部提出的“提中、稳南、拓西”的发展战略，即提高黄河流域棉区的生产水平，稳定长江流域棉区的棉田面积，适当扩大西北内陆棉区的棉花生产。这是正确的，可行的。相信三足鼎立状况在相当长的时期内将继续下去，并获得上佳结果。

（4）棉业发展的新时代

我国有2 000多年的植棉历史，其间经历了漫长而曲折的历程。从中国棉业发展史中可以看出，20世纪初以来是中国棉业及其科学技术迅速发展的时期，在这100多年中则以中华人民共和国成立以来的60多年发展更为迅速，而在这60多年中又以近改革开放30余年进展迅速，成就巨大，为世界所瞩目。1978年，中共十一届三中全会确定了改革开放的方针，极大地促进了经济建设的发展，也推动了我国棉业的突飞猛进。同时，改革开放催生了1979年中国棉花学会的诞生，并指引了中国棉花学会在我国棉花生产与科技发展中发挥积极作用。由此，改革开放30余年，大体也是中国棉花学会成立30余年，创建了中国棉业的黄金时代。

发展经济的根本目的在于提高人民的生活水平。30多年来，随着棉花生产的迅猛发展，我国人民衣着水平直线上升。首先是1982年我国棉花大增产，1983年在全国范围内取消了实行30多年的凭票证限量供应棉纺织品的办法，棉布和成衣都敞开供应。标志着国人的衣着问题已基本解决。现在，棉花、棉布及各种纺织品供应充足，品类繁多，听凭自由选用。据2008年统计，全国衣着类消费品零售总额为8 760亿元，人均1 014元，为1978年的46倍。该年全国生产服装600亿件，人均约46件。30多年前，人们多为一衣多季，现在则是一季多衣；以往衣着往往是众人一色，现在则是色彩缤纷。富裕了的人们，特别是青年人新衣不断，而且讲究色彩款式，追求品牌。30年多年来，我国已解决了13亿人的温饱问题，步入小康社会。穿衣、吃饭两项人生头等大事就在这短短30多年间妥善解决了。

5.1.2 品种的改良和更新

(1) 陆地棉取代亚洲棉

据国外记载，约7世纪，亚洲棉引入中国。传入中国后又称中棉。我国历史上长期种植的棉花主要是亚洲棉，由于其产量低，纤维短，不适于机器纺织，自19世纪末以后逐渐为陆地棉所代替，目前，我国生产上应用的棉种除少量的海岛棉外，几乎全部是陆地棉。美国种植陆地棉的历史较久，它的种植地区与我国主要产棉区纬度基本一致，自然条件相仿。我国最早于1865年从美国引种陆地棉，并且多次大量引种美棉，至今我国生产的用的主要品种很多是直接或间接来源于美棉。尤其是岱字棉15的引入，根据20世纪40年代末的引种试验，岱字棉15表现优良，适合我国种植，1950年，通过墨西哥转手，以13万美元买断的方式从美国引入岱字棉15共480吨种子，它表现出丰产性好（比当时生产品种增产15%～20%），衣分高（40%左右），适应性广而胜过其他品种，先在长江流域种植，后又推广到黄河流域，占当时全国棉田面积的 62%。1958 年我国推广陆地棉已占全国棉田的 98%，基本上取代了传统的亚洲棉，完成了历史性棉种更替，显著地提高了棉花的产量，促进了中国棉业的发展。根据陆地棉引入我国是农作物从国外引种的重要成功实例，对我国现代纺织工业和国民经济发展起到了重要作用。

（2）品种的多次更新

由于天然杂交和机械混杂等原因，棉花品种容易发生混杂和退化。随着棉花生产的发展和育种科技的进步，棉花品种要不断更新，其中大规模的作用明显的更新大体有 7 次。

1）第一次品种更换（1904 ~ 1948 年）。多批次引进陆地棉品种在黄河和长江两流域替换长期种植的亚洲棉。1904 年引入乔治思、皮打琼、奥斯亚等。1920 年引入脱字棉，1935 ~ 1936 年引入斯字棉 4 号，1946 ~ 1947 年引入德字棉 531，1947 年引入珂字棉 100 和岱字棉 14 及岱字棉 15，1947 ~ 1950 年引入斯字棉 2B、斯字棉 4A 和斯字棉 5A。通过这次品种更换，至 1948 年，陆地棉占全国棉田面积 61.2%，其余的棉田仍种植亚洲棉和及少量的非洲棉。

2）第二次品种更换更新（1949 ~ 1958 年）。引进陆地棉品种岱字棉 15 等更换以前引进的大部分陆地棉品种及其退化种。主要是引进岱字棉 15 在长江流域推广，引入斯字棉在黄河流域推广。适应现代机器纺织业需要并促进我国棉花品种丰产性和纤维长度的提高。由于这次换种，在不同地区棉花增产 10% ~ 30%，部分地区纤维长度增加 2 ~ 3 毫米。1958 年，我国推广的陆地棉已占全国棉田面积的 98%，几乎全部取代了我国种植长达 2 000 年的亚洲棉，是我国棉业史上重大变革。其中，自育品种占 8.8%.

3）第三次品种更换更新（1959 ~ 1964 年）。开始推广自育棉花新品种并更新岱字棉 15 复壮种。长江流域在更新岱字棉 15 复壮种的同时，推广自育新品种洞庭 1 号、鄂棉 6 号、南通 5 号、沪棉 204 等品种。黄淮棉区推广徐州 209，陕西推广 517 和泾斯棉。病区推广耐病品种中棉所 3 号。西北内陆棉区推广军棉 1 号，特早熟棉区推广黑山棉 1 号和朝阳棉 1 号。这次换种提高单产约 20%。

4）第四次品种更换（1964 ~ 1979 年）。以黄河流域为主推广的自育丰产品种、抗病品种和夏播短季棉品种。在长江流域推广了鄂光棉和岱红岱等，在黄河流域棉区推广鲁棉1号、徐州1818、徐州514、冀棉8号和豫棉1号等，抗枯萎病品种86－1在冀、鲁、豫及苏、浙推广，陕401在陕西种植。夏播短季棉品种中棉所10号等大河南、山东推广。由于这次换种，棉花增产10%～30%。

5）第五次品种更换（1980～1984年）。以长江流域为主推广的自育丰产品种。由于这次换种，不同区域棉花增产10%～30%。在长江流域推广了泗棉2号、南通棉5号、鄂棉6号、鄂沙28、鄂荆1号、沪棉204等品种，在黄河流域推广鲁棉1号、鲁棉2号、鲁棉6号、河南69、冀棉11等。抗枯萎病品种86－1继续种植，并开始推广中棉所12。具在代表性的品种是鲁棉1号，其推广速度之快、种植面积之大是建国以来自育品种之最。它比岱字棉15增产36%，1980年在山东省广为种植，随后迅速推广到河南、河北、山西、陕西等省和长江流域部分省区。1982年最大种植面积达211万公顷，至1984年，累计种植面积666.7万公顷。由于鲁棉1号对我国棉花丰产的重大贡献，1981年获国家技术发明壹等奖。但由于该品种纤维强度较弱，随后种植面积逐渐下降。至1981年，9个主要产棉省（区）自育品种占总面积82.8%，表明我国棉花自育品种在生产已占主导地位。

6）第六次品种更换（20世纪80年代初至90年代）。以抗病品种替换感病品种，中优品质品种替换品质较差品种。

在长江流域推广了泗棉3号、盐棉48、苏棉3号、苏棉8号、苏棉9号、苏棉12号、鄂抗棉3号等品种，在黄河流域推广中棉所12号、中棉所23号、中棉所35号、陕1155，豫棉15、豫棉19、冀棉24、冀棉668、鲁棉11等品种。

推广了优质抗病品种如中棉所17和中棉所19等，推广了夏播短季棉品种如中棉所16、辽棉9号等。值得一提的是此间培育和推广的中棉所12号品种，具有高产、优质、抗病、适应性广优点，先后通过7个植棉省区和国家审定，1991年推广面积达170万公顷，占全国棉田面积的29.5%。至1993年，累计推广733万公顷．并于1990年获国家技术发明一等奖。

7）第七次品种更换（20世纪90年代中后期至今）。主要以转基因抗虫棉和杂交棉替代常规棉品种。主要表现为从20世纪90年代中期从美国引入的转Bt

基因抗虫棉33B和随后国内育成的国抗系列品种迅速在黄河流域和长江流域推广，至2004年，全国抗虫棉种植面积达333万公顷，占全国棉田面积的60%，其中国产抗虫棉品种和杂交种占全部抗虫棉面积的62%，对控制棉铃虫危害，确保棉花增产发挥了突出作用。在长江流域推广了湘杂棉1号、湘杂棉2号、鄂杂棉1号、皖杂40、川杂4号、南抗3号等，在黄河流域推广中棉所29号、33B、DP99B、豫杂35、中棉所41、冀杂66、SGK_Z321、鲁棉研15、鲁棉研16品种。

1996年，美国孟山都公司在中国建立合资种业公司，引进转Bt基因抗虫棉33B，在河北等迅速推广，至1999年种植面积达35万公顷，成为继岱字棉15之后在我国种植面积最大的第二个国外品种。

（3）品种类型的多样性

目前，根据社会需要和各地的生态条件，我国绝大部分棉区主要种植陆地棉。在新疆南部和东部棉区有一部分海岛棉。为满足不同的生产条件，又培育出众多的陆地棉品种类型。

由于种植区域和种植季节的气候条件尤其是温度条件的不同，各地棉花品种的生育期有一定差异。目前品种主要有早熟棉和中熟棉，中熟棉品种中又分出中早熟棉类型。早熟棉品种种植105～115天，主要在特早熟棉区和北疆棉区一年一熟种植，或在黄河流域作为夏播棉种植。中早熟棉品种115～125天，主要在黄河流域作为两熟套作种植。中熟品种种植115～135天，主要在长江流域棉区种植。

为利用棉花的杂种优势，利用亲本配制杂交组合生产杂交种，产量一般可增加15%左右。20世纪80年代在我国曾有一定的推广面积。至20世纪90年代，随着抗虫棉品种的推广，利用亲本有抗虫棉品种，生产的杂交种具有抗虫性能，则为杂交抗虫棉。如中棉29、鲁棉研15、豫杂35等。

棉花在其生长发育过程中会受到多种害虫的危害，其中棉铃虫是危害性最大的害虫。大量使用化学农药治虫，不仅增加了成本，而且严重污染环境，杀伤有益昆虫。随着生物技术的进步，国内外相继培育出转基因抗虫棉品种，植株体内能产生对棉铃虫及其他害虫具有毒杀作用的蛋白质，因而对害虫具有显著的抗性，在棉花生产上具有广泛的应用前景。转基因抗虫棉是指棉花细胞染色体上整合有外源抗虫基因的棉花品种。重点在于将外源基因导入棉花，为棉花遗传改良开创新途径。目前，所应用的抗虫基因主要有 Bt 和 CpTI 基因。1983 年，周光宇创用花粉管通道法将外源 DNA 导入棉花。后被广泛应用于棉花外源基因的遗传转化，并育成若干转基因品种。此外，还从国外引入农杆菌介导转化法和基因枪轰击转化法，也都获得了转基因的棉花材料。在 20 世纪 90 年代到 21 世纪初，分子标记应用于棉花育种辅助选择已有新进展，发现了控制纤维强度的主效基因及若干标记基因，可以解释 30% 的纤维比强度变异。特别是近几年，中美联合在世界上首次启动了陆地棉基因组测序研究，并取得重大进展，为棉花育种从传统方式向分子育种跨越展示了光明前景。

随着生活水平的提高，人类对纯天然、污染少的纤维有更多的喜好。天然彩色棉应运而生。天然彩色棉次生胞壁比白棉薄很多，而胞腔远远大于白棉，绿棉截面呈 U 形，胞腔约占 1/2；棕棉纤维次生胞壁和横截面比绿棉丰满，胞腔约占 1/3。白棉净占总面积的 1/6，白棉经过染色后，胞腔基本上被染料冲塞无胞腔。彩棉的胞腔始终存在着，汗水、微汗可通过胞腔自由排出和贮存热能，达到透气、保暖的效果。棉花纤维表面有一层蜡质，普通白色棉花在印染和后整理过程中，使用各种化学物质消除了蜡质，加上染料的色泽鲜艳，视觉反差大，故而鲜亮。彩棉在加工过程中未使用化学物质处理，仍旧保留了天然纤维的特点，故而就产生一种朦朦胧胧的视觉效果，鲜亮度不及印染面料制作的服装。彩棉服装除目前已有的棕色、绿色外，现在正在逐步开发蓝色、紫色、灰红等颜色，新疆中国彩棉的研究者们已从上千朵的试验品种上采到了一些蓝色、红色种子，在不久的将来就会有规模种植，产出蓝色、红色的彩棉。目前，彩棉的研发能力相对滞后，限制了彩棉规模化发展，表现为太单调，只有一两个颜色，而且非常暗淡；其次，纤维短粗，织出的衣物纤维牢度较差，容易出现“掉毛”现象。再次，彩棉有着颜色不稳定的特点。织物一遇到太阳久晒及汗液浸渍就会“掉色”，非常影响衣物的美观。彩棉如图 5 -2 所示。

（4）育种技术不断进步

棉花品种改良与棉种产业化良种是棉花增产的内因，一般认为良种对棉花增

图5-2 彩棉（左：棕色；中：白色；右：绿色）

产的贡献率为25%~30%。20世纪80年代以来，我国棉花品种改良与种子产业化工作获得巨大进展，在生产上发挥了十分重要的作用。

1）育种目标不断提高。30年来，生产和市场的需要以及科技的发展对棉花品种有了更高的要求，因而育种目标不断调整提高。最初着重丰产性、早熟性，之后强调纤维优势和抗枯萎病和黄萎病。到了20世纪90年代，抗虫性成为重要育种目标。进入21世纪，育种目标更为提高而多样，既有在高产（或超高产）、优质基础上对抗逆（抗病、虫、草及旱、碱等）与早熟短季棉综合性状的全面改进提升，又有对某项特需性状（如机采棉、超长绒棉、彩色棉等）的重点培育。育种目标正向着现代棉业需要的方向发展。

2）育种方法不断改进。中华人民共和国成立以来，我国棉花育种方法不断改进提高。从原先以引种和系统选育为主的方法，到20世纪80年代更多地采用杂交育种；渐后，更多地采用多种复合杂交的手段；到了90年代，培育杂交种利用杂种优势则更是跃进一步；90年代至今，生物技术引入棉花育种领域，并与传统育种相结合育成了一批转基因棉花。还有的将生化辅助育种与航天诱变育种等新的技术途径引入棉花育种程序，并取得进展。这一切表明，我国棉花育种方法从简单到复杂，从初级向高水平方向发展。而且棉花冬季南繁扩大规模，对缩短育种年限、提高育种效率有着积极的作用。

（5）棉花种业发展和种子产业化

种子是特殊的、重要的和不可替代的农业生产资料。1949年至今，包括棉花种子在内的我国种业发展大体上经历了四个阶段。即：1949~1957年的“家家种田，户户留种”阶段；1958~1977年的“四自一辅”阶段（农业用种主要由农业生产合作社自选、自繁、自留、自用，国家辅之必要的良种调剂）；1978～1994年的“四化一供”阶段（品种布局区域化、种子生产专业化、种子加工机械化和种子质量标准化，以县为单位统一供种）；1995年至今的“种子产业化”阶段。1995年9月召开了“全国农业种子工作会议”，提出了“实施种子工程，推进种子产业化”的工作方针。1997年3月，国务院发布了《中华人民共和国植物新品种保护条例》，2000年7月，全国人大发布了《中华人民共和国种子法》，标志着我国种子产业开始进入一个新的发展阶段。

我国棉花种子产业建设始于20世纪50年代，成为一个行业是在1978年开始建立的各级国有种子公司（站）。1985年开始的优质棉基地县（市）建设为实施棉花种子产业化奠定了良好基础，但这些均是在计划经济体制下进行的。真正以市场经济为导向，实施棉花种子产业化是在90年代中期，以1995年农业部在江苏省召开全国首次棉种产业化工作会议为标志。经过10多年的努力，我国棉花种子产业化的框架已基本形成。2011年5月9日，国务院在湖南省长沙市召开全国现代农作物种业工作会议，全面部署加快推进现代农作物种业发展各项工作。强调国以农为本，农以种为先，要认真贯彻落实《国务院关于加快推进现代农作物种业发展的意见》，坚持依靠自主创新，坚持发挥企业主体作用，坚持产学研相结合，坚持扶优扶强，把发展现代种业作为建设现代农业的战略举措，把良种培育作为农业科技创新的首要任务，把提高种子企业核心竞争力作为做大做强种业的关键支撑，把“建立产学研联盟、促进育繁推一体化”作为整合种业资源的重要切入点，努力建立与我国农业大国地位相适应、具有国际先进水平的现代种业体系，为推动农业稳定发展、农民持续增收，为保障国家粮食安全、促进经济社会又好又快发展提供有力支撑。这些政策的出台，为我国种业的发展提供了又一次良好的机遇。

（6）种子处理和加工技术的进步

棉花种子外被短绒，种子带菌，种子萌发、出苗和苗期生产均受到病虫的威胁。而且短绒还影响种子与土壤紧密接触，不利于种子吸水。也不便于播种，尤其是机械播种。不经处理和加工的种子直接播种，棉花种子出苗率和保苗率均较低。

很早以前，我国劳动人民就发明了一些简易种子处理方式，如毛子使用草木灰揉搓包裹，减少种子相互粘连，便于播种，并为棉苗生长提供一些营养；也有毛子采用温汤浸种，用 3 份开水对 1 份凉水，水温在 55～60℃浸种半小时，随后将水温降至 25℃，继续浸泡 6～8 小时。达到既高温杀菌，又适温浸种的目的。

随着科技的进步，科技人员又研究了棉子脱绒和包衣技术。20 世纪 80 年代，我国在优质棉区配置了一批棉花种子成套加工处理设备，对毛子进行浓硫酸脱绒、光子精选，再以含有杀菌灭虫药剂以及微肥等成分的种衣剂包衣，显著提高了种子的商品价值，有效减轻了苗期病虫危害，促进了成苗壮苗，为棉花高产奠定了较好基础。于 2000 年农业部发布并实施了 NY 400—2000《硫酸脱绒与包衣棉花种子》标准，规定了在棉花种子加工过程中毛子、脱绒子与包衣子的质量要求、检验方法。随后发现该项技术在应用过程容易出现诸如脱绒时间过长烧种，清洗不净烧芽等问题，且浓硫酸对环境污染问题也很突出。随后，科技人员又研究出机械摩擦脱绒，操作程序简便，不使用硫酸而避免了酸残留物对环境的污染，降低了生产成本，许多地方的商品棉子开始采用此法加工。但在使用中发现种子的残绒率和破损率比化学脱绒技术要高得多，而且对棉种的播种质量影响较大，出现棉花出苗期延长，出苗率降低，补种、毁种现象屡有发生。目前，专家们又研究采用泡沫酸脱绒技术，在一定浓度的硫酸中加入一定量的高效发泡剂和水，经搅拌混合发泡，泡沫液与棉子混合，经机械搅拌，泡沫酸充分渗透到棉子短绒中，接着对其烘干，棉短绒逐渐被其炭化，通过摩擦、撞击，短绒脱落形成光子，最后进行碱中和，将种子表面的残酸中和掉，残酸率≤0.15% 的为合格光子。于 2007 年农业部发布并实施了 NY 1384－2007《棉种泡沫酸脱绒、包衣技术规程》，规定了棉种泡沫酸脱绒、包衣操作程序。河南省于 1991 年首次示范种植脱绒包衣棉种 1.78 万公顷，当时由于加工技术、天气等原因，大田效果并不理想。直到 1995 年重新开始示范推广，1996 年应用面积 7.07 万公顷，1999 年达到 40.4 万公顷，2003 年达到 68.53 万公顷。近年来，全省棉种的脱绒包衣率超过 85%，在生产中发挥了越来越大的作用。棉花种子如图 5－3 所示。

图5-3 棉花种子（左：毛子；中：光子；右：包衣子）

5.1.3 棉花栽培技术的进步

（1）从直播到营养钵育苗再到无土（基质）育苗

过去，棉花播种均是采用露地直播。由于气候条件等的不利影响，棉花播种期推迟，发芽和出苗率低，保苗也较困难，易形成弱苗晚发。营养钵育苗移栽起源于20世纪50年代，系总结南方群众移栽补缺经验并经研究逐步发展起来的植棉新技术，并由南方扩展到北方棉区。到20世纪70年代中期只有约13.3万公顷。到了80~90年代，随着北方粮棉两熟的兴起和塑料薄膜在苗床上的应用，棉花育苗移栽快速发展。据1997年统计，全国棉花育苗移栽面积占全国棉田的40.3%。此后大体保持这一水平。由于育苗移栽可避开棉花苗期低温和冻害、干旱胁迫，提高抗逆防灾能力，提早播种延长了全生育期，推迟进入大田，有效缓解套种作物共生期复合群体争光争温争水矛盾，棉花立苗容易，一般增产10%~20%，而且能大量节约用种。

然而，由于营养钵采用有土载体进行育苗移栽，还不具备现代农业生产条件，加上技术退化，已不适应劳动力转移这一新的形势。近10多年以来，试图借鉴蔬菜方法解决棉花轻型简化育苗移栽问题，在核心技术取得了实质性突破。中国农业科学院棉花研究所毛树春等采用无土基质替代营养钵，裸苗移栽棉花成活率达到96.4%，并有增产、节本、省种和增效的功能。并成功研制半自动移栽机具，取得栽棉如同栽菜的良好效果。河南省农业科学院杨铁钢等试验以塑料穴盘为载体进行无土育苗，带少量基质移栽；2003年在民权、新野、扶沟三县示范2800公顷。与常规育苗移栽相比，该技术省工、省力，但对育苗、移栽环节要求严格，机械移栽尚未完全配套。湖南农业大学陈金湘教授等试验以多孔聚乙烯泡沫育苗盘为载体，在水体中漂浮育苗，也取得较好的效果。从总体看，几种新技术尽管途径不同，但方向正确，前景看好，但在移栽、返苗和发棵生长方面尚存在不足和风险，需改进提高。棉花育苗如图 5－4 所示。

图 5－4　棉花育苗（左：营养钵育苗；右：无土育苗）

（2）从露地栽培到地膜覆盖

1976 年，由山西省农业科学院棉花研究所首开地膜覆盖植棉研究之先河，是我国棉区由南向北、向西北成功转移的关键支撑技术，称之为“白色革命”。它有着明显的增温和保墒作用，还有抑制返盐、控制杂草、减轻病害等功效，从而有助于促进棉花壮苗早发，达到早熟增产的目的。特别在北方干旱棉区、早熟棉区及盐碱地棉田效果更佳。20 世纪 70 年代末在我国北方开始试验示范，80 年代初全面推广。尔后，发展迅速。到 2008 年，地膜覆盖棉田占全国棉田面积的 67.1%。在新疆更是普遍运用地膜覆盖植棉，几乎达到棉田面积的 99%，并发展形成“矮、密、早、膜”的棉花高产模式，从而成为近来新疆棉花持续增产的一项关键技术措施。尤其是近年来，在新疆棉区试验推广了膜下滴灌技术，其作用得到更充分的发挥。地膜覆盖被广大棉农称赞为“突破性的种棉新技术”，也是我国特有的棉花增产措施。目前，我国主产棉区基本形成了不（移）栽就盖（膜），不盖就栽或既盖又栽的技术格局。地膜覆盖和双膜棉具有早发早熟的功能，同时也存在早衰问题，特别是残膜污染，称之为“白色污染”。虽然强调回收，实际回收效果难以令人满意。虽已开发光解膜、淀粉膜和液体膜，但均因技术效果不如普通聚乙烯膜而未被应用。因此，探索寻找接替地膜覆盖的技术或产品是棉花科技急需攻克的重大任务。

图5－5　棉花覆盖栽培（左：地膜覆盖；右：膜下滴灌）

（3）从人控到化学调控

棉花是无限生长的作物，当肥水和温度等条件较适宜时，棉花易生长过快，形成旺长，但蕾铃脱落增加，影响产量。过去我国劳动人民采用深中耕断根、手捏控苗等措施控制棉花过快生长，但劳动强度大，效果也不佳。

我国棉花生产上应用化学调控技术可追溯至20世纪50年代初，当时主要应用赤霉素等控制蕾铃脱落，并进行小面积试用。20世纪60年代中期，应用矮壮素（CCC）控制棉花旺长，曾在生长上发挥过一定作用。但由于棉花对CCC反应较为敏感，在大田应用时容易控制过头、晚熟减产和降低纤维品质等，限制了其在生产上的进一步推广应用。20世纪70年代后期，针对我国南北棉区普遍存在的晚熟问题，研究使用乙烯利取得了良好的效果，可促进后期棉铃早熟，提高霜前花率。在棉麦两熟地区，还可及时腾茬种麦。迄今，乙烯利仍保持一定的使用面积。20世纪80年代，又试验了较多的新型植物生长调节剂，其中推广应用最为成功是缩节胺（DPC）。1980年由原北京农业大学（现中国农业大学）李丕明、何钟佩等进行试验研究，其效果明显优于CCC，不仅控制了棉株旺长，而且协调了棉花地上部与地下部、营养生长与生殖生长、个体与群体的关系，塑造理想株型，调节生育进程，提高棉花结铃率，多结桃、结大桃，增加优质铃，实现高产、优质和早熟。该技术被列为新中国成立以来棉花栽培技术的三大突破之一，很快被棉农接受，并在生产迅速推广。至1999年全国棉田DPC化控面积达

326.7 万公顷，占棉田面积的 84%。该项技术还不断完善，由不良生育状况下的被动控旺发展成按预定目标主动调控，形成了系统化控技术，在生产一直发挥重要作用。

（4）从单作到间作套种

我国人多地少粮棉争地的国情，在棉花合理区划基础上进行耕作制度改革，将棉花与粮食等作物进行间作、套种、复种等，实行两熟或多熟栽培，以争取粮棉双丰收势在必行。麦棉两熟种植在新中国首先出现在 20 世纪 50 年代的长江流域棉区，前茬除麦类外，还有油菜和蚕豆，采用年间轮作，目的以用地养地为主。随着棉花需求量的增加，加上育苗移栽技术的推广，到 20 世纪 70 年代后期发展较快，已发展到该区北缘的南襄盆地和淮河两岸，甚至到达黄河流域的豫东和皖北等地；到 20 世纪 80 年代初达鼎盛期，当时盛行棉花套栽，部分地方实行麦后移栽。到了 20 世纪 80 年代中后期，逐渐为油棉两熟或菜（瓜）棉替代，麦棉面积缩减到 30% ~40%。黄河流域棉区两熟种植制度自 20 世纪 60 年代进入试验，以麦棉套种为主，首先出现豫东南和淮河北部，逐步向北扩展，1976 年北方 6 省（市）麦棉两熟约占棉田总面积的 15%。随着棉花早熟品种和地膜覆盖技术的推广，在 20 世纪 80 年代中期进入快速发展时期时期，仅河南（含南襄盆地）、山东两省，1984 年达到 123.3 万公顷，占全国麦棉两熟面积的 57.2%；到 1988 年达到 133.3 万公顷，占该区棉花面积 60% 以上；随着进一步技术熟化和品种的更新，90 年代后成为该区主要种植模式。2008 年，麦棉两熟面积占 83.1%，覆盖在北纬 38 度“石家庄—德州线”以南，无霜期 200 天以上，≥15℃积温 3 900℃以上。据中国农业科学院棉花研究所试验，因日均温度增加，无霜期延长和降水量减少等气候趋势，加上新技术和早熟品种的推陈出新，麦棉模式可北移约 2 个纬度达到近北纬 40 度京津一带。随着两熟种植制度的日益成熟和发展，面向资源利用和种植效益的两大趋势下，中国耕作制度出现随国家政策和市场形势的调整，两熟进一步由粮棉二元型向“粮棉经”和“粮棉饲”三元或多元型扩展，实现了棉区种植制度多样化或多熟化，例如小麦/玉米‖棉花，小麦/白菜－棉花，小麦－绿豆（大豆）‖棉花，大（小）麦/蔬菜（莴苣、大蒜、洋葱）/棉花，小（大）麦－西（甜）瓜－棉花，形成不同区域高效的种植模式。棉花间作套种如图 5-6 所示。

图 5-6　棉花间作套种（左：麦棉套种；右：棉瓜间作）

（5）从精耕细作到轻简栽培

精耕细作是我国农业的优良传统和优势，过去适合我国人多地少的国情，相当长的一段时间对提高作物的产量起到十分重要的作用。尤其是棉花种植过程中，多次施肥、灌排水、中耕除草、精细整枝、防病治虫等管理措施是精耕细作的代表。目前，我国经济社会发展进入一个崭新的阶段，农村、农业、农民出现了一系列新情况和新问题。传统的棉花生产技术面临的新挑战，对规模化、轻简化、机械化和信息化等植棉技术提出了越来越迫切的需求。如何做到轻简栽培，实现快乐植棉已提到议事日程。

1）优化棉田种植制度。轻简种植制度是现代农业的发展方向。近几年，出现了改麦棉套种为麦后连作移栽的轻简型制度。在黄河流域棉区，采用工厂化育苗和机械化移栽，与春套水平相当。两熟连作在管理作业上更为简化，前作小麦机械化收获，接茬棉花可以实行机器整地、机械化播种或移栽。

2）简化精细整地，整地施肥和施除草剂一体化作业。现在，新疆生产建设兵团用旋耕机器翻地和耙地，先进的旋耕机翻地没有脊、沟和地头地边，高度差不大于 3 厘米，地平土细，大大提高了种植的基础水平，既方便了灌溉又节约了用水，且播种、覆膜、打孔、覆土实行一体化作业，工序减少。

3）播种覆盖机械化。目前，机械化播种在新疆棉区较为普及。机械化实现了精量和准确定位播种，还实现了播种、施肥、施除草剂、铺设滴灌管和地膜等多道程序的联合作业。一是精量播种，一穴播一粒精加工种子，出苗后不需疏苗、间苗和定苗；二是膜上打孔和覆土，自然出苗，不要放苗；三是滴灌技术的应用，可有效管理水分，简化了播种前造墒，把一播全苗技术集成组装到了极高水准，大大简化了管理程序。棉花机械化播种如图 5 - 7 所示。

图 5 - 7　棉花机械化播种

4）轻简育苗移栽与工厂化育苗和机械化移栽（图 5 - 8）。育苗移栽新方法分基质育苗移栽、穴盆育苗移栽和水浮育苗移栽等，均采用新型材料替代土壤。新方法或用基质，或用苗床，或用塑料穴盘替代营养钵土，育苗所需的水分和营养或来自基质或来自水体。新方法走集约化的路子，高密度育苗是最主要的技术特点，摆脱了土壤载体，为移栽仅依靠人工向机械化发展提供了可能。

5）简化施肥。缓控释肥是农业生产与棉花简化管理的新技术方向。控释肥料集合脲酶抑制剂、硝化抑制剂和磷素激活剂的协同效应，提高了氮磷肥的利用效率，氮肥通过抑制剂有效期长达 120 天，在减少磷肥使用量 1/3 条件下仍可达到正常产量。包裹肥料的养分随着生育期进程而释放加快，这样多次施肥就简化为 1 ~ 2 次。

6）发展滴灌。在西北内陆棉区，滴灌水利用率提高到 80%，并实行肥水一体化作业。滴灌不仅高效利用了水分，简化了管理，还可有效调节棉花的均衡生

图 5-8　棉花机械化移栽

长，具有高产超高产、节水节肥和简化管理的综合效应。滴灌是现代植棉的重要技术方向，尤其是滴灌与地膜覆盖相结合（图 5-9），效果节水增产效果更为突出。

图 5-9　棉花膜下滴灌

7）简化病虫草害防治。转基因抗虫棉和转基因抗除草剂棉花新品种的培育成功是生物技术在全球棉花简化管理方面的成功典范。正常年景，Bt 棉的二代棉铃虫和红铃虫可基本不需化防，治虫的程序被省略了。化学除草代替人工中耕除草又能大量节省劳力。

8）简化整枝。棉花具有无限生长习性，在生育过程中，会生长一些冗余器官等，消耗养分，影响通风透光。在过去栽培过程，仅整枝一般要采取去叶枝、去早蕾、打顶、抹赘芽、打边心、去无效花蕾、去空果枝、打老叶等各种措施，费时费工。目前，由于农村劳动力转移，简化整枝成为大趋势。西北内陆棉区和植棉大户一般只进行打顶，其余整枝措施很少采用。在黄河流域和长江流域棉区，传统整枝方式也很少见。而且，在新疆棉区，机械化打顶也提到议事日程。

9）从人摘到机采。棉花是无限生长的作物，棉铃吐絮前后时间间隔较长，过去人工采摘次数多，采摘十分费工。近年来，由于人工采摘成本不断上升，机采成为现代植棉的重要内容。新疆生产建设兵团于 1996 年引进大型采棉机械（图 5 - 10），目前，机采已占新疆建设兵团植棉面积的 1/3。然而，残膜污染子棉导致皮棉品级下降这一十分棘手的问题急需解决。值得注意的是，近几年，内地棉区也已尝试机采，该机以风力吸摘子棉，但因摘、运和储尚未配套，不具备大面积应用条件，应针对机采棉存在的问题，开展多学科攻关研究。

图 5 - 10　棉花机械化采收

5.2 麻类

5.2.1 麻的历史价值

麻有“国纺源头，万年衣祖”之称。考古史表明，世界服饰文明源于东方，源于中国。麻文化作为东方服饰文明的重要标志，在中国至少经历了1万多年的历史，麻的发现运用居天然纤维（麻丝毛棉）之首创。根据湖南彭头山遗址、大溪遗址、浙江河姆渡遗址、西安半坡遗址、河南裴李岗遗址、舞阳贾湖遗址等新石器时代文化遗址出土的大量石锥、石纺轮、陶纺轮、骨锥、骨梭，骨针、麻织布片及大量陶片上的麻织物印痕等实物考证，麻织物的源头至少可追溯到1万多年以前的新石器时代，甚至可以追溯到更为久远的旧时器时代晚期。据考证，麻的使用比丝绸至少早了5 000年，比毛至少早了6 000年，比棉至少早了9 000年。

根据湖南彭头山、大溪遗址、浙江河姆渡遗址、江苏吴江遗址、甘肃大何庄和秦魏家遗址出土的麻织物，每平方厘米经纬线都达到了10根以上，有的纬线甚至达到了每厘米26～28根，并且有了较为复杂的平纹织法、各式斜纹织法、罗式绞纽织法、环绕混合织法等工艺，表明6 000多年前麻纺织工艺已经诞生。

至5 000年前炎帝、黄帝时代，社会进步到了一个空前的文明时代，以男耕女织为标志的社会分工，以麻纺织为代表的纺织规模形成，全面带动了丝织工艺发展，服饰衣着文明进入了一个新的历史时代。

至2 000多年前的西汉时期，麻纺织技术已达到一个成熟时期，马王堆汉墓出土的大量麻织精品和那件稀世珍宝“素色蝉衣”的精美饰边，已成为麻纺织工艺发展的一个历史里程碑，为数千年麻纺织精品成为豪门官宦、宫庭显贵供品找到了实物证据。《说文·郑玄注》：“麻衣，深衣，诸侯之朝，朝夕则深衣也。”湖南民谣“君山茶，莨山麻，年年朝供到京华”。也就在西汉这个时期，麻织精品与丝织精品沿“丝绸之路”进入中东、地中海、欧洲各国，继而走向世界各地。

5.2.2 麻类作物在中国的传播

中国古代种植的麻类作物，主要是大麻和苎麻；苘麻、黄麻和亚麻居次要地位。大麻、白叶种苎麻（又称中国苎麻）和苘麻原产中国。大麻至今还被一些国家称为“汉麻”或“中国麻”，而苎麻则被称为“中国草”或“南京麻”。

中国利用和种植麻类作物的历史悠久。在新石器时代的遗址中，就有纺织麻类纤维用的石制或陶制纺锤、纺轮等。浙江吴兴钱山漾新石器时代遗址中出土了苎麻织物的实物，证明中国利用和种植麻类，至少已有4 000 ~ 5 000年之久。甘肃永靖县大何庄和秦魏家出土的陶器上还有麻织物的印纹和印痕，河北藁城台西村商代遗址、陕西泾阳高家堡早周遗址等处也出土有大麻织物的实物。

先秦时期，大麻和苎麻主要分布在黄河中下游地区。自汉至宋，大麻和苎麻的生产均有很大发展。大麻仍以黄河流域为主要产区，但南方也有推广。汉代在今四川和海南岛、南宋在国内曾推广种植大麻。到唐代，大麻在长江流域发展很快，在今四川、湖北、湖南、江西、安徽、江苏、浙江等地已广泛种植，成为另一重要大麻产区。此外，云南和东北部分地区也有大麻种植，当时渤海国显州的大麻布就较有名。至宋元时期，大麻在南方渐趋减少。至于苎麻，汉代在今陕西、河南等地较多，今海南岛和湖南、四川等地也有分布。至迟在三国时，今湖南、湖北、江苏、浙江等地苎麻已有很大发展，一般能够一年三收。自唐开始，南方逐渐成为苎麻的主要产地。以苎麻为贡品的也主要在南方。宋元时期，苎麻种植量在北方有一定缩减，但在南方沿海地区则有较大发展，形成北麻（大麻）南苎的一般趋势。宋末元初，棉花生产在黄河流域和长江流域逐渐发展，麻类作物的发展因此受到很大影响。但明清时期仍对麻类的生产有所提倡，清代在江西、湖南等地又形成了一些新的苎麻产区。大麻大约在公元前由中国经中亚传到欧洲。苎麻在18世纪也已传到欧洲。

苘麻、亚麻和黄麻在古代麻类作物中比重都较小，苘麻和亚麻主要在北方种植，黄麻则主要分布在南方。总的是分布不广，处于零星种植状态。

中国古代主要是利用麻的纤维织布，麻布是棉布普及前一般人民最主要的衣着原料。麻纤维还很早就被用作造纸原料，1957年曾在西安灞桥西汉早期墓葬中发现一片麻纤维制成的残纸，说明在东汉蔡伦以前，可能已知用麻纤维造纸。此外，麻纤维还被用来制作毯被、雨衣、麻鞋等。麻类作物的某些部分在古代也作食用。汉以前曾把大麻子列为五谷之一。明清时苎麻的根和苘麻子都是救荒食物。一些麻类作物的种子常被用作为饲料和肥料，榨油供食用或作涂料、燃料。大麻的籽和花、苎麻的根和叶、亚麻子和黄麻叶还都可供药用。

5.2.3 亚麻的栽培历史

亚麻起源于近东、地中海沿岸，早在5 000多年前的新石器时代，瑞士湖栖居民和古代埃及人，已经栽培亚麻并用其纤维纺织衣料。从埃及古墓中出土的木乃伊就是用亚麻布包裹的。1万年前，古埃及人就开始在尼罗河谷地种植亚麻。从现代考古的发现可以推断，亚麻织布最迟出现在公元前5 000～前4 000年，而且那时已经出现了织布机。对埃及法老墓的研究表明：那时亚麻布的织制水平已经很高了，那时法老们已经开始使用亚麻布。古埃及男子们无论地位高低皆袒胸膊，下身着的包缠式围裙就是以亚麻制成的。而女子以紧身高腰直筒亚麻裙为主，称为“丘尼卡”。用背带吊在肩上或腰带系住，其款式多样，由于当时亚麻染色较难，埃及服装以白色调为多见。新石器时代，埃及人就将亚麻引进了地中海沿岸国家，中世纪以来，亚麻又从瑞士传到法国、英国、比利时等国家。到10世纪初，亚麻纤维即开始作为商品在市场上流通。

古代纺织加捻技术发明以前，就是先从容易生产的长丝纤维开始的，这就是丝和麻。文献记载，亚麻纤维也像蚕丝一样，最早进入人类的生活，远在石器时代，瑞士栖湖和热带埃及，人们就栽培亚麻，取其纤维织成衣料，到古罗马帝国兴盛时期，欧洲各地更加普遍，在古希腊、保加利亚的鲁赛布、苏联格鲁吉亚等都有公元前几世纪的亚麻遗迹。以此作为古代埃及、希腊、罗马文明的象征。1760年，俄国发明家罗季昂·格林科夫发明了亚麻梳麻机，使亚麻纺织工业进入了新时代。随后，在盛产亚麻的法国，拿破仑为了解决当时的衣着问题，悬赏100万法郎奖励发明可以生产更好的亚麻纺织品的纺纱机；1810年，法国人菲利普·热拉尔发明了湿纺细纱机，从此人类纺织史上就出现了亚麻纺织业的第一次兴盛时期。亚麻织品以更为广阔的用途进入人们的生活领域。

5.3 大豆

5.3.1 大豆的传播与应用

大豆祖籍是中国，被世人誉为“东方明珠”，中国还素有“大豆王国”和“大豆之乡”之称。从1973年浙江余姚河姆渡出土文物遗址发现的黑豆得知，我国大豆栽培史至少有4 000～5 000年了。其实在先秦时代一些古籍中，就有记述大豆的篇章。诸如《诗经》中有“七月烹葵及菽”、“禾麻菽麦”、“采菽采菽”等。原来这里的“菽”就是指大豆。尤其在《诗经·大雅·生民》篇中甚为细腻的记到“以就口食，艺之荏菽”。完全证实周代已经会种植大豆作物了。

大豆在古代称“菽”，是我国7种粮食作物之一。自古以来人门就用大豆做食品，大豆也是蛋白质的重要资源。据国内外学者对大豆进行多方面的研究考证表明大豆起源于中国，是中华民族赖以生存最早食用和驯化的五谷之一。我国是世界上有关大豆文献记载最早最多的国家，早在殷墟甲骨文中就有“菽”的初文。在《左传》上有“周子有兄而无慧，不能辨菽麦”的记载。我国最早的一部诗歌总集《诗经》中对大豆的繁茂生长曾多次进行描述。如“中原有菽，庶民采之”。此后，在《吕氏春秋》、《齐民要术》、《王祯农书》、《本草纲目》、《天工开物》等历史文献中都有记载。

从商周到秦汉时期，大豆在黄河流域一带是重要粮食之一，到了汉武帝时，中原地区连年灾荒，大量农民迁移到东北，大豆也随之引入东北。长沙出土的汉墓文物中有大豆制品，说明2000年前在中国南方已有大豆种植。《宋史·食货志》记载，宋朝时江南一带曾遭遇饥荒，从淮北等地调运北方盛产的大豆种子，到江南各地种植。

早在1873年，我国大豆在维也纳万国博览会上展出深受各国青睐，随之名扬世界，如今世界各地种植大豆都是从我国传播出去的。大豆于2～3世纪先传入朝鲜，后又传入日本；清代乾隆年间引入法国巴黎植物园，到1890年英国始引栽种；美国直至1882年北卡罗莱那农场引种；种植最晚的要算俄国了，它在1901年才开始种植。在20世纪40年代，我国出口量占贸易市场的80%～90%，几乎“主宰”世界。到了80年代初，我国大豆面积仍占世界大豆面积的2/3以上。从20世纪80年代中期，欧美各国大举向大豆进军，面积已超过我国。有关资料表明，美国产大豆5 700万吨，占世界大豆总产50%以上；而我国面积逐年递减，总产量为800万吨，占世界大豆总产的10%。

大豆营养丰富，应用极其广泛。大豆含有蛋白质、脂肪、无机盐、亚油酸、维生素E和卵磷脂等多种有效生理活性成分，并富含人体所必需而自身又不能合成的8种氨基酸。大豆的蛋白质含量高达40%，比牛肉、瘦猪肉、鸡蛋还高，素有“绿色乳牛”、“田中之肉”、“植物珍珠”的美称。其中人体所必需的氨基酸种类较齐全，是一种优质蛋白。大豆富含赖氨酸，可以补充谷类食物赖氨酸含量不足的缺陷。大豆脂肪含量高达20%，比动物脂肪优越之处在于富含油酸和亚油酸，这类不饱和脂肪酸具有降低胆固醇的作用，对于预防血管硬化、高血压和冠心病大有益处。大豆无机盐中的钙、磷、铁极易被人体消化，是贫血病人的有益食品，大豆富含磷脂胆碱等对神经系统有保健作用的物质及维生素E等抗衰老物质。大豆能防止过氧化质脂生成，延缓机体衰老。大豆卵磷脂对防止中老年痴呆和记忆力减退有特殊功效。

大豆的应用遍及人们生活的方方面面，比如我们熟悉的豆腐脑、嫩豆腐、老豆腐、豆腐干、豆腐皮、油炸豆腐，豆腐丸子等，尤其是豆制品中湖南长沙的臭豆腐、安徽歙县的毛豆腐、北京的王致和豆腐乳、广东的“海天牌”黄豆酱更是家喻户晓。大豆浑身都是宝，大豆的根是很好的小型肥料制造厂，除供应自身的生长发育外，还为土壤留下大量的氮肥。大豆茎叶可作为饲料和燃料，又可以作为肥料。

大豆除直接食用和用作豆腐、豆浆、豆芽、制酱、酿酒、榨油外，也是重要的现代工业原料。还可生产组织蛋白、分离蛋白、浓缩蛋白、纤维蛋白、脱脂豆粉、精炼油、色拉油、起酥油、奶油、磷脂等制品。还是食品、医药、化工、纺织、油漆、印染、橡胶、电子、军工、畜牧等行业的重要原料。

5.3.2 大豆栽培技术演变

大豆经人类长期种植，将百粒重只有2～4克，蔓生攀援的野生大豆向大粒、不倒伏的目标进行选择，逐渐演化成矮小植株；分枝少，主茎发达，子粒增大的栽培种。典型的进化程度高的，其百粒重增加到20克以上。种粒卵形至球形，秆愈粗，直立不倒，主茎愈发达，愈倾向亚有限至有限结荚习性。

由于栽培大豆是在较优良的条件下，经定向选择演化而来。所以进化程度越高，要求栽培条件越好。进化程度较高的类型，其种粒大，主茎发达，秆强不倒的大豆类型能获得高产，而在地力低薄、干旱、盐碱条件下，却表现矮小、低产。进化程度较低的类型，在地力低薄、干旱、盐碱条件下，分枝性强，粒较小，生长较正常而有一定的产量；而肥水好的条件下却表现蔓生倒伏现象。

根据大豆品种生理特点，当地自然条件和农业经济水平为获得一定产量所采取的技术措施。针对不同地区的无霜期，作物种类、生产水平，建立合理的轮作制度，避免大豆重茬，以培肥地力，持续增产。一年一熟的北方春大豆区，多实行小麦—小麦—大豆；小麦—杂粮（玉米）—大豆；大豆—谷子—玉米等三年轮作；一年两熟或两年三熟的黄淮夏大豆区，多为冬小麦—夏大豆，冬小麦—夏大豆—春玉米（春甘薯）等；南方多熟大豆区，多为一年三熟和两年五熟制，有冬作物—夏大豆，冬作物—春大豆（套种）—晚稻，冬作物—早中稻—秋大豆，冬大豆—早稻—晚稻等，还有间、套、混作等种植方式。

5.4 花生

5.4.1 花生的传播与应用

花生的原产地在南美洲，以玻利维亚为中心，向周边的秘鲁、巴西、危地马拉、阿根廷扩散传播。秘鲁出土的最早的花生在公元前3000~前2000年。在秘鲁沿海史前废墟中存在着大量的古代花生的考古学证据。1875年在安康镇的史前墓葬中，又发掘出大约公元前500年的花生供品。在巴西北部至安第斯山麓，分布着大量的野生种群，至今还是当地放牧牛羊的主要饲料。大量的出土花生种子如同我国出土的稻粟种子一样多。文字记载也比比皆是，有文献中记载有关巴西的印第安人栽培花生的资料，当地的印第安人称花生为“马诺比，同时提到花生也是秘鲁的印第安人的栽培植物，他们称花生为“安胡克”。南美洲的花生属共有 70 多个种，大部分没有被研究，已知的花生栽培种经过人们的驯化选择，共有两个亚种和 4 个变种。由此可见花生原产于南美洲是一个不争的事实。

花生从原产地——南美洲传播到世界各地是一个复杂的问题。美洲大陆与世界的交往是从 1492 年哥伦布发现新大陆开始的。所以，原产于美洲大陆的作物向外传播应该是通过哥伦布及其以后的商船。原产于南美的花生，15 世纪末传入南洋群岛。在明朝，我国与南洋各国的商贸联系是很频繁的，花生是从南洋传入我国东南沿海的。花生传入我国有小花生和大花生两种，传入的时间不同，传入的途径也有多条。学术界一般认为福建首先引种，而浙江可能传自福建。万历《仙居县志》记载：“落花生原出福建，近得其种植之”。世德堂遗书《星余笔记》（1672）记载：“落花生……干者壳肉相离，撼之有声，云种自闽中来，今广南处处有之。”可见福建是花生最早传入地之一。但是，我国有关花生最早的记录见于明朝弘治十六年（1503 年）的《常熟县志》：“落花生，三月栽，引蔓不甚长。俗云花落在地，而子生土中，故名。霜后煮熟可食，味甚香美。”1504 年的《上海县志》和 1506 年的《姑苏县志》都有花生的记录。徐光启撰《农政全书》记载：“开花花落即生名之曰落花生皆嘉定有之。”明王世懋撰《学圃杂疏》中记载：“香芋落花生产嘉定，落花生尤甘，皆易生之物可种也”因此不能否认。江浙沿海一带也是一个花生传入地。这与前面讲的花生首先被传入福建并不矛盾。明朝中后期，我国的航海技术已较发达，明永乐三年至宣德八年（1405—1433 年）中国杰出航海家郑和受成祖朱棣之命，在南京龙江造船厂建造“大者长四十四丈四尺，阔一十八丈；中者长三十七丈，阔一十五丈”的巨大龙船，率船队七次下西洋，加强了与海外经济、文化交流。常熟、嘉定一带地处重要的水路要塞——长江入海口，其上游是当时重要的城市南京。花生被频繁的海外归来的商船带到江浙一带是很有可能的。事实上，新作物的引进往往不只一次，可能被不同的人在不同的时间引入到不同的地点。唐启宇先生认为，花生是 16 世纪初由江浙闽粤侨商从东印度洋葡属摩鹿加引进的。西方殖民者的入侵也可能把花生传人中国，当时被中国人称为佛朗机的葡萄牙人于明正德六年（1511 年）以武力占领满剌加（今马来西亚），不久又侵入我东南沿海，进行走私贸易，抢劫商船活动。《明史》卷 323《佛朗机》：“佛朗机，近满剌加。正德中据满剌加地，逐其王。十三年（1518 年）遣使臣加必丹末等贡方物，请封，始知其名。诏给方物之直，遣还。”另外，明中期（16 世纪时）西班牙人天主教教士 Francis Xavier 来到广东台山县上川岛进行传教活动；1553 年葡萄牙人租居澳门，大批传教士来澳门建教堂、传教。明朝时期西方传教士也可能是花生的传入者之一。19 世纪中后期，大花生传入我国。首先引种大花生的是山东省。据原金陵大学农林学院农业实验记录：“山东蓬莱县之有大粒种，始于光绪年间，年大美国圣公会副主席汤卜逊（Archdeacon Thomson）自美国输入十瓜得（quarter）大粒种至沪，分一半于长老会牧师密尔司（Bharle Mill），经其传种于蓬莱，该县至今成为大粒花生之著名产地。邑人思其德，立碑以纪念之，今犹耸立于县府前。”关于大花生最早的记录，见于《平度州乡土志》：“同治十三年（1874 年），州人袁克仁从美教士梅里士乞种数枚，十年始试种，今则连阡陌矣。”因小花生引入早，人们习惯称其为本地花生，称大花生为洋花生。据说袁克仁曾在蓬莱教会学校读过书，于 1870 年带回美国大花生在平度试种传开。另据《山东文史资料》（第一辑）中《德国人在青岛办教育的片断回忆》一文记载：美国人狄考文（1863）来蓬莱办文会馆，曾先后两次传入大花生。第一次送给栾宝德的父亲，因煮而食之没有种植，第二次送给邹立文，他种上，在山东才开始了大花生的种植。综上所述，大花生可能是在同治末年到光绪初年之间由多人、多路、多次传入山东半岛一带，最早在蓬莱、平度一带试种，光绪年间向山东的西部传播开来。

我国花生引进后的传播趋势大致有两个，一是 16 世纪初早期花生以东南沿海为中心向北方传播，二是 19 世纪后期的大花生以山东半岛为中心呈扇形向西、南、北方传播。早期花生传入东南沿海后并迅速由近及远地向全国传播。迅速由近及远地向全国传播开来，此外，大花生在山东东部试种成功以后，逐渐向山东中西部扩种。从大量的地方志记载的大花生栽培的时间上看，山东沿海最早，依次向外时间渐晚。当然内地也有从海外或山东直接引种的可能。清末、民国全国各地的志书大量记载了有关美国种花生与原种花生的比较：大者虽含油量稍逊，但颗粒巨大，产量高，后来美种独盛，发展成为驰名中外的山东大花生。大花生目前是我国花生生产的主导品种。

花生又名金果、长寿果、长果、番豆、金果花生、无花果、地果、地豆、唐人豆、花生豆、落花生。花生滋养补益，有助于延年益寿，所以民间又称之为“长生果”，并且和黄豆一同被誉为“植物肉”、“素中之荤”。花生的营养价值比粮食高，可以与鸡蛋、牛奶、肉类等一些动物性食物媲美。它含有大量的蛋白质和脂肪，特别是不饱和脂肪酸的含量很高，很适宜制作各种营养食品。现在又有一种彩色花生，又称多彩花生、多色花生、五彩花生。彩色花生是普通花生因果仁外皮颜色变异而产生多种颜色而来。彩色花生主要分为富硒黑花生、白玉花生、珍珠花生等几个品种，其中按果仁外皮颜色又能分为黑、紫黑、白、紫红、红白、彩粒等几个色系。五彩花生有黑色、雪白、白底红花纹、黑底黄花纹、黄底黑花纹等颜色。长出的秧蔓与普通花生没有区别。

5.4.2 花生栽培技术演变

花生对土壤适应性较广，耐酸、耐寒、耐瘠，是开发红壤土的先锋作物。适宜土层深厚、土质疏松、熟化的耕作层 20 厘米左右，保水、保肥力较强，排水良好，地下水位低，比较肥沃的沙质壤土上种植。同时根据花生对环境和栽培条件的要求，采取适宜的综合技术获取高产。花生生育过程中，需要氮、磷、钾、钙等元素和其他微量元素。除根系外，叶片、果针、幼果均有直接吸收能力。以开花下针期和结荚期需肥最多，成熟期和苗期减少。花生有根瘤菌共生固氮，氮素可提供自身所需氮素的 30%，需要量较其他作物少。前作残肥有显著的增产效果。酸性土需施熟石灰，碱性土施生石膏粉，均有不同程度的增产效果。

（1）播种

花生必须力争一次全苗，并达到齐苗、苗壮，为高产打下基础。播种前整地，无论平作、垄作和畦作，均要保证整地质量，保持土壤水分。播种前带壳晒种 1 天左右，可提高出苗率。选取粒大、饱满的种子，可比粒小的提高出苗率，增产 10% 左右。用药剂拌种，可防治茎腐、根腐、冠腐等病害，毒土或毒饵防治地下害虫。双粒穴播或条播。播种深度一般 3 厘米左右，如墒情差、土质松，深度为 4 ~5 厘米，并可适度镇压，并要抢墒播种或造墒播种。长江以南稻田花生，因土质较黏，春雨较多，播种不要过深，以防土壤板结影响出苗率。

合理密植，能获得合理的群体结构，提高产量。一般普通型蔓生花生和龙生型花生宜稀，每公顷9万～30万株。珍珠豆型、多粒型花生宜密；春植花生宜稀，夏、秋花生宜密为原则。麦套花生，夏、秋花生均比春植花生增密20%左右。花生的营养面积配置以正长方形的双粒穴播较优；多粒和单粒穴播不能充分利用光能、土地而影响产量。

（2）田间管理

各生育期的生育特点和管理措施如下：

1）苗期。种子吸水量大，需氧量大，幼苗生长缓慢，根瘤菌侵染逐渐形成根瘤，但固氮能力差，尚需消耗植物养分，需结合第一次中耕追施氮肥；北方花生区春旱，深播，幼苗不能正常出土，第一对侧枝压于土下时，用小锄扒土清棵。中耕除草一般进行2～3次，也可采用化学除草剂，至始花期结束；长江流域和南方花生区的稻田花生，要排除渍水，保持土壤有充足的氧气，防止烂种，保障根系正常生长和根瘤菌的繁殖。如土壤干旱，应及时灌水；加强地下害虫和灰霉病、早斑病防治。

2）开花下针期。花生营养器官生长快、生长量大，大量开花和下针，需水量和肥量较多。适施石灰和石膏。根据生长势差，适当追肥；盛花后期培土，根据株行距大小而定，可提高饱果率和产量。

3）结荚期。植株生长最旺盛，荚果迅速膨大充实。要加强叶斑病、锈病和害虫防治；生长势偏旺的花生喷施生长缓释剂或矮壮素，以控制徒长倒伏；生长势偏弱的花生，喷施2～3次过磷酸钙澄清液和尿素；加强稻田花生排灌。

4）荚果成熟期。营养生长速度减慢，荚果大量增重、饱满、成熟。需加强对锈病、叶斑病、鼠害和虫害防治；稻田花生地应加强排水；适期收获。

5.5 芝麻

5.5.1 芝麻传播与应用

芝麻为胡麻科胡麻属栽培种之一，学名 *Sesamum indicum* L.，一年生植物，也是重要的油料作物。又称脂麻、油麻，古称胡麻、巨胜、藤弦等。其种子富含脂肪、蛋白质，可用于榨油和制作食品，也可用作香料、医药和化工原料等。

（1）起源与栽培史

由于芝麻种植历史悠久，分布广泛，对其起源和传播途径的考证的见解不尽相同。1932 年 V. M. 希特勃兰德（Hiltebrandt）认为栽培种的发源地应该接近该属的野生种所在地，因而他倾向芝麻起源于非洲。1950 年 H. H. 瓦维洛夫、1960 年 L. E 华特（Watts）均发表见解，曾主张芝麻起源于埃塞俄比亚和中亚一带，但不论是中亚或是中东，未发现任何野生种，所以这一假说未被学术界确认。

1982 年，A. C. 奇文（Zeven）和 A. M. J. 德维脱（de Wet），把非洲视为芝麻的起源中心。理由是根据多方面的考证和研究，认为非洲具有芝麻属所有的野生种并最先栽培芝麻，应是栽培种的起源中心。从非洲北部传向美索不达米亚地区和印度恒河流域，逐步扩大至地中海沿岸、中国以至世界各地。

芝麻是古老的油料作物。据 N. D. 德赛（Desai）和 S. N. 高耶尔（Goyal）报道，印度的芝麻栽培史可以追溯到公元前 3600 ~ 前 1750 年，距今已有 5000 年的历史。中国种植芝麻的记载最早见于《氾胜之书》（公元前 35 ~ 前 7 年），书中所述胡麻，即芝麻。宋代沈括（公元 1031 ~ 1095）的《梦溪笔谈》有“张骞自大宛如油麻之种。亦谓芝麻，故以胡麻别之”的说法。据考证，中国的芝麻最初可能是由印度和巴基斯坦等地引入，其栽培历史至少有 2000 余年。

（2）生产概况和贸易

芝麻主要分布在北纬 40 度至南纬 40 度之间。中国芝麻种植区可延伸到北纬 45 度的地方。根据联合国粮农组织 1983 年统计，生产芝麻的国家有 66 个，其中亚洲 22 个，美洲 15 个，欧洲 5 个。亚洲的芝麻面积占全世界的 67%。非洲约占 27%，美洲约占 5%，而欧洲不到 1%。芝麻种植面积的 87% 以上分布在发展中国家。

芝麻有黑白两种，食用以白芝麻为好，补益药用则以黑芝麻为佳。芝麻既可食用又可作为油料。日常生活中，人们吃的多是芝麻酱和芝麻香油。

5.5.2 芝麻栽培技术演变

历代对芝麻的栽培技术也有很好的总结。如北魏时对芝麻的播种期、播种量和播种方法等多有阐述。《齐民要术》指出收获时“以五六束为一丛，斜倚之，喉口开”，然后到田间进行脱粒。这是利用芝麻的后熟作用，以减少损失的好经验。宋代发展了中耕技术，提倡早锄和多锄。元代《王祯农书》已介绍芝麻可作荒地的先锋作物。明代《涌幢小品》、《便民图纂》等都说荒地先种芝麻，可令草根腐烂，认识到芝麻有抑制杂草的作用。清代在茬口安排方面，认为获稻后种芝麻最适宜；麦后可与粟杂种；棉田套芝麻能利棉。但多年粟子地“不宜脂麻”，更“忌重茬，烂茬”。播种时宜将种子拌以干沙，雨后均匀撒下等记载。

根据芝麻的生长发育特性及种植条件，采取适应的栽培方法，以获得高产稳产技术措施。芝麻对土壤的适应性广，黏土、沙土、壤土均可种植，但不耐渍、不耐盐碱。以选用土质疏松、排水良好的土壤，表层全盐量不能高于0.3%，pH值以5~7为宜。

（1）播种

播种是种植芝麻的重要技术环节之一。芝麻种子小，幼芽顶土力很弱，播前整地要求整平、整细，并结合施基肥。中国的夏芝麻、秋芝麻，生长季节短，前茬作物收获后须及时播种，才能满足整个生育期对温度的需要。同时，在播种季节常遇干旱，须抢墒播种才能保证出苗。夏芝麻的播期，在长江、淮河流域不迟于6月下旬；秋芝麻不迟于7月下旬。春芝麻、夏芝麻以条播为宜，秋芝麻以点播为佳。

合理的种植密度是芝麻高产群体结构的基础，目的在于适当扩大单位面积光合率，增加单位面积总蒴数，提高单位面积产量。种植密度的调整原则是：肥效高，播种期早，品种分株性强生长势旺，密度应适当减少。相反则适当增加。特别秋芝麻要加大密度，以密补迟。一般单杆型品种每公顷的15万株，分株型品种每公顷10万株左右，行距40~50厘米，株距15~20厘米。适宜的播种量一般每公顷5~7.5千克。播种深度一般3~4厘米，播后需及时耙平，以保持耕层土壤细碎平整，土壤水分适度，争取苗全、苗匀、苗壮。

（2）田间管理

芝麻幼苗细嫩且生长缓慢，如不及时间苗、定苗，极易造成苗荒。同时，田间杂草繁多，特别是夏芝麻、秋芝麻，杂草比芝麻苗生长快、长势旺，如不及时除草极易造成草荒。苗荒和草荒严重地威胁着芝麻生产，重则大幅度减产，甚至失败。一般在2～3对真叶时开始间苗，到7～8天后第二次间苗，待幼苗长出5～6对真叶、苗情基本稳健时定苗。结合间苗、定苗进行中耕除草，或于播种后随即喷洒除草剂。

芝麻具无限开花结蒴习性，花期、结蒴期约占全生育期的一半时间，而且生长发育旺盛，吸收氮、磷、钾营养元素占整个生育期吸收总量的70%左右。要看苗追肥，特别是花前期要追施氮肥，对土壤肥力低、未施底肥或底肥不足的芝麻增产效果尤为显著，一般每千克纯氮，增产芝麻15～25千克。芝麻属无限开花习性，为防止枝端无效花对养分的消耗和促进有效蒴果的充实，可于终花前摘除顶端，是一项有效的增产措施。

（3）收获

芝麻边开花边成熟，各部位蒴果成熟期很不一致，当基部蒴果成熟甚至炸裂时，其上部蒴果尚处在子粒形成阶段。成熟标准也因品种而异，一般终花后20天即可收获。如茎、叶、蒴果由青绿色转为黄色，落叶和裂蒴性的品种，一般在蒴果转黄后并有大量落叶时为收获适期；如成熟时茎、叶、蒴果仍为青绿色的品种，当下部蒴果的子粒已充分成熟，中部蒴果的子粒十分饱满，上部蒴果进入乳熟期，即可收获。离地5厘米左右刈割，扎成小束晾晒，大量裂蒴时进行脱粒，种子贮藏的安全水分为7%～9%。

5.6 油菜

5.6.1 油菜传播与应用

油菜为十字花科中芸薹属（*Brassica* L.）植物的若干物种组成，以采籽榨油为目的的一年生或越年生草本植物。菜籽油是良好的食用油，在工业上也有广泛用途；饼粕可作肥料、精饲料和食用蛋白来源。油菜在轮作复种中也有重要地位。20世纪60年代以来，油菜生产在世界范围内迅速发展，已成为四大油料作物之一。

起源和传播：油菜有两个起源中心。白菜型油菜 *Brassica campestris* L. 和芥菜型油菜 *B. juncea* Czern. et Coss. 的起源中心主要在中国和印度；甘蓝型油菜 *B. napus* L. 的起源中心在欧洲。

白菜型油菜在中国古称芸薹，又称胡菜。2世纪，后汉服虔著《通俗文》中载有“芸薹谓之胡菜”（即今白菜型油菜）。宋代苏颂等编著《图经本草》（1061），开始采用“油菜”的名称，如“油菜形微似白菜，叶青有刺，名胡蔬”。始出自陇，氐，胡也”。明代李时珍著《本草纲目》（1578）载：“芸薹，万药多用，诸家注亦不明，今人不识为何菜，珍访考之，乃今油菜也。”他进一步考证它的来源：“羌、陇、氐、胡，其地苦寒，冬月多种此菜，能历霜雪，种自胡来”，并说“通俗文谓之胡菜，……或芸，塞外有地名芸薹戍始种此菜，故名亦通”。根据这些文献考证，中国的青海、甘肃、新疆、内蒙古等省（自治区），可能是最早的油菜栽培地区。据明代朱棣著《救荒本草》（1406）、徐光启著《农政全书》（1628）和清代吴其浚著《植物名实图考》（1846）等著作中，均有关于野生油菜的记载和图谱。从以上事实证明中国是白菜型油菜的起源地之一。在公元前2世纪，经朝鲜半岛传入日本。

在印度古代梵文中（前2000—前1500年）记载，“Siaharta”可能是白菜型油菜的一种。印度学者D. 辛格（Singh，1952）认为印度东北部可能是白菜型黄籽沙逊 *B. campectris* var. *yellow sarson* Prain 的初级起源中心。在欧洲，白菜型油菜又称芜菁油菜，并在瑞士苏黎士地区发现青铜时代的白菜型油菜的种子，它们的栽培至少始于中世纪。

芥菜型油菜在中国栽培历史悠久，早在北魏贾思勰著《齐名要术》一书中就有“种蜀芥、芸薹、芥子”的专属论述：“种芥子及蜀芥、芸薹取子者，皆二、三月好雨泽时种，五月熟而收子。”此外，在中国古农书中也有关于野生植物山芥菜的记载和图谱。根据细胞学检查和胚胎学研究，中国西北地区的野生油菜，可能是野生黑芥（*B. nigra* Koch，n = 8 或 9）的一种。黑芥是芥菜型油菜的原始祖先之一，因而认为中国可能也是芥菜型油菜的起源地之一。据苏联学者 E. H.

辛斯卡娅（Chhckar，1922）研究表明：亚洲是芥菜型油菜的原产地，其类型分化中心在中国。据印度古代梵文记载："Rujika"可能是芥菜型油菜的一种。印度学者 D. 辛格（Singh，1952）比较分析了阿富汗各种芥菜以后，提出芥菜型油菜系由中国通过印度东北部引入印度，此后经由旁遮普扩展到阿富汗。有的学者认为非洲也是起源地之一。

甘蓝型油菜的原始祖先之一甘蓝（*B. oleracea* L），原产于地中海沿岸。甘蓝型油菜的叶用原始种可能产于地中海西部地区。据考证，橄榄型油菜的栽培始于13 世纪，16～17 世纪在欧洲已广泛栽培。此后，由欧洲引入南美洲，而后由南美洲引入加拿大。日本明治维新以后，才由德国引入日本。20 世纪 30～40 年代初，中国学者于景让、孙逢吉等先后从朝鲜、日本和英国引入中国。

5.6.2 油菜栽培技术

油菜的产区辽阔，各地因耕作制度和生产条件等之不同，形成了育苗移栽和直播两种栽培方式。育苗移栽，由于幼苗期的一段时间，是在苗床里生长，占用大田的时间推迟和缩短，可以减少 35～45 天，既有利于油菜时期播种，又能顾及前后作物的用地要求。因此，在中国双季稻、棉区以及油菜与其前作物在季节矛盾或来不及整好地的地区种植油菜，一般采用育苗移栽方式（见油菜育苗移栽）。日本、朝鲜等国也多采用。

油菜直播系将种子直接播于大田，占用大田的时间较移栽油菜提早和较长，不利于克服油菜和前作物的争地矛盾。但因其根系的纵向入土范围较大，吸收土壤深层养分、水分的能力强，较能抗旱和耐瘠。故在一年一熟制、水分条件差的地区，以及不存在前后作物争地矛盾和征地困难的地区，宜采用直播油菜。世界各国大都采取直播方式。直播油菜的栽培管理技术是：

（1）整地施肥

直播油菜的根系纵向入土较深，要求耕作深度达到 20 厘米左右，由于油菜种子细小，整地要达到表土细碎，田面平整，上松下实，以利油菜种子发芽、生根，生长整齐健壮。整好地（特别是倒茬田）的关键，在于掌握适耕时机。倒茬田忌湿，旱地要抢墒，在中稻区要争取晒垡。在整地的同时要进行开沟做畦，以利于灌溉、排水和便于田间管理。通常畦宽 2～3 米，沟深 15～20 厘米。

油菜是需肥较多的作物，一般每生产 100 千克油菜籽需吸收氮素 9～11 千克，磷素 3.0～3.9 千克，钾素 8.5～12.8 千克。基肥比例通常宜占总施肥量的 30%～40%。基肥种类应以肥效稳长的有机肥为主，并配合适量的速效性肥料，以满足幼苗需要，磷素全部或大部分用做基肥。施肥方法，通常是粗肥打底，精肥施面，用肥量多时分层施，少时集中施于穴内或沟内。

（2）播种

直播油菜的播种期一般较育苗移栽油菜的播期为晚，但仍应力争适时早播，使幼苗能赢得冬前的较长适宜高温期，以利于培育壮苗。各地的油菜适宜播种期应根据温度条件、耕作制度、病虫害情况以及品种特性等因素来确定，一般在温度低、复种指数较小、病虫害较轻和品种晚熟的情况下，播种期可较早。反之宜较迟。中国长江流域冬油菜去，一般甘蓝型油菜在 9 月下旬至 10 月中旬播种，白菜型油菜和芥菜型油菜在 10 月下旬至 11 月中旬播种；长江以南宜在 10 月下旬至 11 月下旬播种。北方在 8 月下旬至 9 月中旬播种；春油菜一般在 3～5 月或温度稳定在 2～5℃时播种。播种方式，主要有开穴点播和开沟条播，也有撒播的。播种量则随播种方式、品种特性、种植密度等而有所不同。一般冬油菜区每公顷播种 3～6 千克；春油菜区，大株型油菜每公顷播种 7.5～15 千克，小株型油菜每公顷 20～35 千克。

适当的密度是协调个体与群体关系及其对土地、空间合理利用的重要措施。油菜的分枝性强，自我调节作用较大。一般在品种生育期短、株型小、温度低、水肥条件差、播种迟和病害轻的情况下，宜采用较大密度；反之则应降低密度。中国长江流域每公顷种植 15 万～35 万株；云贵高原每公顷 30 万～45 万株；华南沿海地区每公顷 20 万～40 万株；华北地区每公顷 15 万～22 万株。在春油菜区，甘蓝型油菜每公顷种植 20 万～30 万株，白菜型和芥菜型大油菜每公顷种植 20 万～30 万株，甚至 70 万株以上；白菜型小油菜每公顷种植 300 万～450 万株以至 600 万株以上。

（3）田间管理

直播油菜在田间时间长，田间工作量大而且要求细致，主要田间环节如下：

1）苗期。培育壮苗是奠定高产的基础。壮苗的标准是：叶色正常，叶柄粗短，叶面积适度，腋芽健壮，无病虫害。根茎粗越冬前达到1～1.5厘米，单株绿叶7～10片，叶面积系数0.7～1.0。主要管理措施是：早间苗，在4～5片真叶时按预定密度定苗；早施、勤施提苗肥，一般结合间、定苗，每公顷施用硫酸铵45千克左右，配合适量人畜粪尿、硼肥对水浇施，促进油菜早发快发。冬油菜应在进入越冬时重施腊肥，用猪栏粪或牛栏粪施于油菜兜边；中耕、培土2～3次，临近越冬时进行一次深中耕，结合培土；苗期根据旱情及时灌溉或浇水，冬油菜在冬旱年份，进入越冬期应灌一次水，以防冻害；防治蚜虫、青菜虫等，兼治跳甲、猝倒病和霜霉病等。

2）蕾薹期。蕾薹期是建成油菜高产长势、长相的关键时期，要以旺盛的营养生长来换取足够的养分积累，为开花结果打好基础。蕾薹期是营养生长和生殖生长同时并进的时期，而且从开花到成熟需经较长过程（约占全生育期的2/5），为了满足抽薹前，后对大量养料的需要，应施速效肥配合肥效稳、长的有机肥。施肥量应根据土壤肥力、苗情等情况而定。一般蕾薹期要占到总追肥量的30%～40%，多的可达50%。遇旱是应及时灌水，并注意清沟排渍。防治病虫危害，要清除枯老黄叶。

3）开花期和角果发育期。开花期是决定角果数和粒数的重要时期，角果发育期是产量和品质形成的重要时期，应做到成熟前不早衰，丰产稳产。主要措施是：看苗施用花肥，最好进行根外追肥；开花期进行养蜂传粉；北方春油菜花期遇旱应进行灌溉，南方冬油菜花期和果粒发育期雨水多，应注意清沟排水；防治菌核病、白锈病、霜霉病和蚜虫。

4）收获期。油菜是无限花序作物，角果、种子的成熟期都有一定差异。收获过迟，则部分角果过度成熟而开裂落粒。同时，因种子在植株上的呼吸消耗，粒重和含油量也降低；收获过早，部分种子未充实，叶绿素含量高，油脂转化过程未完成，游离脂肪酸成分高，含油量和油质均降低。此外，收获操作不当，也会造成油菜籽减产和影响品质。因此，适时精细收获是实现油菜丰产优质的重要保证。

经济作物普遍对其生产的自然条件具有严格的选择，其栽培管理技术也相对比较复杂。了解经济作物的演化过程、栽培管理技术的发展，为经济作物集约化和商品化发展提供基础，同时为解决经济作物和粮食作物争地、争劳力、争资金的矛盾，促进经济作物的健康发展。

6　其他作物

中国耕地中的60%位于干旱缺水地区，这些水资源短缺的地区比较适宜种植马铃薯、甘薯、谷子等耐旱作物，能够保证产量甚至获得高产。另外，发展高效节水农业，马铃薯、甘薯、谷子等作物也是一个很好的选择，其中马铃薯的水分利用率是小麦和玉米的8倍，因此，从资源环境的角度分析，发展马铃薯等作物有着不可替代的优势。另外，这些作物不仅有较高的食用营养价值，还有较大的药用价值。如马铃薯有和胃、调中、健脾、益气之功效，能改善肠胃功能，对胃溃疡、十二指肠溃疡、慢性胆囊炎、痔疮引起的便秘均有一定的疗效，还可以有效地预防高血压、降低血液中的胆固醇，从而防止动脉硬化。因此，这些作物在人类生产、生活中起着重要的作用。

6.1　马铃薯

6.1.1　马铃薯起源与传播

马铃薯原产南美洲，又名洋芋、山芋。北方多称土豆、山药蛋，闽广一带则称为荷兰薯、爪哇薯。其栽培史与新大陆的农业起源时间大致相同。远在16世纪西班牙人到达南美洲以前已经传播到很多地方。马铃薯有两个起源中心，一个是南美洲哥伦比亚、秘鲁、玻利维亚安第斯山区以及乌拉圭等地；另一个起源中心在墨西哥。马铃薯是南美洲的古老作物。1570年，西班牙人首先从哥伦比亚的波哥大（Bogota）将安第斯亚种带回西班牙，其后于1586年又有人从南美洲传到英格兰。西班牙引入的马铃薯逐渐扩散到欧洲大陆和部分亚洲国家。葡萄牙和意大利是最早从西班牙引进马铃薯的国家。维也纳的克拉萨斯（Clusius）于

1587 年从意大利得到块茎，次年分寄德国和奥地利的许多植物学家。17 世纪末已传播到欧洲很多德语国家。瑞士植物学家鲍兴（Bauhin）在 16 世纪晚期从克拉萨斯处引入块茎，并在 1600 年前后输入法国。18 世纪末到 19 世纪初东欧已经普遍栽培。英格兰引入的马铃薯逐渐传到苏格兰、爱尔兰、威尔士，以及部分北欧国家，并进一步传至英国殖民地。日本长庆期间（1596—1614 年）由荷兰人将马铃薯引入长崎。俄国彼得大帝在 17 世纪末曾由荷兰引入马铃薯。1765 年俄国通过皇家法令分送各地试种马铃薯，加快了在国内的发展。1621 年北美洲大陆首次通过百慕大从英格兰引进马铃薯到弗吉尼亚，1719 年又由爱尔兰移民带入新英格兰，18 世纪后期美国又多次从英格兰和爱尔兰引进马铃薯。

马铃薯 17 世纪中叶引进中国，传入中国的确切时间和途径可能是多次、多途径的。有的认为传入中国分为南北两路。北路首先传至北京地区。明代万历年间，蒋一葵著《长安客话》称北京的“土豆绝似吴中落花生及番芋”，证明 16 世纪末期北京已有马铃薯栽培。清代初年（约 1680 年），康熙《畿辅通志·物广》记载有“土芋一名土豆，蒸食之味如番薯”，说明 17 世纪 80 年代以前，马铃薯已经由北京地区发展到河北省了。过去有关学者主要关注了马铃薯南路的传入，认为中国文献上最早记录马铃薯的是清康熙三十九年（1700 年）的福建《松溪县志》，国外文献提到荷兰人斯特儒斯（Henry Struys）在 1650 年（顺治七年）访问台湾时已看到有马铃薯栽培。对照中国称马铃薯为荷兰薯、爪哇薯，似可说明马铃薯最初可能是从南洋或荷兰引进，先在台湾种植，然后传入闽广等地；至于晋陕一带的马铃薯，可能是法国和比利时的传教士传播到西北各地。东北的马铃薯则可能是由俄国人传入，山东马铃薯由德国人带入；四川马铃薯由美国人、加拿大的传教士引入。马铃薯引入后不像甘薯那样引人注目，直到 19 世纪中叶吴其濬在《植物名实图考》的阳芋条里，才比较具体的描述了马铃薯的植物学性状。

马铃薯普通栽培种马铃薯由块茎繁殖生长，形态因品种而异。株高 50 ~ 80 厘米。茎分地上茎和地下茎两部分。块茎圆、卵圆或长圆形。薯皮的颜色为白、黄、粉红、红或紫色；薯肉为白、淡黄或黄色。由种子长成的植株形成细长的主根和分枝的侧根；而由块茎繁殖的植株则无主根，只形成须根系。初生叶为单叶，全缘。随植株的生长，逐渐形成羽状复叶。聚伞花序顶生，有白、淡蓝、紫和淡红等色。

6.1.2 马铃薯栽培技术演变

马铃薯早期的栽培技术大抵沿用西方成法，后来结合本国实际情况不断创新和发展。马铃薯忌讳连作，欧洲多采用7年轮作制，中国农民结合各地具体情况创造了多种形式的轮作复种制度。据20世纪初年的《播种洋芋方法》介绍，马铃薯整地及施用基肥的要求是："未下种前……先将田耕一犁深，约五寸许。施基肥或堆肥，或枯苜蓿草、或草木灰（马粪人粪皆不大相宜）……以锄或钩将田中废草剔除，务使满田之内无一根野草，无一片碎砖为止。"马铃薯的栽植时期各地多参照欧洲以气温升至10℃时为准，结合中国实际情况因地相时而行。该书介绍栽薯方法宜择小雨后，天气晴爽（土润而不湿）将土锄松，然后下种。根据土质不同，锄松至一定深度，然后按行距33厘米开槽，株距40厘米栽种。种播下后，野草发生，农人须不时拔去之。待小芽出土则取两旁细土轻轻壅护此出土之芽。如发五六芽只留强壮者三枚，余均除去，以促新芽之长成。

马铃薯块茎形成期需要吸收大量肥料，因此宜早施追肥。19世纪欧洲各国栽薯已经开始应用化肥，中国农民"尚无此等肥料，惟于花蕾未生之前，再施厩肥数次"。关于虫害防治，至19世纪后期已经能够应用石硫合剂进行防治；对于病害如晚疫病，直到20世纪才逐步采用喷药、轮作、育种等比较有效的的综合防治措施。在选育种方面，各地农民曾经培育出高产、质优、抗退化和生育期短的多种生态类型的优良品种以满足各种不同栽培的需要。

马铃薯适应性广，清末《致富纪实》称它最宜高寒、亦能耐旱，一般粮食作物难以生存的贫瘠土壤、深山苦寒的边缘地带，马铃薯亦能立足。马铃薯生育期短，易于播种的季节较长。说"三月种，五月熟；取子再种，七月又熟，又种，九月又熟"可以达到"一岁三熟"，因此马铃薯也是比较理想的抗灾备荒作物。

世界各地马铃薯的栽培技术因地理气候条件不同而异。主要利用块茎进行无性繁殖。为避免切刀传染病毒（纺锤块茎、X和S花叶病毒）和环腐病，应选用直径为3～3.5厘米的健康种薯进行整薯播种。为获得块茎优质高产，根据马铃薯生长发育规律和生物学特性，结合当地的土壤气候条件，确定合理的栽培方式，栽培措施，协调供给与需求，个体与群体，地上部与地下部之间的关系，促使茎叶呈丰产长相块茎持续膨大，达到优质高产。应采取的措施有播种前的整地、种薯处理、播种、田间管理、收获等。

（1）整地施肥

应选择土壤肥沃，土层深厚，疏松，透气性好，微酸性的沙壤土，播前要进行灭茬、深耕，耕深应达20厘米。根据当地条件作垄或作畦，结合翻地亩施入腐熟的有机肥2 000千克/亩，同时根据土壤墒情入20千克以上的复合肥（氮、磷、钾的比例为1∶0.5∶2）。

（2）种薯处理

选用适宜的优良品种，若种薯未度过休眠期，则需播前打破休眠进行催芽处理，催芽方法主要有困种催芽、催绿壮芽、药剂催芽等。也可将种薯摊晾在散射光下，保持15～20℃，直接催出短壮芽后，进行播种；播种前应用草木灰加百菌清加新高脂膜进行拌种，促使切块的刀口尽快的愈合，减少烂种，增加钾素，防病害。

（3）合理密植，适时播种

马铃薯生育期间干物质的积累以温度在20℃时最迅速，低于10℃和高于30℃干物质积累量只有20℃时的一半，所以确定播种适期，必须首先考虑把结薯期安排在气温20℃左右的季节，其次应考虑收获期避开高温雨季。由于地理纬度、海拔、无霜期的差异，造成栽培方式类型的不同，因此各地的播种期也随当地栽培类型而变化。马铃薯为地下结薯的作物，适于垄作。播种作业程序是开沟（挖穴）、下种、施种肥、覆土、镇压。播种时要确定合适的密度，密度过稀、过密都导致减产。掌握密度的原则是早熟品种宜密，晚熟品种宜疏；瘦地宜密，肥地宜稀。

（4）田间管理

1）苗前除草。播种到出苗期间容易滋生杂草，为防草欺幼苗，要及时进行苗前除草。出苗后应及时中耕培土，促进幼苗生长，以除草、疏松土壤、提高地温为主，并向苗根培少量土，追施适量速效化肥，耕层内土壤含水量保持田间最大持水量的60%。

2）发棵期管理。重点是促进根系发育和地上部植株茁壮成长，抓紧和适时进行中耕除草、松土培土，给地下部创造疏松透气的环境；掌握肥水的投入，以利于根系生长和促进茎叶繁茂。

3）结薯期管理。从开花至茎叶枯黄期，应促进地下部块茎的迅速膨大，控制地上部植株不徒长，不早衰，延长结薯盛期，这一时期的需肥量达到顶峰，应及时追施一定肥料，结薯末期土壤水分不需过多。

4）收获期。依据用途和气候条件而确定，用作长期贮藏的商品薯、种薯和加工原料，应在茎叶枯黄时达到生理成熟期进行，用作蔬菜栽培的则根据商品成熟期依据各地市场而定。收获时应选择晴天，挖掘拾捡装运等各环节要避免块茎破伤，防止日灼、霜冻、畜禽为害，保证块茎质量，收货后及时清选分级，清除病烂薯及泥土等杂质，放置通风阴凉处，使之干燥，使机械伤口愈合，利于贮藏。

（5）防治病虫害

播种时或结薯前施辛硫磷3～4瓶/亩，除治地下害虫，并配合喷施新高脂膜提高药效；同时对于蚜虫、二十八星瓢虫、早疫病、晚疫病等病虫害可根据植保要求喷施针对性药剂进行灭杀，同时喷施新高脂膜800倍液巩固效果。

（6）马铃薯贮藏

为减缓马铃薯块茎从收获到使用期间的生理活动，以延长其休眠期，防止腐烂变质而采取的保存技术措施。安全贮藏时调剂马铃薯的市场供给，延长加工期，保持特种薯的质量等有重要意义。

1）贮藏生理。块茎收获后，经后熟，入休眠，转萌发，随生理进程的变化，内部成分也不断发生变化。贮藏期呼吸强度与多种因素有关，一般温度升高时呼吸作用增强，温度降低时则减弱；但如从零上几摄氏度降低到0℃时，由于糖分的积累，又会促进呼吸作用略有提高。块茎呼吸受二氧化碳浓度影响较大；此外，机械损伤也可提高呼吸强度。在贮藏期块茎中淀粉和糖类互相转化。低温条件下糖分积累，而在高温条件下糖则被呼吸消耗掉。因此，贮藏前应严格剔除杂质以及不合格块茎。贮藏窖应通风干燥、避光、防潮、防虫、防鼠。贮藏初期应通风散热，使块茎尽快渡过预备休眠期而进入深休眠阶段。贮藏中期应避免冻害维持低温，尽可能延长深休眠期。贮藏后期应维持低温，尽量推迟块茎的发芽期。

2）贮藏方式。根据当地自然特点和贮藏目的，因地制宜采用适合的贮藏方法。①地下式的土窖堆藏：北方高寒地区多采用。从地面向下挖坑作为窖，形状有长方形、圆筒形等，深度均3米左右，窖口加棚盖防寒。须选土质紧实、地下水位低、地势高燥、背风向阳、运输管理方便之处挖窖，用后即拆除棚盖，故使用年限较短，以窖内散堆为主要形式。②库藏：砖瓦结构的贮藏库适于长期经营马铃薯的单位应用，各地均可采用。北方注重防寒，可建成地下式或半地下式。南方可建成地上式，便于散热通风。③土沟埋藏：沟宽1～1.5米，长度依贮藏量而定。有条件的地方也可以采用配有空调设备的贮藏库。

马铃薯的食法很多，除做主食外，还可以做芋粥，其“味不劣而极养生”。又能制成芋丝、粉条、洋芋干等，便于贮藏运输。此外，马铃薯还是一种常用的蔬菜。

6.2 甘薯

甘薯的祖先是类同牵牛和蕹菜的野生牵牛。在漫长的进化过程中，二倍体的白花野牵牛，经过天然染色体加倍的途径，进化成四倍体的海滨野牵牛，植株增大，根系变粗；海滨野牵牛又经过漫长岁月，进一步进化成六倍体、三裂叶野牵牛，根部开始膨大，形成可食用的块根。甘薯的名称很多，如番薯、红薯、白薯、土瓜、地瓜等。

6.2.1 甘薯传播与应用

（1）甘薯的传播

甘薯起源于墨西哥尤卡坦半岛和南美洲的部分国家和大小安德烈斯群岛。甘薯原产地是在美洲，考古发现，在秘鲁的古墓里发现了8000年前的甘薯块根，证明甘薯在当地种植至少有8 000～10 000年。同时，在秘鲁和墨西哥收集到大量甘薯属近缘野生种。1492 年航海家哥伦布发现新大陆时，发现甘薯已经在南美地区大面积种植栽培。后来由墨西哥、西印度群岛和巴巴多斯传入北美洲。

16 世纪在世界范围内，甘薯得到迅速传播。一方面是由葡萄牙航海者追随航海家 V. 大革马（Da Gama）的航迹自加勒比海地区、巴西和欧洲携带甘薯向东引入非洲、印度、东南亚和印度尼西亚。另一方面，西班牙人自南美洲西部、墨西哥将甘薯传到关岛、太平洋夏威夷群岛，以后传入菲律宾。16 世纪中叶传入中国，17 世纪由中国福建经琉球群岛传入日本。1765 年传入朝鲜。

甘薯是 16 世纪末从南美洲引入中国的主要杂粮作物之一，在中国已经有 400 多年的栽培历史。甘薯传入中国的途径主要有两条：其一是 16 世纪末（明代末期）由侨居吕宋（菲律宾）的华侨陈振龙传入中国福建。1765 年，陈振龙的裔孙陈世龙著有《全薯传习录》，作者继承其祖先遗志，亲自到河南、河北、山东等地广泛宣传，劝种甘薯，甘薯就在华北等地逐步推广开来。其二是由一位著名中医林怀兰从安南（越南）传入广东电白。此外，也可能还有其他的引进路线。1826 年广东《电白县志录》内有此记录。16 世纪末传入中国后，经福建巡抚金学曾等人的倡导推广，经过多年的努力，在福建、广东部分地区的栽培已经相当普遍，并在救荒中发挥一定作用。1608 年江南受灾，人民饥饿，经徐光启等人倡导，把闽薯引种到淞沪等地。18 ~ 19 世纪初，甘薯栽培逐渐向北推进到河南、山东、河北、陕西等地，向西推进到江西、湖南、贵州、四川等地，最后遍及全国。

（2）中国甘薯的生产区划

甘薯在中国种植的范围很广泛，南起海南省，北到黑龙江，西至四川西部山区和云贵高原，均有分布。根据甘薯种植区的气候条件、栽培制度、地形和土壤等条件，一般将中国的甘薯栽培划分为五个栽培区域：北方春薯区、黄淮流域春夏薯区、长江流域夏薯区、南方夏秋薯区和南方秋冬薯区。北方薯区以淀粉加工业为主，长江中下游薯区主要作为饲料，南方薯区则在食品加工业方面有较大的发展空间。

南方夏秋薯区主要包括福建、江西、湖南三省的南部，广东和广西的北部，云南省中部和贵州的南部及台湾嘉义以北的地区。属季风副热带的湿润气候，全年无霜期 290 ~ 350 天，年平均气温 18 ~ 23℃，年日照时数 1 500 ~ 2 140 小时，年降水量 960 ~ 2 690 毫升。夏薯一般在 5 月间栽插，8 ~ 10 月收获。

南方秋冬薯区包括海南全省，广东、广西、云南和台湾的南部。属热带季风湿润气候，年平均气温 18 ~ 25℃，年日照时数 1 830 ~ 2 160 小时，年降水量 1 510 ~ 2 060 毫升，无霜期 325 ~ 365 天，热季达 8 ~ 10 个月。

6.2.2 甘薯栽培技术演变

17 世纪以后，人们逐渐认识到甘薯在瘠薄沙岗皆可生长，唯土地高燥、土质疏松方利于块根生长，获得较高收成，因此，深耕厚壅成为最基本的栽培技术措施。《群芳谱》认为："须岁前深耕，以大粪壅之，春分后下种。若地非沙土，先用柴灰或牛马粪和土中，使土脉散缓与沙土同，庶可行根。"南方地势低洼、土质黏重、雨量充足的地区栽甘薯须起垄做畦，方可排水通气、加深土层以利结薯。因此人们对垄作有了一定的认识。《群芳谱》认为"种薯宜高地沙地，起脊尺余，种在脊上，遇旱可汲水浇灌。"北方雨量较少的沙土虽可平作，但具有浇灌的条件能够实行垄作栽培的，一般比平作高产。

甘薯向北推广，由于冬天气候寒冷，留种藏种称为引种能否成功的关键。《农政全书》在总结留种经验的时候指出："其一传卵。于九十月间，掘薯卵，拣近根先生者，勿令伤损，用软草苞之，挂通风处阴干。至春分后，依前法种。一传藤。八月中，拣近根老藤，剪取长七八寸，每七八条作一小束。将藤束栽种如畦韭法。过一月余，即每条下生小卵如蒜头状。冬月畏寒，稍用草器盖，至来春分种。"介绍了甘薯留薯块及薯蔓栽种的方法。另外还介绍了种薯、种蔓安全越冬的方法，指出其关键在于防湿、防冻。常用方法有三："一是以霜前择于屋之东南，无西风有东日处，以稻草叠基。方广丈余，高二尺许；其上更叠，四围高二尺，而虚其中。方广二尺许，用稻稳衬之，置种焉，复用稳覆之，缚竹为架，笼罩其上，以支上覆之。上用稻草高垛覆之，度令不受风气雨雪，乃已"。二是"稻稳衬底一尺余，上加草灰盈尺，置种其中，复以灰秽厚覆之，上用稻草斜苫之，令极厚。"三是"若北土风气高寒，即厚草苫盖，恐不免冰冻，而地窖中湿气反少。……仍着窖藏之法"。这是针对南北气候不同创造出的藏种经验。

窖藏法的提出，为种薯越冬取得突破，从而使甘薯的栽培区域不断向北推移。《调查广东府新宁县实业情形报告》（1904）详细介绍了甘薯的田间管理技术，指出："（扦插）十日以后必发新芽，宜施粪肥一次（是为第一次追肥）。三十日后则锄其畦旁之草，犁其土而壅之（是为第一次中耕除草兼培土），加粪灰一次（是为第二次追肥）。当犁土之时，已见结小薯，则摘去别根而留小薯，否则粪为根所夺，而薯不长大……至六十日复如前壅土一次（是为第二次培土）。"至此甘薯的中耕除草、施肥田间管理技术日趋细致。

甘薯原为高产救荒作物，适应性较强。在南方，尤其是岭南地区，几乎一年四季均可栽培。《救荒简易书》（19 世纪）指出：红薯、白薯、干红薯、干白薯每年（指夏历）正月至八月皆可种，因此从夏至到立冬后十日，近半年均可挖食。干红薯、干白薯甚至可以在九月初"种于畦田中，霜降前五日，夜用杆草苫覆而盖之。冰冻时候，再用马粪驴粪及碎刍碎薪，厚厚壅培之，护而暖之，待到年底年初食。每科得五六两，每亩得五六千两，亦救荒之一奇也。"因而在全年大部分时间内均有成熟的甘薯可供食用。

6.2.3 分身有术的甘薯

（1）育苗

利用薯块的萌芽特性育成薯苗是甘薯生产上的一个重要环节。薯块宜选用根痕多、芽原基多的品种，以重 100 ~ 250 克，质量好的夏、秋薯块作为种薯。可采取各种育苗方法，如人工加温的温床，用多种式样的火坑，或使用微生物分解酿热物放出热能的酿热温床和电热温床等。利用太阳辐射增温的有冷床、露地塑料薄膜覆盖温床和采苗□等。苗床加盖塑料薄膜，可提高空气温度和湿度，有利于幼苗生长，使采苗量增加，百苗重能提高 20% 左右。育苗过程中，前期要用高温催芽。从排种到齐苗的 10 多天内，温度由 35℃ 逐渐下降，最后达到 28℃。苗高约 15 厘米左右时，温度由 30℃ 渐降到 25℃。床土适宜持水量为 70% ~ 80%，初期水分不足，根系伸展慢，叶小茎细，容易形成老苗；水分过多，则空气不足，影响萌芽；在高温、高湿下，薯苗柔嫩徒长。采苗前 3 ~ 5 天，必须降温炼苗，将床温维持在 20℃ 左右，相对湿度 60%。为了避免薄膜覆盖的苗床内气温过高，除通风散热外，床土还要保持一定的湿度，以便降低膜内气温。萌芽过程中，薯苗所需养分，主要由薯块供应。但根系伸展后或采苗 2～3 次后，要加施营养土或追施速效氮肥。床土疏松，氧气充足，能加强呼吸作用，促进新陈代谢。严重缺氧能使种薯细胞窒息死亡，引起种薯腐烂。覆盖塑料薄膜时，必须注意通风换气，有利于长成壮苗。

育苗时间因育苗的方式而有不同。加温苗床一般在栽插前 1 个月左右进行育苗，而冷床和露地育苗则在栽前 1 个半月左右进行。排种密度每平方米以 23～32 千克薯块为宜。采苗宜及时，以免影响苗的素质和下茬苗的数量。采苗的方法有剪、拔两种。剪苗比拔苗好处多：①种薯表面没有伤口，可防止病菌入侵；②不会摇动种薯损伤薯根；③促使基部腋芽、小分枝生长，增多苗量。剪苗要离床土 3 厘米以上，剪取蔓头苗栽插，能防病增产。

根据甘薯块根形成、膨大规律和对环境条件的要求，在合理轮作、选用良种的基础上，为提高产量和改善品质所运用的综合农业技术措施。栽培上应协调个体和群体、地上部和地下部之间的关系，促使植株向早发棵、早结薯、茎叶稳长、块根持续增大的高产长相发展，达到高产稳产。

1）整地做垄。甘薯要求土壤肥沃、土层深厚且疏松，以利块根形成膨大。大田生产大多采取垄作，极少平作。做垄方式有人工深挖做垄、套耕法做垄等。垄的方向最好南北向，以便植株获得充足的阳光，丘陵坡地做垄方向宜与等高线平行，利于蓄水，防止水土流失。

2）栽插。选用壮苗，适时早插，可充分利用生育期，当 10 厘米深处的土温达到 17～18℃时即可栽插。栽插的方法有直栽法、斜栽法、平栽法等。栽插的密度，水肥条件好的地宜稀，差的地宜密；长蔓品种宜稀，短蔓品种宜密；早栽的宜稀，迟栽的宜密。一般生育期长的春夏薯每公顷栽插 4.5 万～7.5 万株；生育期短的夏秋薯每公顷 6 万～9 万株；越冬薯栽插 6 万－7.5 万株，饲料栽培的每公顷 12 万株左右为宜。

（2）田间管理

甘薯生育前期氮素的需要量比较大，后期钾肥的需求量比较大，对磷的需求量相对较少；甘薯对水分的需求量大。，每生产 1 吨块根需耗水 300 吨，根据甘薯需肥等特点和高产长相要求加强田间管理是增产的重要措施。

1）发根还苗期。秧苗栽插后至根系基本形成。当地上部新叶展开，50%以上植株展开新叶或长出腋芽时开始独立生长，春薯一般插后3~5天发根，10天左右还苗；夏秋薯1~3天发根，3~5天展开新叶还苗。

2）分枝结薯期。从抽出分枝到茎叶覆盖地面期间，地下形成块根雏形，结薯数基本稳定。此期春薯在栽后50~70天，夏秋薯在栽后40~50天。茎叶生长由慢变快，块根伸长增粗，植株营养生长和养分积累同时进行，是决定产量的关键时期。

3）块根盛长期。从茎叶生长到达高峰期，功能叶片数达到最大值，其后茎叶鲜重和叶面积指数逐渐下降，黄叶和落叶数随着增加，直至收获。这一时期生长从氮素代谢转为碳素代谢为主，蔓薯比例1∶1时为转折时期，植株体内碳水化合物主要向块根运转贮存，使块根重量和干率不断提高，是决定块根产量的关键时期。要求茎叶健旺而不徒长，不早衰，垄土疏松通气，以利块根持续增大。

4）收获。甘薯块根无明显的成熟期，以当地平均气温下降到15℃，块根停止膨大时为收获适宜时期，最晚不低于12℃，过晚会使块根遭受低温冷害，降低品质和耐贮藏能力。先收早栽薯，种用薯，便于加工和保藏；后收迟栽薯、食用薯，利于增产和提高食用品质。收获方式有人工、畜力和机械三种，选择晴天收获，当天选薯入窖。

（3）甘薯贮藏

甘薯贮藏分为鲜薯贮藏和薯干贮藏。鲜薯贮藏是把收获的块根堆积在贮藏窖内，用控制温湿度为主的措施，强制块根减缓生理活动进程，使之在冬季低温条件下，尽量减少体内营养物质的消耗，达到保持其鲜度和品质的目的。薯干贮藏是把薯块切片或刨丝晒干，长期保存不使发生霉变。

1）贮藏期生理。鲜薯没有休眠期，收获后照常进行旺盛的呼吸作用。有氧呼吸时块根吸收氧，把体内淀粉分解为糖，释放出二氧化碳、水和热能，呼吸热是贮藏期间的主要热源。块根在9~15℃范围内，呼吸强度变化比较平稳，低于9℃显著减弱，超过15℃明显增强。甘薯块根在进行正常生理活动中，部分淀粉转化成糖和糊精，贮藏期间淀粉含量减少，糖含量增加，块根里的原果胶质部分变成水溶性果胶质，使薯肉变软。如果贮藏期内遇到较长时期的低温，可使甘薯体内的部分水溶性果胶质转化成为果胶质，使薯肉组织变硬产生烂心，蒸煮不烂。

2）贮藏窖。贮藏窖形式根据当地条件和习惯建窖，主要有三种：其一是井窖。系地面垂直挖井，再在井底横向挖贮藏室。冬季土窖愈深土温愈高。具体深度因地而异，以能保持窖温稳定在10～15℃为准。井窖深入地下，不易受外界温度影响，保温性较好，而且窖里湿度大，有利于保持甘薯鲜度，但管理不方便。适用于地下水位低、土质坚实的地方使用，是中国北方农村常用的窖；其二是棚窖。有地下式和半地下式两种。在平地挖长方形或圆形坑，深度不超过2米，可能四周围干草保温。棚窖构造简单，适用于冬季气温不太低，土质松软、地下水位较高的地区。这类窖因为入地不深，窖里温度容易受气温变化的影响，不够稳定，保温性较差；其三是屋窖。有地上式和半地下式两种。结构分为砖、石、土三种，外形与普通房屋相似，为了提高窖体的防寒保温性能，须加厚墙壁和屋顶，前后墙设有通气窗，窖里分割成若干个贮藏间。屋内有升温设备，可进行高温愈合处理。可以用人工调节温度、湿度，有明显的防病效果，安全贮藏率可达95%以上，是适用于中国薯区的贮藏窖。其他还有山洞窖、拱形窖等，都是利用山岗高坡掘洞而成，与井窖构造相似。

3）薯窖管理。入窖前剔除带病、破伤薯，入窖时做到轻拿、轻放。贮藏期间通过控制温、湿度，最大限度地降低呼吸强度，减少营养物质的消耗，使块根在整个贮藏期内处于“强迫休眠”状态，从而保持其鲜度。适宜的贮藏温度范围为10～15℃，相对湿度为85%～90%。低于9℃的时间过长，会发生冷害，轻者生活力降低，耐贮藏性减弱，重者组织褐变坏死；高于15℃薯块呼吸作用增强。湿度过低，薯块伤口不易愈合，从而增加病菌的感染机会。高温高湿能促进薯块发芽，并易受病菌繁殖蔓延，造成大量腐烂；低温高湿则加重冷害程度。刚入窖的薯块呼吸作用较强，窖内温湿度较高，应及时通风排湿降温，贮藏期间应严格控制温、湿度，适当通风。

4）高温愈合处理。利用块根受机械损伤后，在适当的环境条件下，能自行愈合伤口的特点，采用适当提高温、湿度，从而加快伤薯愈合过程，保护机体不被病菌侵染而发生腐烂，达到安全贮藏的目的。愈合组织的形成，首先是受伤表面数层细胞失水干缩，形状变长，它下面的几层细胞的细胞壁加厚木栓化，再下面有一层细胞里的淀粉逐渐消失，并在此部位生出扁平细胞层，连续进行细胞分裂，最终形成愈合组织。愈合组织形成的快慢和它所处的温、湿度条件密切相关。高温愈合处理所用的温湿度以及时间，各国不尽相同。美国使用的温度是29.5℃，相对湿度85%，处理时间为10天；日本用32℃，相对湿度为90%，处理时间为5～6天；中国采用温度为34～37℃，相对湿度85%～90%，处理时间为4天。这样做的结果不仅加快伤口愈合程度，更能有效防治甘薯黑斑病、软腐病的为害。高温愈合处理结束后，须进行通风散热，使窖里温度降到10～15℃，转入正常贮藏窖管理。

5）薯干贮藏。中国农村多采用手工操作自然曝晒的方法制作薯干。如阳光充足，阴雨较少，多采用切片晒干；阴雨天气较多，湿度较大时，多采用刨丝或切成小薯块晾晒。制干用的甘薯应早收，在当地霜期到来以前，选择晴天边收获边切晒，防止晚秋气温过低或遇阴雨，影响薯干质量，甚至发生霉烂损失。薯干吸湿性强，易受外界温度、湿度影响而发生霉变。入库贮藏时，按照质量标准和干燥程度分别存放，薯干含水量不超过11%，温度控制在30℃以下，若超过须晾晒。

（4）甘薯的利用

甘薯传入中国之初，适值福建屡遭饥馑，因此人们对甘薯功用的最初认识，是可防灾救饥。随着时间的推移，人们逐步认识和发现了甘薯的许多优点。徐光启将其归纳为“十三胜”，指出其具有高产益人、色白味甘、繁殖快速、防灾救饥、可充食、可酿酒、可久藏、可做饼饵、生熟可食、不妨农功、可避蝗虫等优点。指出“农人之家不可一岁不种，此实杂植中第一品，亦救荒第一义也”。甘薯的食用方式有“可生啖，可蒸可煮。可煨可粥。可参脱粟，可切晒干，可磨粉，可熬糖酿酒，叶可作蔬”。进入20世纪以后随着近代淀粉、酒精工业的发展，甘薯成为粮食以外的工业原料。

甘薯的营养成分如胡萝卜素、维生素 B_1、维生素 B_2、维生素C和铁、钙等矿物质的含量都高于大米和小麦粉。非洲、亚洲的部分国家以此作主食；此外还可制作粉丝、糕点、果酱等食品。工业加工以鲜薯或薯干提取淀粉，广泛用于纺织、造纸、医药等工业。甘薯淀粉的水解产品有糊精、饴糖、果糖、葡萄糖等。酿造工业用曲霉菌发酵使淀粉糖化，生产酒精、白酒、柠檬酸、乳酸、味精、丁醇、丙酮等。根、茎、叶可加工成青饲料或发酵饲料，营养成分比一般饲料高3~4倍；也可用鲜薯、茎叶、薯干配合其他农副产品制成混合饲料。当前及今后相当长的历史时期，石油供给形势将日趋严峻，生物质能的开发和利用受到世界各国的高度重视。甘薯生物产量高，淀粉产量高，是生产燃料乙醇的理想原料，作为新型能源植物已经引起许多国家的高度重视。甘薯作为新型能源植物，将在中国能源安全中扮演重要角色。

6.3 小杂粮

6.3.1 大麦

禾本科大麦属作物的总称，一年生或越年生草本植物，属内有30多个种，其中有栽培价值的只有普通大麦种。大麦类型众多，适应性强，分布广泛，世界各国的大麦主要用于畜禽饲料。

（1）大麦的起源与演化

根据野生大麦的分布及考古资料，大麦的起源地有二：一是从小亚细亚经过美索不达米亚到伊朗高原的中东地区和从埃及、北非到苏联的北高加索等地区；另一个起源地是中国的青海、西藏和四川的西部。大麦由野生到栽培的演化，是一个有争议的问题。有二棱起源说，二棱及六棱起源说，六棱起源说和多阶段进化系统学说。20世纪初出现了双源说。里蒙彭（Rimpao）从比较形态学观点认为栽培大麦的祖先种应为六棱型，而二棱型则为六棱型侧小穗退化所致。20世纪70年代，中国学者在西藏、青海、四川西部等地进行考察，发现大量二棱、六棱和中间型的野生大麦，通过对其进行性状遗传、细胞学核型和酶谱等研究，提出了多阶段进化系统学说，认为栽培大麦的进化可能是由二棱到六棱，由小穗有柄到无柄，子粒由有稃到裸粒，穗轴由碎穗到坚韧的过程，其中经历了几个阶段。其原始种是野生二棱大麦，在距今7 000~10 000年，人类驯化大麦时，开始了第二阶段，相继产生了六棱瓶型，六棱无柄及六棱裸粒等野生大麦。第三阶段才进化为栽培六棱大麦，而栽培二棱大麦则是选育大穗、大粒的结果。这一学说强调了六棱大麦在进化中的作用，并论证了中国青藏高原是野生大麦的起源地之一。

（2）大麦的栽培历史

大麦是人类栽培远古作物之一，世界各地先后发现早在公元前15 000～前5 000年的栽培大麦的遗物。远古时主要栽培在东亚和西南亚的古文明区，后来传至欧洲。古代大麦以六棱最多，次为四棱，二棱最少。17世纪初由英国殖民地引入北美；荷兰和西班牙殖民者将欧洲和北非的品种引至南美，在东方，大麦由中国传至印度，4～5世纪由中国经朝鲜传至日本。

中国大麦栽培历史悠久，1979年在新疆哈密县五堡乡墓葬内，曾出土新石器时代含彩陶文化的青稞穗壳，这是迄今出土最早的栽培大麦遗物。在新石器时代中期，距今5 000年前的古羌族时，就在黄河上游栽培大麦。远在公元前14～前12世纪的殷商甲骨文中已有“麦”“来”“牟”的记载。公元前6世纪的《诗经》中记有“贻我来牟”。先秦文献中统称大小麦为“麦”或“来牟”。公元前3世纪《吕氏春秋·任地篇》中的“孟夏之昔，杀三叶而获大麦”，开始正式有大麦这一名称。西汉以前全国各地就种有大麦，在黄河、长江流域和西北旱漠地区更广为种植。6世纪30年代的《齐民要术》和南宋嘉泰年间的《会稽志》等书中，有了关于大麦的原始分类、品种、栽培技术和利用经验的记载。另从8世纪的《本草拾遗》中记有“青稞似大麦，天生皮肉相离，秦陇以西种之”；另从约16世纪后期的《本草原始》中记有“大麦，一名牟麦，出关中”。可以看出中国栽培大麦很可能是由西向东传播的。

（3）我国大麦的分布

我国大麦的分布在栽培作物中最广泛，但主要产区相对集中，主要分布在长江流域、黄河流域和青藏高原。根据生态因素中的光、温条件以及地理位置、播种期等特点，将中国栽培大麦划分为三大生态区。

1）北方春大麦区。包括东北平原，内蒙古高原，宁夏、新疆全部，山西、河北、陕西北部，甘肃－景泰和河西走廊地区，属一年一熟春大麦区。从20世纪80年代后期，啤酒大麦发展很快，最大面积曾达到1 000万亩，尔后逐年减少，至1995年200余万亩。该区在大麦生长季节日照长，昼夜温差大，对籽粒碳水化合物积累有利，千粒重高。特别是西北，天气晴朗，由黄河水、祁连山和天山雪水灌溉，啤酒大麦籽粒色泽光亮，皮薄色浅，发芽率高，是我国优质啤酒大麦生产潜力较大的基地。黑龙江省被称为“北大荒”的松花江和三江平原，地域广阔，土壤肥沃，7月下旬进入雨季，适合种植早熟品种，也是我国比较好的啤酒大麦基地之一。

2）青藏高原裸大麦区。包括青海、西藏全部，四川－甘孜、阿坝两个藏族自治州，甘肃－甘南藏族自治州，云南－迪庆藏族自治州。大麦种植在海拔3 000米以上，属高原气候，阴湿冷凉，昼夜温差大，一般无霜期短。3月下旬至4月中旬播种，7月下旬至9月上旬成熟，一年一熟，以多棱裸大麦为主，是藏族人民的主要食粮。

3）黄、淮以南秋播大麦区。包括山东，甘肃的陇东和陇南，晋、冀、陕南部及其以南各省，四川盆地，云贵高原6个生态亚区，是我国大麦的主要产区。秋季播种，根据越冬期的低温程度不同，品种有冬性、半冬性和春性。黄、淮冬麦区冬季气温低，品种属冬性。该区降雨量适中，大麦比小麦早熟10天左右，收获前后天气晴朗，历史上就有种大麦的习惯，是我国啤酒大麦基地之一。长江流域、四川盆地以南地区，大麦面积占全国的一半左右，是我国大麦的主要产区。该区气候温暖潮湿，降水量大，大麦作为早稻的前作，主要用作饲料。江苏的淮河以北和盐城地区，降水量一般比长江以南少，大麦子粒色泽比较好，千粒重较高，也是比较理想的啤酒大麦基地。

（4）大麦的主要用途

全世界大麦播种面积在1970年代末约9 600万公顷。年产量近18 000万吨，其中约1/2的产量用作饲料，其余供人类食用，或用以制麦芽糖。啤酒主要用大麦芽制造，总产量的10%以上用于制造啤酒。大麦芽也用制蒸馏饮料。

大麦子粒的粗蛋白和可消化纤维均高于玉米，是牛、猪等家畜、家禽的好饲料。欧洲、北美的发达国家和澳大利亚，都把大麦作为牲畜的主要饲料。我国南方用大麦喂猪，在育肥期增加饲料中的大麦的比例，可使猪肉脂肪硬度大，熔点高，瘦肉多，肉质好。大麦还可以制作青贮饲料，在灌浆期收割切段青贮，是奶牛的好饲料。

大麦除了能食用外，还可用来酿酒。我国目前啤酒产量居世界第二位，1998年产量达1 998万吨，需啤酒大麦330万吨。随着我国啤酒质量和产量的提高，对啤酒大麦子粒的外观、色泽、品质的要求越来越严格。自1989年以来，我国啤麦进口量占总用量的46%～71%，年用外汇3亿多美元。提高国产啤麦的质量和数量是麦芽厂家多年的愿望和要求。

大麦是藏族人民的主要粮食，他们把裸大麦炒熟磨粉，做成糌粑食用。长江和黄河流域的人民习惯用裸大麦做粥或掺在大米里做饭。大麦仁还是“八宝粥”中不可或缺的原料。裸大麦中β-葡聚糖和可溶性纤维含量高于小麦，可作为保健食品。此外，“大麦茶”是朝鲜族群众喜欢的饮料。饮料“旭日升暖茶”的原料中也有大麦。

6.3.2 谷子

谷子也称粟，中国古代甲骨文称为禾，是一年生草本植物。粟的亲缘最近的是野生狗尾草，狗尾草与粟形态相似，染色体数相等，同工酶分析，两者的酯酶谱带也很相似，表明它们亲缘关系很近。须根粗大。秆粗壮，直立，高0.1～1米或更高。叶鞘松裹茎秆，密具疣毛或无毛，毛以近边缘及与叶片交接处的背面为密，边缘密具纤毛；叶舌为一圈纤毛；叶片长披针形或线状披针形，长10～45厘米，宽5～33毫米，先端尖，基部钝圆，上面粗糙，下面稍光滑。圆锥花序呈圆柱状或近纺缍状，通常下垂，基部多少有间断，长10～40厘米，宽1～5厘米，常因品种的不同而多变异，主轴密生柔毛，刚毛显著长于或稍长于小穗，黄色、褐色或紫色；小穗卵形或近圆球形，长2～3毫米，黄色、橘红色或紫色；第一颖长为小穗的1/3～1/2，具3脉；第二颖稍短于或长为小穗的3/4，先端钝，具5～9脉；第一外稃与小穗等长，具5～7脉，其内稃薄纸质，披针形，长为其2/3，第二外稃等长于第一外稃，卵形或球形，质坚硬，平滑或具细点状皱纹，成熟后，自第一外稃基部和颖分离脱落；鳞被先端不平，呈微波状；花柱基部分离；叶表皮细胞同狗尾草类型。

(1) 谷子的起源

谷子（粟）起源于中国或东亚的古老作物。考古学家证明，粟是黄河流域新石器时代文化中最主要的栽培作物。代表中国新石器时代早期文化的河北武安山磁山遗址（前5400年）、河南新郑裴李岗遗址（前5935年）分别有谷子的种子和米粒出土，经鉴定均有7 000～8 000年的历史。属于新石器时代中期的西安半坡村遗址（前4115～前3635年）出土的陶罐内盛有粟粒。中国拥有极丰富的粟种质资源。在古代中国与其周围的东亚国家和中东国家交往中，粟传播到四周各国。德坎多（De Candolle）根据欧洲湖上居民在瑞士和奥地利的遗址中普遍有粟的遗存，推测粟是由阿拉伯、小亚细亚、奥地利传入欧洲的。1979年J. M. J. 戴维特（de Wet）等专文论述粟的起源和演化，从粟的古代遗存到粟粒的贮存蛋白质等方面进行探讨，认为小粟 *S. italica* race moharia 起源于欧洲，大粟 *S. italica* race maxima 起源于中国，形成各自的多样性变异。

(2) 谷子的栽培史

谷子（粟）是人类最早栽培应用的作物之一。在中国，公元前2700年用作祭祀品的五谷中包括粟在内。至战国秦汉时期，粟已成为种植最多的作物。随着农业的发展，粟的传播不断扩大。汉代《盐铁论》提到“江南蜀汉之间伐木而树谷，燔箓而播粟”。唐宋时期继续提倡在南方种粟，以后随着农业生产技术的提高，稻麦等得到更大的发展，到宋末粟退居到第二或三位。元代《王祯农书》：“古今谷禄，皆以是为差等，出纳之司，皆以是为准则”，可见仍居重要地位。清代以来又向东北地区发展，直到黑龙江流域。同时，明清两代甘薯、玉米引入后逐渐扩大，取代部分粟的面积。世界上古代和中世纪时粟的栽培也很普遍，曾是欧洲人的主要粮食，至19世纪以后，在东、西欧，粟逐渐为小麦、水稻、玉米和马铃薯所取代。

(3) 谷子的栽培技术

中国栽培谷子（粟）的历史悠久，积累了丰富的经验。通过农业耕作技术，充分利用当地自然条件以满足粟的生物学要求，中心环节是旱地保墒保苗、适时播种；有水肥条件时科学施肥、合理密植、防止倒伏。20世纪50年代以来深入总结和推广传统栽培技术。在旱地春粟、水浇地春粟及夏粟栽培上都各自形成了整套的综合丰产技术。

1）选地和整地。种谷子要选择土质疏松，地势平坦，黑土层较厚，排水良好，土壤有机质含量高，合理轮作，把谷种播在上茬没有种过谷子的地块上。地块选好后，要细整地，整好地。在半干旱地区推广深耕蓄墒、耙耱保墒、镇压提墒的三墒整地技术。即秋季前作收获后及时深耕 20～25 厘米，耕后耙耱，以接纳蓄积秋雨；冬季镇压碎土弥合裂缝以防跑墒；早春顶凌耙地，早耕随即耙耱，如遇雨则再耙耱，以收墒保墒；播前用长石磙镇压，以使土壤上虚下实，将深层水分上提。

2）播种。适当延迟春粟播种期一般较好，而夏粟由于生长期较短，应争取早播。一是选抗逆性强、丰产性能好、商品性和营养性均好的优良品质的种子；二是搞好种子处理；三是适时早播，即当气温稳定通过 7℃时开始播种，主要是抢墒播种。播种前整地要细，覆土均匀一致；四提高播种质量，确保全苗；五是合理密植，建立合理的群体结构，一般根据地势和土壤肥力进行合理密植，原则是平地、肥力高的地块，密度大些。坡力、肥力低的地块，密度小些，一般平地、肥力较高地块，亩保苗株数 3. 5 万～4 万株；坡地、肥力较差地块，亩保苗 3 万～3. 5 万株。播种方式主要是条播，部分是穴播。行距一般为 27～40 厘米，播种深度为 3～5 厘米。播后镇压 2～3 次，使播种沟紧实，种子与土壤紧密接触，减少土壤水分蒸发，便于种子吸水萌发。

3）苗期管理。播后保苗，提高幼苗成活率是重要技术措施。粟间苗一般是在 4～5 叶期进行，可以改善株间生态条件，培育壮苗。粟田通常中耕 3 次，第一次是中耕结合间苗，浅锄松土，深度 3～5 厘米；第二次中耕在拔节后，结合追肥进行，深度 7～10 厘米，挖瘦根，长肥根，起促控作用；第三次在孕穗期进行，结合追肥、浇水，深度 5 厘米左右，同时培土，防止倒伏。

4）合理施肥。粟对氮磷钾三要素的吸收，因地区品种产量水平不同而有差异。春粟吸收量较大，夏粟吸收量较少；高产田需肥量较高，低产田相应较低。不同生育阶段对肥料的吸收有明显差异。苗期生长缓慢，吸肥量较少，拔节后，吸肥量显著增加，孕穗到抽穗期吸肥强度最大，这一时期是粟营养生长和生殖生长并进阶段，需要吸收大量的养分，才能保证各部分需要。穗枝梗分化期加强营养有增花增粒作用，小花分化到花粉母细胞四分体初盛期的营养有降低秕谷的作用，是粟的需肥高峰期。抽穗以后，对养分的吸收逐渐减少。粟一般不需施钾，以氮磷配合效果较好。腐熟的农家肥、碳铵及磷素化肥宜作为基肥施用，硝酸铵作为种肥和追肥效果较好。追肥时期以抽穗前 10 ~ 15 天的小花分化期施入效果最好。瘠薄地缺氮严重，则要提前到拔节期追肥，以保证适当的营养生长量。氮肥不可追肥过晚，以免造成贪青晚熟或倒青减产。追肥方法，除了地面追肥外，还可根外追肥、叶面喷施。

5）大田管理。一是早压苗，促进根系发育，在幼苗 2 ~ 5 片叶时，用木头磙子压青苗 1 ~ 2 次，以利壮根。二是早间苗、定苗，“谷间寸，如上粪”，当苗高 3 厘米时开始间苗，即拿上手就间苗，幼苗 5 ~ 6 厘米时进行定苗，草株留苗，拐子苗，不留死簇子。三是三铲三趟，细铲细趟，搞好除草和松土，促进根系发育。四是合理灌水。“旱谷涝豆”，谷子是比较耐旱作物，一般不用灌水，但在拔节孕穗和灌浆期，如遇干旱，应急时灌水，并追施孕穗肥，促大穗，争粒数，增加结实率和千粒重。五是防病治虫，生育期要及时防治黏虫、土蝗、玉米螟，干旱时注意防治红蜘蛛，后期多雨高湿，应及时防治锈病。

6）适时收获。适时收获是粟丰收的最后环节，收获过晚，茎秆及穗码干脆易折，并容易脱粒，特别是遇到大风容易造成严重损失。如遇到阴雨穗部发霉，影响产量和品质。一般在蜡熟末期或完熟初期收获为最佳期。

7）谷子的移栽。一般先在秧田培育粟苗，然后移植到本田的栽培方法。已在可缩短本田用地时间，充分利用自然光热资源，提高复种指数。同时便于培育壮苗。移栽后的植株，节间伸长受到抑制，植株较矮，可增大留苗密度，提高单位面积产量。①育苗应选肥沃地为秧田，施足基肥，整地作畦。秧畦面积一般为 15 平方米左右，秧田与本田的比例约为 1∶14。秧田播种期可根据预定移栽期来推断，以秧田生长期不超过 30 天为宜。播前先自畦面取土一层，堆于其旁，然后畦内充分灌水，待水渗下后，均匀撒籽于畦面，再撒土覆盖，覆土厚度 2 厘米左右，播后 3 ~ 5 天出苗，为促进苗壮，还可以施一些种肥。底墒充足条件下，苗床一般不再浇水，以控制次生根生长，到移栽前一天灌水，促进生根萌发，保证移后成活。若浇水过早，次生根伸长入土，起苗时就会拔断次生根。移栽期若遇下雨，可在雨前迅速把苗拔起，齐根捆成束，置于避雨处假植。③移栽：移栽前把本田整好，并施入基肥，然后做垄。垄距 40 厘米左右。移栽以下午进行为宜，减少日晒蒸发，容易成活。栽苗不宜过深，覆土以埋住根部为度。丛距23～27 厘米，每丛6～7 株，每公顷约60 万株。栽后随即浇水，次日再灌水一次，以保证成活率。③本田管理：移栽后 5～6 天为秧苗的恢复期，不宜浇水，以免降低土壤温度，影响根的生长。秧苗恢复生长后，再灌水一次，灌水前施入速效性氮肥。施肥灌水后，地面稍干，及时进行中耕，可将原垄沟封平。孕穗期，再灌水 1～2 次，中耕 1～2 次，最后一次中耕要结合培土。抽穗期要灌水，同时追肥，但用量不宜过大。灌浆期如果天旱，也要再行浇水。

6.3.3 高粱

高粱，禾本科，高粱属。1 年生草本。秆实心，中心有髓。分蘖或分枝。叶片似玉米，厚而窄，被蜡粉，平滑，中脉呈白色。圆锥花序，穗形有带状和锤状两类。颖果呈褐、橙、白或淡黄等色。种子卵形，微扁，质黏或不黏。性喜温暖，抗旱、耐涝。按性状及用途可分为食用高粱、糖用高粱、帚用高粱等。中国栽培较广，以东北各地为最多。食用高粱谷粒供食用、酿酒。糖用高粱的秆可制糖浆或生食；帚用高粱的穗可制笤帚或炊帚；嫩叶阴干青贮，或晒干后可作为饲料；颖果能入药，能燥湿祛痰，宁心安神。

（1）高粱的起源

高粱（*Sorghum bicolor*（L.）Moench）起源问题目前尚未定论，但是许多研究者认为高粱原产于非洲，史前传入埃及，以后传入印度，然后至中国。高粱分布广，形态变异多。非洲是高粱变种最多的地区。1935 年 J. D. 斯诺顿收集到 17 种野生种高粱，其中有 16 种来自非洲。他所确定的 31 个栽培种里，非洲占 28 种；158 个变种里，只有 4 个种在非洲以外的地方。他认为，都拉、几内亚、卡佛尔三个族的高粱相近，并可能分别起源于野生的埃塞俄比亚高粱 *S. aethiopicum*（Hack）Rupr、类葫芦高粱 *S. arundinaceum*（Desv）Stapf、轮生花序高粱 *S. vertici lliflorum*（Steud）Sapy。多数学者认为，现代高粱的栽培种是原始的栽培种不止一次地与多个野生种杂交的结果。

在莫桑比克的一个溶洞中，考古学家发现了距今 10.5 万年前的各种石器，有刮削器和研磨器，而且石器上面粘着许多当地的一种高粱的颗粒。由于洞穴中很黑暗，不适合作物生存，这些高粱颗粒肯定不是洞穴中自然产出的。显然，原始人从洞穴外收集大量的高粱作物，然后在洞穴中用石器处理外壳后食用。这是迄今为止人类食用高粱的最早发现。

中国高粱（*S. bicolor* var. kaoliang）又名蜀黍、秫秫、芦粟、茭子、木稷等。关于它的起源和进化问题，有两种说法：一说由非洲（或印度）传入。二说中国原产。因为高粱在中国经过长期的栽培驯化，渐渐形成独特的中国高粱群，许多植物学形态与农艺性状均明显区别于非洲起源的各种高粱。中国高粱叶脉白色，颖壳包被小，易脱粒，米质好，分蘖少，气生根发达，茎成熟后髓部干涸，糖分少或不含糖分等。另外，中国高粱与非洲高粱杂交，杂交一代代容易产生较强的杂种优势。说明两种高粱遗传距离差异较大。高粱是中国最早栽培的禾谷类作物之一。有关高粱的出土文物及农书史藉证明，最少也有 5 000 年历史了。如《本草纲目》记载："蜀黍北地种之，以备粮缺，余及牛马，盖栽培已有四千九百年。"

（2）高粱的栽培技术

高粱的栽培技术历代农书记载都较简单，古代常将高粱种在低涝地或高地，这是与其耐旱耐涝性强有关，也宜于碱地贫瘠地种植。《农政全书》说"秦中碱地种蜀秫"，《救荒简易书》说高粱性"耐碱、易种碱地"，也易种"沙地、水地、虫地、草地"等。古代还强调高粱不宜连作，如清代《农桑经》说"地无连年重种"，因"前年有落种，则隔年复出，误留之，则未熟即落，熟时已空"。古代常以高粱和豆类轮作换茬，《马首农言》说"高粱多在去年豆田种之"；《山西农家俚言注解》中介绍了清代朔县以豆类为中心的五年轮作制中就有高粱。另外清代《增订教稼书》介绍了高粱密植可以增产的方法；《救荒简易书》还介绍了"冻高粱十一月种"或"十二月种"，可在明年麦后即熟的高粱冬播而致"旱蝗俱不能灾"的方法。

高粱具有广泛的适应性和较强的抗逆能力，无论是平原肥地还是干旱丘陵、瘠薄山区，均可种植。山西地区是高粱主要产区之一。高粱的种植可分为春作与秋作两种。春作播种期约在农历三月底至四月中旬，时间不宜过早，因早期播种气温低，生长缓慢，遇到寒流易枯死，秋作则选在农历五月下旬至六月下旬之间播种，时间不宜太迟，以免生育中后期遇低温，影响生育而延迟成熟期。在栽培上除精细播种、保证适宜密度外，还应及时进行田间管理，适时早种，增施肥料，对促进高粱的正常生长发育，提早成熟、高产稳产有着重要作用。其栽培过程大致如下：

1）轮作。高粱忌连作，重茬生育不健壮，穗粒数少，一般减产20%左右，同时病害严重，特别是黑穗病连种次数越多则发病率越高，连种三年的地块，病株可达30%以上。高粱根系发达，入土深，吸肥力强，最好的前作是豆科作物或浅根性作物。高粱在各地生产中所占地位不同，轮作方式也各异。北方一年一熟春播区一般为：大豆→玉米→高粱→谷子；山东、河南、江苏、安徽等省夏播高粱主要轮作方式是：春玉米→冬小麦→夏高粱→冬小麦→夏谷三年五熟轮作。南方一般在早稻收获后播种高粱或育苗移栽。

2）整地。高粱主要分布在年降水量500毫米以下地区。为了保证播种时土壤中有足够水分，耕翻后应及时耙耱镇压。一般先将堆肥撒施于耕地上，然后耕犁12～15厘米深，充分耕碎土块，除去杂草，并耙平土面。中国东北西部半干旱地区，常实行原垄播种，即不耕翻土地，早春季节及时进行耙地并耥沟镇压，防止水分蒸发。春作及秋作时，堆肥于整地前撒施于田间，然后翻入土中，磷肥全量及氮钾肥半量作为基肥，于播种前施用，余半量氮钾肥於播种后30天施用。

3）播种。高粱种子萌动后不耐高温，如果播种过早，土壤温度过低，昼夜温差大，种子受霉菌侵染变质，造成大面积坏种。一般在5厘米土层温度通过12℃时播种，出苗正常。中国各地春播的适宜播种期，因地区而异，一般为4月上旬至5月中旬；夏播高粱在夏田收获后立即整地播种。播种方法分点播及条播两种，一般以条播为主，把种子均匀播于植沟内然后覆土厚约3厘米。播种密度因品种的植株高矮、土壤肥力和栽培水平各异，一般矮秆品种宜密，贫瘠土地或栽培水平低的宜稀。中国种植的品种大部分为高杆和中秆品种，一般土壤肥力条件下，每公顷8万～12万株；土壤肥沃管理水平高的土地，每公顷种植15万株左右，夏播高粱一般每公顷种植9万～12万株。

4）田间管理。高粱播种后，根据不同生育时期的特点，采取相应的管理措施，为生长发育创造良好条件。出苗到拔节是根系的生长和形成期，田间管理措施是间苗、蹲苗、中耕除草。当地上部长出3～4片叶时进行疏苗，拔除密集在一起的小苗、病苗；5片叶时进行定苗，按照种植密度等距留苗。结合疏苗、定苗进行耘地除草，促进高粱正常生长发育。拔节到抽穗茎叶迅速生长，幼穗开始分化和形成，是营养生长和生殖生长并进期，需肥量比苗期增加3～4倍，对水分的需求量占全生育期的50%～60%，该时期田间管理措施主要是施肥浇水，配合中耕除草，促进植株的健壮生长和穗的分化。在底肥数量少，土质贫瘠的条件下，要以氮肥为主进行追肥，遇旱进行灌溉。抽穗以后，茎叶生长趋于停止，转入开花、受精、结实为主的生殖生长时期。田间管理的重点是保持后期功能叶片的旺盛光合能力，防止脱肥早衰，保证根系对营养的吸收。脱肥高粱应进行根外追肥。

5）施肥。高粱是耐贫瘠作物，但对肥料相当敏感，特别是施用氮、磷肥，不但可提高产量，而且能促进生长发育，提高抽穗成熟。高粱每生产100千克子粒需吸收2～4千克氮，1.5～2千克磷（P_2O_5），3～4千克钾（K_2O），氮磷钾比例大致为1∶0.5∶1。不同生育阶段对养分吸收比例不同，出苗到拔节阶段对养分吸收的比例较小；拔节到抽穗阶段是需肥的高峰，抽穗到成熟又出现一次高峰，需磷量最大。根据不同生育时期对养分的需求，播前要施用基肥，播种时施用种肥，生育期间进行追肥。基肥多以有机肥为主，一般是在秋翻或春翻时施入，也可在早春通过耙地施入表层，还可将肥料集中施入垄沟内，然后播种覆土。种肥用高质量的农家肥和氮、磷化肥。在高粱生育期间追肥，施用含氮量高的速效肥。根据基肥和种肥的施用量和高粱的生育状况，确定追肥时期和用量。

6）收获。高粱穗下部子粒达到蜡熟时为高粱的适宜收获期，过早收获，子粒不充实，产量低；收获过迟，子粒自然脱落和呼吸消耗，降低产量和品质，收获后经晾晒或烘干贮藏。

高粱生育期间，按照杂草发生情形，实施中耕除草2～3次，尤其生育初期，特别注意将杂草除净，以免影响发育。若使用除草剂时，应在播种覆土后萌芽前喷施。培土：第一次中耕除草后，随即施追肥于植株旁，并将土壅培於植株茎部，以防止倒伏，促进发育。灌溉排水：高粱耐旱，但在幼穗形成期（播种后35天左右）、乳熟期（播种后75天左右）如遇干旱，影响产量很大，应加以适量灌溉。在多雨季节，应随时排除积水，以免发生病虫害及延长成熟期。

高粱田化学除草，具有除草及时、效果好、劳动强度小、成本低等优点。推广和应用化学除草，可以取得较高的经济效益和社会效益。高粱田的化学除草，主要在播种至出苗前，以及出苗后5~8叶两个时期进行。使用方法如下：①播后苗前土壤处理：在高粱种子播种后，幼苗未出土前，喷洒除草剂，而杂草萌发早的，遇药后会迅速死亡，以达到除草目的。②苗期茎叶处理：苗期化学除草是利用除草剂在作物和杂草体内代谢作用不同，以达到灭草保苗目的。高粱出苗后5~8叶期，抗药力较强，使用化学除草剂较安全，而5叶前、8叶后对除草剂很敏感，故苗期化学除草一般在5~8叶期进行，否则容易产生药害。高粱化学除草多在播后苗前进行土壤处理，一般不宜苗期喷除草剂。如苗期确因草害严重，应严格掌握喷药时间、喷药浓度和药剂品种。高粱对化学药剂很敏感，使用时一定要严格掌握用药剂量和方法，否则，容易造成药害。如果是初次使用化学除草剂，缺乏经验，必须先做小面积的除草试验，总结经验后再推广，以免造成产量损失。

甘薯、马铃薯等作物在人类发展中扮演者重要的角色。它们既是传统食粮，又是现代保健珍品；不仅富含蛋白质、各种维生素、矿物质和脂肪，还具有降血脂、降血糖、软化血管等效果，被誉为“美容、健身、防病”的保健食品，符合人们“低碳、有机、绿色、健康”的要求，具有良好的发展前景。

7　近代农业

改革开放以来，我国的农业生产发生了翻天覆地的变化，取得了巨大的成就，其成功经验举世瞩目。要立足中国的基本国情来认识当代农业发展的现状和存在的问题，要充分估计农业发展面临的危机和推动农业进一步深入发展的重要性与紧迫性，并采取有力的措施，尽可能地降低农业现代化过程中的代价。同时，通过分析当代农业发展的背景、农业发展历程中遇到的各种问题和难题，采取相应的对策；总结农业发展过程中的宝贵经验，为当代农业的进一步发展提供智力支持。

7.1　发展现状

从1978年至2013年，我国改革开放的伟大事业已经进行了整整35年。农业，作为我国的基础性产业，在这35年的时间里，发生了翻天覆地的变化，取得的巨大成就和成功经验举世瞩目，为世人所关注、为世界所称道。

7.1.1　改革开放以来农业发展历程

1979～1984年，家庭联产承包责任制形成时期。20世纪70年代，大锅饭式的农业生产已经不能充分调动农民的积极性，农业生产关系迫切需要调整。1978年下半年，安徽、四川农村尝试包干到户、到组。党的十一届四中全会关于加快农业发展若干问题的决定，允许农民经营自主。1980年关于进一步加强和完善农业生产责任制的几个问题，认为包产到户没有资本主义复辟的危险。1983年，全国的生产队绝大多数实行了包干。家庭联产承包责任制，在资本技术投入等增长不多的情况下，通过适时调整生产关系，明晰农业生产过程的责权利关系，促进了农业增产。与1979年相比，1984年粮食年产量增加16.6%，棉花年产量增加175.4%，油料年产量增加84.2%，糖料年产量增加94.8%。

1985～1989年，农业发展陷入停滞时期。在农业生产方面，虽然农业机械化不足可由劳动力来弥补，但化肥施用、农业灌溉等的不足是劳动力难以替代的。随着农业生产关系的稳定，在生产关系调整对农业发展的促进作用达到一定程度后，由于农业生产资本投入不足，从1985年开始，我国农业发展陷入停滞状态。以化肥施用、农业灌溉为例，根据《2009年中国统计年鉴》数据，1985年农作物总播种面积14 362.6万公顷，化肥施用1 775.8万吨，平均每公顷农田化肥施用量123.6千克，每亩仅为8.24千克；有效灌溉面积4 403.6万公顷，有效灌溉率仅为30.6%。农业生产面临着生产力方面的瓶颈，主要农作物产量增长停滞，以粮食为例，1984年产量4.07亿吨，之后下降，直到1989年才达到1984年水平。

1990～1999年，社会主义市场经济体制逐步确立时期。1987年党的十三大正式提出计划与市场内在统一，邓小平同志1992年提出：是计划多一点还是市场多一点，不是社会主义与资本主义的本质区别，1993年党的十四届三中全会做出了关于建立社会主义市场经济体制若干问题的决定，确立了市场经济体制的改革方向，坚持以公有制为主体、多种经济成分共同发展的方针，推动了市场经济的发展。农业生产作为整个社会生产活动的一个方面，社会主义市场经济体制的确立对农业发展也起着重要推动作用。这一时期，我国农业生产逐步走出停滞不前的境地，根据《2009年中国统计年鉴》数据，粮食产量在1996年突破了5亿吨大关。

2000～2003年，农业发展处于徘徊时期。这一时期，20世纪70年代、80年代出生的一代形成劳动力，农村劳动力剩余增加，劳动力大规模向城市转移，农民闲时外出务工，忙时回乡务农。在当时的生产条件下，农业生产已经达到饱和，农业机械化程度的提高，减轻了农民的体力劳动，对提高农产品产量的作用并不明显；化肥施用量增加到一定程度后，也摆脱不了边际生产力递减的规律。在生产关系维持不变的情况下，农业劳动、资本等要素投入增长缓慢，同务工收入相比，农业生产在扣除生产资本、包干上缴的部分后，净收入很低且占用较多时间，土地甚至成了农民的包袱，在一些地方甚至出现土地撂荒现象，使得农业发展处于徘徊状态。

2003 年后，以科学发展观统筹农业发展新时期。2003 年党的“十七大”提出科学发展观，其重要内容是统筹城乡发展，标志着农业发展进入新阶段。2004 年中央 1 号文件提出两减免、三补贴。2008 年中共中央关于推进农村改革发展若干重大问题决定提出建立健全土地承包经营权流转市场，按照依法自愿有偿原则，允许农民以转包、出租、互换、转让、股份合作等形式流转土地承包经营权，发展多种形式的适度规模经营。生产关系的适时调整，再加上一系列支农惠农政策的出台，使得农村生产生活条件逐步改善，部分进城务工人员开始返乡务农，劳动力素质提高，农业机械化水平提高、农业积累、资本投入提高，农业逐步迈向新的发展阶段。

7.1.2 改革开放以来农业发展取得的巨大成就

改革开放 30 多年来，我国农业发展取得了巨大成就：

（1）产量增加

30 多年来，我国粮食产量先后跨越 3.5 亿吨、4.0 亿吨、4.5 亿吨、5 亿吨共 4 个台阶，创造了用不到世界 9% 的耕地和全球 6.5% 的淡水资源养活了占世界 21% 的人口。从 1978 ~ 2007 年，我国粮食产量增长六成多（64.55%），棉花增长 2.5 倍，油料增长 3.9 倍，糖料增长 3.8 倍，水果增长 26 倍，肉类增长 7 倍，水产品增长 9 倍。粮食、蔬菜、水果、肉类、禽蛋、水产品等产量连续多年居世界第一位。农产品供应日益丰富，结束了主要农产品长期短缺的历史。而 2009 年全国粮食总产达 5.15 亿 ~ 5.20 亿吨，超过 1998 年 5.123 亿吨的历史最高水平；粮食亩产首次突破 320 千克，达到 324.6 千克。

（2）质量提高

在产量增长的同时，我国农产品质量也稳步提高。一是优质品种覆盖率提高。据统计，我国现有主要农作物种植品种中，优质品种覆盖率已达 95%，比改革开放前提高了至少 40% ~ 50%，特别是超级稻、杂交水稻、矮败小麦、转基因抗虫棉等的广泛推广应用，极大地提高了作物产量、改善了产品品质。二是无公害食品、绿色食品、有机食品生产量日益扩大。三是农产品安全性提高。据农业部资料，2007 年蔬菜中农药残留监测平均合格率为 93.9%，畜产品中“瘦肉精”污染监测平均合格率为 98.4%，分别比 2001 年提高 30% 以上，农产品质量总体是安全、放心的。

（3）模式增多

35 年来，我国农业飞速发展，呈现出多种农业发展模式，对指导和促进各地的农业发展起到了积极的推动作用和“导向”作用。如先后在我国具有较大影响的农业发展模式有：“生态农业”“精久农业”“立体农业”“两高一优农业”（高产、优质、高效农业，或称“三高”农业）、“创汇农业”、“外向型农业”、“可持续农业”、“集约持续农业”“有机农业”“无公害农业”“蓝色农业”“白色农业”“绿色农业”“观光农业”“旅游农业”“休闲农业”“保护性农业”“循环农业”“能源农业”“现代农业”，等等。

（4）结构优化，功能拓展

35 多年来，我国农村经济结构发生了历史性变化，农、林、牧、渔全面发展，农村二、三产业不断壮大，乡镇企业异军突起，全国乡镇企业增加值由 1978 年的 209 亿元增加到 2007 年的 6.96 万亿元，增长 332.1 倍。随着经济社会的快速发展、科学技术的日新月异，农业的功能不断拓展、内涵不断丰富。在农业的食物保障、原料供给和就业增收功能不断强化的同时，农业的生态保护、观光休闲、文化传承功能等日益彰显。

（5）科技进步

农业的发展，最终要靠科学技术的不断进步。35 年来，我国农业迅速发展，从根本上来说离不开科技进步。现代生物技术、信息技术、新材料、新工艺等广泛应用于农业生产实践，对农业的推动作用是不言而喻的和十分显著的。如依据现代生物技术育成的超级稻品种的推广应用，对大幅增加粮食产量、维护国家粮食安全起到了极其重要的作用。据测算，目前科技进步对我国农业发展的贡献率已达 49% 左右。随着科学技术的飞速发展，其对我国农业发展的贡献率还将进一步提高。

(6) 体制完善

35年来，我国农业发展取得上述巨大成就的根本原因是得益于农村体制改革取得重大突破，得益于初步形成了适合我国国情和社会生产力发展要求的农村经济体制。废除人民公社，推行以家庭承包经营为基础、统分结合的双层经营体制，赋予农民经营自主权，确立了我国农村的基本经营制度；全面取消农产品统购派购制度，放开粮食等农产品流通，建立了农产品和生产要素市场体系；实行"多予、少取、放活"的方针，取消沿袭数千年的农业税，对农业实行直接补贴，初步形成了新时期强农惠农的政策体系；逐步改革城乡二元结构体制，扩大公共财政覆盖农村的范围，推进社会主义新农村建设，着手构建统筹城乡发展的制度框架，等等。

7.1.3 农业发展巨大成就的成功经验

改革开放35年来，我国农业发展的成功经验主要是：

(1) 充分认识农业的重要性

充分认识农业的重要性，始终坚持农业的基础地位和战略地位，这是我国改革开放30多年农业发展的重要经验。纵观世界各国，尽管发展背景不同，发展特色各异，但仍有许多共同点可循，即只要人还吃饭，就要重视农业，何况我国是一个拥有13亿人口的农业大国，吃饭问题任何时候都是头等大事。农业的重要性，农业的基础地位、战略地位，在中国任何时候都不会改变。20世纪80年代初期，改革进入启动阶段，中央连续发出5个"中央1号文件"，指导农业和农村改革发展；进入21世纪，改革发展进入关键性的战略机遇期，中央又陆续出台5个"中央1号文件"。充分表明党中央对我国农业问题的高度重视，从中也不难看出我国农业改革开放之所以取得巨大成功的重要原因和成功经验。

(2) 正视农业的脆弱性

35年来，我国农业能一直平稳、较快地发展，除了深刻认识农业的重要性之外，还有一点特别重要，那就是始终正确地认识到中国农业的脆弱性，增强发展中国农业的紧迫感和危机感，增强发展中国农业的忧患意识。中国农业的脆弱性主要表现在以下几方面：一是产品数量相对不足；二是农业比较效益偏低；三是农业基础设施薄弱；四是农业自然灾害频繁；五是资源、生态、环境问题突出，等等。“正视”我国农业面临的这些问题，并积极寻求解决问题的对策和办法，实际上就是在以实际行动推进中国农业向前发展。

（3）尊重农民的创造性,调动农民的积极性

家庭联产承包责任制是中国农民的伟大创造，是农村经济体制改革的产物。党的十一届三中全会以后，在党中央的积极支持和大力倡导下，家庭联产承包责任制逐步在全国推开，到1983年初，全国农村已有93%的生产队实行了这种责任制。家庭联产承包责任制是实行家庭联产承包为主，统分结合，双层经营，既发挥了集体统一经营的优越性，又调动了农民生产积极性，是适应我国农业特点和当前农村生产力发展水平以及管理水平的一种较好的经济形式。家庭联产承包责任制的落实，极大地激发了广大农民的劳动热情，农业生产进入了一个“黄金时期”。之后国家出台的一系列农业政策，由于适合中国农业与农村的具体实际，调动了广大农民的积极性，因而在促进农业发展中均落到了实处，起到了应有的作用。

（4）强化科学技术的支撑性

近几年来，以工程技术、生物技术、信息技术新突破为标志的新的农业科技革命，起点之高、进展之快、影响之大，远远超出人们的意料，成为推进我国农业发展的决定性因素。目前，基因工程技术、全球卫星定位技术、遥感技术、农业地理信息系统、农业自动化技术已广泛应用于发达国家的农业生产，并将对我国农业的发展产生越来越广泛的影响。从这一意义上来说，强化科学技术在农业上的应用，是推动我国农业发展的又一成功经验。

（5）重视农村教育的基础性

“百年大计，教育为本”。要使农业与农村经济快速发展，必须高度重视教育，尤其是农村基础教育。改革开放35年来，由于党和政府重视，国家出台了一系列“扶持政策”，采取了一系列有效措施，使我国教育事业尤其是农村义务教育得到了很大发展。一是对全部农村义务教育阶段学生免费提供教科书，提高农村义务教育阶段家庭经济困难寄宿生生活费补助标准，扩大覆盖面，提高农村中小学公用经费和校舍维修经费补助标准，加大农村薄弱学校改造力度；二是加

强农村教育经费使用的规范管理；三是努力提高农村中小学教师素质，实施中西部农村和边疆地区骨干教师远程培训计划，选派和组织城市教师到农村交流任教，鼓励和组织大学毕业生到农村学校任教，等等。通过上述一系列政策和措施，农村教育的“基础性”得到了进一步的重视和加强，这就为我国农业及经济的向前发展提供了强有力的人力资源和人才资源“保障”。

从改革开放以来我国农业发展的历程来看，我国农业发展每进一步都与生产关系的调整密不可分。由于土地资源稀缺，农业对土地依赖性极强，在农业生产资料一定的情况下，生产关系的调整将对农业发展起着重要作用。生产关系中一些局部调整，都会对农业生产有着重大的影响。改革开放 35 年的实践证明，只有生产力的进步是不够的，正是由于历次不失时机的生产关系调整，农业才取得长足的发展。在今后农业发展过程中，我们必须注重研究生产关系中的细节，适应生产力发展的要求，适时调整农业生产关系。家庭联产承包责任制，明确了农民拥有的土地权力和责任，包干到户缴足国家的，留够集体的，剩下的都是自己的，明确了农民生产的成本、收益，激发了农民的生产积极性，在当时农村的生产力水平极低、农业生产投入严重不足的情况下，我国农业生产仍取得了长足发展。当前要进一步推动农业发展，我们必须针对农业生产中，产权不够明确等生产关系环节，深入探索，进一步理顺和调整生产关系。

7.2 制约因素与挑战

7.2.1 制约当代农业发展的主要矛盾

中国农业发展的现状是，中国人口众多，已达 13 亿，其中农村人口 9 亿，劳动力资源丰富，但文化、技术素质低；粮食等主要农产品由过去的长期供给不足变为“总量大体平衡丰年有余”但品质与效益较差，农村经济改革取得了重大突破，但经济发展的封闭性仍具有巨大惯性城乡一体化发展初见成效，但支持现代经济的基础不足，资金严重短缺。而中国农业现代化还可以概括为以下几对矛盾：

（1）人口与资源的矛盾

中国的资源绝对量大但人均占有量相对贫乏。人均耕地不足0.1公顷，只相当于美国的12%和加拿大的4.3%森林面积平均每人0.12公顷，只有世界平均水平的1/8，草原平均每人0.375公顷，不到世界平均水平的1/2，水资源平均每人仅2 700立方米，只有世界平均水平的1/5。由于人口仍在继续增长，人口与资源的矛盾将日益突出。

另外，在家庭联产承包责任制之初，生产力水平低，生产要素投入有限，实行包干到户，充分利用了农村极其富余的劳动力，促进了农业生产。但随着市场经济的发展，生产力的进步，农村富余的劳动力大量转移，农业不再是农民的唯一选择，很多农民成了兼职农民，农民对农业生产的兴趣下降，农业生产投入增长缓慢，农业发展的动力不足。另外，对大多数人口赋予了某种难以改变身份，长期从事简单、重复性的、所得极低的体力劳动，限制了人的发展，进而影响农业生产。

（2）开发利用资源与生态环境恶化的矛盾

长期以来由于只重视粮食生产，生产结构单一，资源利用不合理，造成地力下降，植被破坏，草原退化，沙漠化面积扩大，水土流失加剧，旱涝灾害频繁，自然生态遭到严重破坏。首先是保护土地资源意识不强，乱占滥用耕地：以河南省为例，据统计河南全省耕地面积已由1954年（历史上耕地数量最大的一年）的906.2万公顷，下降到1998年的683.4万公顷，年均减少5.06万公顷，全省人均耕地已由1954年的0.205公顷（3.08亩）下降到1998年的0.074公顷（1.10亩）。其次是水资源强采超采现象普遍，开源节流不够。目前河南省地表水资源开发利用程度达到30%以上，浅层地下水利用与可开采量之比达60%以上，整个水资源开发利用程度远远超过全国平均水平。豫北地区地下水开采利用程度在95%以上，已经形成了8 000平方千米的浅层地下水位降落漏斗区。长期使用这种开采方式，一则可能是此类水源枯竭，二则地层结构受破坏而危及地上建筑物安全。第三是农业生态环境污染严重。近几年来，全国新增水土流失面积惊人，其中河南省每年新增水土流失面积约为5万公顷。工业“三废”污染和农用化学物的滥用，使河南省水、土资源量减退，土壤理化性质下降。为追求粮食作物的高产，多年来大量施用氮肥和磷肥，已经使不少地区出现明显的富氮和富磷现象，除随雨水流动危害水体外，也造成农产品品质下降，并引发人体疾病。

（3）现代化农业发展与传统农业技术占绝对优势的矛盾

现代农业发展与大机械化相联系，但是在中国农村仍然以传统技术来耕作，大型机械在农村很难开展，主要是土地面积较小，不适应大型机械操作。

（4）人口数量与质量之间的矛盾

目前中国人口已超过13亿，其中农业人口9亿多，大量的剩余劳动力需要安排，这是中国农业现代化建设所面临的一个重大实际问题。同时中国的农业建设需要大批专门人才和素质较高的农民，而中国的现实情况与之很不适应。据统计，全国每万名农业人口只有6名农业技术员，每666.67公顷耕地不到2名，平均每个乡0.6名。目前中国农村文盲占1/4，具有初高中文化的仅有15%，农业从业人员素质偏低，很难想象农业现代化能建立在这样的文化基础之上。农民文化素质低下将从以下几个方面阻碍农业现代化的进程：一是不能充分利用现有科技成果；二是没有创新精神，妨碍进一步吸纳新科技；三是急功近利，目光短浅，对土地及其他自然资源的利用是掠夺性破坏性的，不利于农业的可持续发展；四是缺乏现代经营意识，不利于农业的产业化发展。

（5）规模经营与分散经营的矛盾

规模经营有低成本的优势，容易达到规模经济。但是中国农村基本上是一家一户的分散经营经营，成本较高。在进行竞争时往往处于劣势。目前中国2.5亿农户平均经营耕地只有0.48公顷，远远低于发达国家水平。这种小规模经营状态将在长期内存在。这种特点决定了中国农业生产必须注重各种形式的产业化和区域专业化，通过产业化和区域专业化克服小生产的不足，更好地实现小生产与大市场的对接。

7.2.2 近代农业发展面临的主要制约因素

（1）土地条块分割,农业生产成本高产出低

中国现行的农业生产模式大多是以家庭为单位，土地分布形式是一家一户条块分割的小田块，难以形成大规模的机械化农业生产及统一的田间管理，使先进

的农业机械难以得到充分利用，先进的农业管理技术实施困难。在有灌溉条件的土地上，由于条块分割造成灌溉用水的浪费。这些都致使农业机械化程度低，形成人力资源、自然资源的严重浪费，因而农业生产成本很高。同时，由于土地条块分割，原来大片的土地分成小块分属于不同经营者，每一小块土地上都可能种植不同于其他小块而土地的农作物，即使是同一作物也可能属于不同品种，即使是同一作物同一品种也会由于不同经营者的田间管理的不同而产生出不同质量的农产品。这种普遍存在的现象致使中国农业产品的商品率很低，因而使农业生产收入很低。

（2）人多地少，土地侵蚀严重

我国人多耕地少，近半个世纪来，我国人口由5.5亿增至13亿，年均增加1 500万人，年增率1.7%左右，预测到2030年人口增至16亿。而根据国家土地管理局1996年调查，我国耕地面积为1.3亿公顷，人均耕地面积0.1公顷，仅为世界人均平均数的47%，美国的1/9，印度的1/2。耕地面积在国土面积中的比重，美国为我国的两倍，印度为我国的三倍。耕地数量不足，后备资源极为有限，我国现有宜农荒地和宜种粮棉的土地面积分别不足1 500万公顷和1 000万公顷，而近年来由于工业、交通、城建的占用，耕地数量还在不断减少。同时，我国耕地水土流失严重。由于人口压力，往往盲目开垦扩大耕地，长期对土地资源的利用不当和掠夺式经营造成了土地退化，我国水土流失面积为367公顷，占国土面积的38.23%；耕地水土流失面积达4 551公顷，占耕地面积的34.26%。水土流失不仅导致当地土地资源退化和生态环境破坏，人民生活贫困，甚至威胁到群众的生活和生存条件，而且泥沙大量下泄，淤高下游河床，使河道行洪能力下降，造成严重洪涝灾害；虽局部地区采取修梯田，植树造林等水土保持措施收到了一定的效益，但治理的速度慢，水土流失面积在不断扩大，严重程度在不断加剧。

（3）生产技术落后，经营粗放

我国是发展中国家，工农业生产的现代化程度低，农民的文化素质、科技水平不高，有关农业生产的各种资源尚未很好利用。许多地区仍是广种薄收，有种无管的粗放经营模式。内蒙古、黑龙江、青海、西藏、新疆等省区耕地的复种指数还停留在100%以下。尤有甚者，粮食的收割、脱粒、干燥、运输、储存和加工过程中的损失率高达15%（国外专家估计高达20%），超出了联合国粮棉组织提出的标准损耗率限于5%的要求。

（4）水旱灾害频繁

我国农业生产50多年来，平均每年受灾面积0.266亿公顷，占耕地总面积的28%，成灾面积0.113亿公顷，占耕地面积的11.2%；平均每年水旱灾害对全国粮食总产量的影响，在20世纪80年代以前，粮食单产的基础上计算为150亿~200亿千克，80年代以来水旱灾害及相应范围较过去均有所增加，受灾面积1991年为2.252亿公顷，1994年0.280亿公顷，1993年受灾最轻也有866.67万公顷，以受灾区的粮食单产3.0吨/公顷计算，1994年粮食损失达840亿千克，按此测算多年平均受灾损失约350亿千克；随着粮食单产的增加，水旱灾害的损失也愈来愈严重。

（5）水资源短缺

中国农业生产中缺水与水资源浪费并存。由于生产技术较为落后，我国农业灌溉用水一直是各类用水的大户，总用水量4 000亿立方米左右，占总用水量的67%，如加上其他农业用水，估计整个农业用水量占到总用水量的80%，是全国水资源最大可能利用量的35%~40%。由于灌溉用水量大，农业缺水干涸的土地越来越多。进入20世纪90年代，每年农田受旱面积2 667万公顷左右，受旱面积和受灾面积都比50年代成倍增长。虽然缺水，然而水的浪费却是触目惊心：由于灌区设备配套不全，渠道大部分没有衬砌，渗漏、漫灌等现象十分普遍。目前，全国农业的渠系水利用系数平均只有0.5，每年损失的水量约2 000亿立方米，相当于全国工业和城市用水总和的2倍以上；农田水分的利用效率平均不到1千克/米^3，即1立方米水生产不到1千克的粮食，而一些发达国家大体都在2千克以上，差距很大。

7.2.3 中国农业面临的挑战

（1）农业资源匮乏制约了未来农业的增长

中国农业发展所依赖的农业资源总量位居世界前列，但是人均占有量大大低于世界平均水平，并且日益减少，前景堪忧。如中国耕地总面积为15亿亩，但人均耕地面积不到1.2亩，只相当于全球平均水平的1/3；水资源总量为2.8万亿立方米，人均占有量不足2 700立方米，只有世界人均水平的1/4。据估计，在北方缺水地区，地表水的利用率已达43%～68%，地下水资源开发率已达40%～84%，由于对地下水的过度开采和农田大面积的漫灌，使得地面沉降，周遭的江河湖泊断流枯竭，水资源日趋贫乏，农田得不到充足的灌溉。另外，水资源的污染正在急剧扩大，致使能作为资源的水正在迅速缩减。今后，随着人口的增长和工业化的发展，对农业资源占用还会进一步扩大，资源对中国农业发展的约束作用将会增强。

（2）农民收入增长停滞、徘徊，城乡差距日益扩大

1997～2002年的6年时间里，农民的收入增长没有一年超过5%，而城镇居民家庭人均收入增长率只有1995～1997年3年间略低于5%。2005年，中国城镇居民家庭人均可支配收入已经突破万元大关（10 493元），次年更达到了11 159.5元，而同期农村居民家庭人均纯收人才不过3 587元，城乡收入比达到创纪录的3.27∶1。如果考虑到农民收入中有近40%的实物折算，并且还须扣除必需的生产性开支，而城镇居民的隐性福利和补贴的实际存在，专家估计城乡居民的消费水平差距要达到6∶1。即便不考虑通货膨胀的因素，农村居民人均收入的绝对数甚至还赶不上1995年城镇居民的收入水平（4 283元）。城乡之间El益加深的鸿沟将是影响农业发展、社会稳定的最大因素。

（3）从收入结构来看，农民难以从农业中获益，制约了农民收入的增长

从农村居民收入结构来看，1995～2006年间，家庭经营纯收人占人均纯收入比重从71.4%下降到了53.8%，工资性收入占人均纯收入比重从22.4%增加到38.3%。一方面，这体现了农村居民收入来源更加多元化了；另一方面，更反映了农业的危机，预示着农业发展的难度。

（4）国家政府的价值取向，限制了农业自我发展的能力

追踪历史，不难发现，不管是国内粮食贸易管制、国家粮食收购和储备，还是最低限度的政府粮食定购等方面，体现的都是政府向工业、向城市倾斜的意志。国家通过工农业产品价格剪刀差无偿地从农民手里拿走的农业剩余过多，影

响了农业劳动生产率的提高，制约了农业自我发展的能力。2005 年，国家财政用于农业方面的支出达到 2 450. 31 亿元，是 1978 年的 16 倍。但是，农业支出占财政支出的比重仅为 7. 22%，比 1978 年的比重（13. 43%）还低。

（5）生存压力之下，农民和土地的关系越来越紧张

农业文化是中国传统文化的基础和核心，但长期以来，由于政策导向和生存压力所迫，从历史上人与自然和谐共存，农民通过追加农家肥、草木灰等来保持土地可持续的肥力，到现在通过大量施用无机化肥的办法来维持农业生产的高产量，这仅仅意味着掠夺土地技巧的进步，而其实农民并不关心土地的生产力，农民与自然的关系越来越紧张了。

土地从农民的命根子，成为了仅仅是挣钱的一种工具，对资源的掠夺和破坏越来越加剧，在这样的状况下，传统的农耕文明岌岌可危。另一方面，对传统农耕文明的颠覆实质上是对农民生活方式的一种否认。而中国的农业科技推广过程中，宝贵的乡土知识完全得不到重视，科学家和政府联手打造的技术神话让农民越来越自卑，越来越被边缘化，这完全背离了“实现人的发展”的真谛。

（6）外来品种对本地品种的影响很大，可能会造成生物多样性的丧失

新中国成立至今，农民越来越依赖外来的技术和品种，田间地头不再看到具有数百年甚至上千年历史的本土品种。事实上本土品种虽然产量要较低一些，却有着政府推广品种所没有的环境效益和选择价值。如早稻，它无需专门灌溉就能成活，而杂交水稻每亩需抽数十立方米水进行灌溉；许多本地玉米几乎从不生虫不用打农药，政府推广的杂交玉米必须多打药、多施化肥才能保证产量。在历史上，生物多样性发挥功效的例子也许更能说明问题：1970 年，美国南部地区的玉米由于叶子感染真菌损失超过 50%，在一种来自墨西哥的野生基因帮助下，才使这场破坏得以中止。然而，现在转基因农作物的大面积推广，有可能导致无法挽回的基因污染和农田生态系统的破坏。

（7）盲目追求产量的发展方式引发危机，农业生态环境呈恶化趋势

从 20 世纪 80 年代起，中国农村就普遍采用了依靠化肥、农药大量投入的无机耕作技术，这虽然对提高粮食产量，缓解粮食与人口的矛盾发挥了很大的作用，但这种技术也带来了新的环境问题。而且使农业成本越来越高，农产品品质

越来越受到市场的冷落，因而目前农业的经济效益与生态效益都比较低下。例如集约化养畜养禽，它曾经极大地提高了畜牧业的生产力水平，但它的弊病也不容小觑。首先，极度拥挤的圈笼式饲养方法为动物保护主义者相当诟病；其次，畜禽粪便严重污染空气和水源，由此带来的损失难以估计；尤为值得注意的是，由于过分依赖抗生素以遏制流行病，以至于在肉、蛋、奶中残留超标，长期食用导致儿童早熟、肥胖的案例并不鲜见。近期禽流感、疯牛病、猪蓝耳病等疫病大面积暴发，这对盲目追求高产的规模化养殖方式无疑敲响了警钟。

（8）中国农业生产面临严峻的水危机

面向未来，我国农业用水还存在不少潜在问题。首先，由于工业发展与城市扩大，农业用水比例不断缩减是不可能避免的，我国今后相当时期内工业和城镇仍将维持较高的发展速度，由于工业用水的经济效益明显高于农业，有专家估算，1 000 立方米水可产生 1 吨小麦，其价值仅为 200 美元，但同样数量的水用于工业约可生产出 400 美元的价值，因此，农业在与工业争夺用水中，处于不利地位。另外，目前我国农业用水主要为种植业灌溉用水，为进一步改善和建设生态系统与环境，以及发展林牧业，势必出现与种植业争水的矛盾，这一局面已开始出现。中国农业的水危机已引起国内外许多专家的高度重视，美国世界观察研究所所长曾撰文《中国的水资源短缺将动摇世界的粮食安全》，文中虽有许多值得商榷之处，但是足见中国农业生产所面临的水危机的严重性。

现在的农业，从种子、肥料、杀虫剂、除草剂、机械、能源、包装、仓储、运输、加工、销售等等几乎所有的环节都要依赖于外部供给，农业的自然和社会独立性彻底丧失，它的自我稳定功能大大降低，变成了一个高投入、高污染、低产出的依附性、弱质化、需要靠化学品支撑和财政巨额补贴的产业。农业是最古老的产业。中国自古以农立国，具有上万年的农业发展史。有了农业这个行业才有了农民这个职业，而农业的生产空间和农民的生活空间也就形成了农村。因而可以说，农业是“三农”问题的发端，也是“三农”问题的集中反映。

7.2.4 近代农业发展存在的问题

改革开放 35 年来，我国农业在取得巨大成就的同时，也存在诸多问题，亟待研究解决。当前，我国农业发展面临着以下十个方面的突出问题。

（1）规模偏小

从1978年开始，我国各地普遍实行家庭联产承包责任制，由原有的“大而统”经营规模，一下子缩小为“小而活”经营规模，对调动农民积极性、促进农业发展、解放生产力取得了历史性的“突破”和“成就”。但不容否定的是，随着农业生产的向前发展和中国特色农业现代化的向前推进，由此带来的“弊端”也逐步显现出来，如“经营规模偏小”及由此带来的生产效率低下等、不利于实行农业机械化和农业生产的标准化等方面的问题，已经成为中国农业向前发展亟待解决的紧迫问题。

（2）素质偏低

我国是世界上最大的发展中农业大国，存在着农民数量多且素质不高的问题，这既是我国的基本国情之一，更是我国农业发展必须尽快解决的问题。我国农民素质偏低主要表现在：一是思想观念陈旧；二是文化素质不高，农民中还有相当数量的文盲、半文盲；三是科技素质低下，市场意识淡薄、经营管理知识缺乏、高新科技知识贫乏等；四是劳动技能单一；五是身体素质不高；六是法制意识淡薄。造成我国农民素质偏低的原因是多方面的，既有历史原因，更有现实因素，特别是近些年来我国的工业化、城市化、城镇化速度加快，加上农业的比较效益低，致使“素质较高”的青壮年农民越来越多地脱离农业、离开农村，这是造成我国广大农村农民素质偏低的重要原因之一。

（3）基础薄弱

从目前全国各地的总体情况来看，农业基础设施薄弱的问题仍然是我国农业可持续发展面临的重大问题之一。据作者掌握的资料，全国现有水利设施（包括水库、水坝、圩堤、排洪沟等）中，约有1/3属于病险水利设施，由于多年“失修”，不能正常作业、无法正常运转，实际上已处于“闲置”状态；约有1/3虽然是在“作业”、在“运转”，但却由于“老化”，处于“带病作业”“带病运转”之中；真正属于好的、正常的，能够正常作业、正常运转的，只有约1/3。由此不难看出，我国农业基础设施之薄弱。造成我国农业基础设施如此薄弱的根本原因在于：一是重视不够；二是投入不足；三是管理不力，维护、维修不及时、不到位。这应引起有关领导和部门的重视，并采取有效措施。

（4）资源锐减

农业资源，特别是耕地资源的锐减，是当前及今后我国农业发展面临的突出问题。改革开放35年来，我国耕地资源锐减主要表现在以下几方面：一是耕地面积锐减，特别是进入20世纪90年代以来，由于工业化、城市化、城镇化速度的加快，各地大量兴建“工业园区”、“工业开发区”、“新城区”，以及建厂、造房、修路、筑桥、采矿、采石、采沙等，导致大量耕地，尤其是良田的占用，使耕地面积急剧减少；二是耕地质量“变劣”，如耕地土壤肥力下降；耕地土壤中有毒、有害物质增多，土壤污染越来越严重；水土流失加剧；耕地酸化、沙化、石化现象日趋严重；三是人均占有耕地越来越少，目前我国人均耕地已降至0.1公顷。我国“守住18亿亩耕地红线”的任务越来越艰巨。

（5）生态破坏

生态破坏是我国农业发展面临的又一突出问题。生态破坏不仅直接损害农业生产力，还恶化农业生态环境，危及农业的长远发展。农业的生态破坏，主要包括：一是森林破坏，如乱砍滥伐；重采轻育，采育失调、采育失衡；矿山开发，森林被毁；不合理的农业开发，如毁林种果、陡坡垦殖、开山造田等；二是耕地破坏，如工业建设破坏耕地，工业化、城市化、城镇化，导致大量“圈地运动”，致使大片良田丧失；农业“发展”破坏耕地，实行家庭联产承包责任制，各家各户分别经营耕地，导致耕地“小块化”、“破碎化”，耕地实际使用面积减少、质量下降；三是草地破坏，由于受经济建设和人为因素的“挤占”，我国草地面积正逐步缩小；由于“重用轻养”，管理不善，管理措施不到位，加上“过牧超载”，草地质量和草地生态承载力均不断下降，牧草鲜草产量呈现递减趋势；四是水体破坏，水面缩小、库容锐减、水质污染，已对农业可持续发展构成威胁。

（6）环境污染

环境污染又称生态环境污染，是世界各国共同面临的问题。环境污染对我国农业发展造成的不利影响，以及其由此带来的严重损失，已不能不引起我们的重视。

1）类型多。我国农业环境污染主要有以下几种类型：①由大气污染引起的酸雨越来越严重。据钱易研究，目前，以长沙、赣州、南昌、怀化为代表的华中酸雨区，已成为全国酸雨污染最严重的地区，其中心区年均降水 pH 值低于 4.0，酸雨频率高于 90%，已到了几乎“逢雨必酸”的程度。北起青岛、南至厦门，以南京、上海、杭州、福州和厦门为代表的华东沿海地区也成为我国主要的酸雨地区，年均降水 pH 值低于 5.6 的区域面积已占全国面积的 30% 左右。据研究估算，酸雨对江苏、浙江、安徽、福建、江西、湖北、湖南等地造成的森林生态损失每年已达 510 亿元，造成的农作物经济损失约为每年 43.91 亿元。②土壤污染。2000 年太湖流域农田土壤中六六六、滴滴涕及 15 种多氯联苯同系物检出率达 100%，滴滴涕和六六六超标率为 28% 和 24%。土壤中有毒、有害物质含量严重超标，势必导致农产品中含有大量有毒、有害物质。③水体污染。根据水利部水文司 1995 年 12 月发布的中国水资源质量评价，太湖流域、淮河流域已遭受严重的水资源污染，Ⅳ类以上污染河的长度太湖占 72.89%、淮河占 72.6%。根据最近调查，太湖流域整体水体质量Ⅳ类占 35%，Ⅴ类占 12%，劣Ⅴ类占 34%；太湖流域水体 17% 为中营养化，83% 为富营养化。

2）途径多。引起我国农业环境污染的“源”是多种多样的。根据调查，当前我国农业环境污染源主要通过以下途径：工业“三废”污染；农业自身污染，如化肥污染、农药污染、农膜污染、作物秸秆污染、畜禽粪便污染、生活垃圾污染，以及由污水灌溉造成的污染，等等。

3）损失大，后果严重。据统计，2001 年湖南全省共发生农业生态环境污染事故 402 起，比 2000 年增加 18 起，污染面积达 210 千米，比上年增加了 20 千米，其中耕地污染面积达 175 千米，直接经济损失达 4 352 万元，经处理赔偿了 1 354 万元，占总损失的 31.11%，处理事故达 364 起，占事故总数的 90.55。安徽省 2002 年因环境污染共造成农业生态系统经济损失 77 787.66 万元。农业环境污染不仅造成经济损失，更严重的是对农产品和食品造成“不安全”，我国近些年发生的多起食品中毒事件，就与农业环境污染有着直接关联，亟待采取相应对策。

（7）灾害频繁

我国是世界上农业自然灾害最严重的国家之一。农业自然灾害的发生、发展具有以下特点：一是灾种多，我国各地常年发生的农业自然灾害，包括气象灾害、生物灾害、地质灾害、生态环境灾害、农业社会灾害等灾种多达数十种至上百种；二是面积大；三是频率高；四是危害重，仅就生物入侵灾害来说，我国每年遭受280余种外来生物入侵，由此造成全国每年经济损失达2 000亿元。

（8）结构不优

尽管改革开放35年来我国农业结构有了很大调整，农业结构总体上向着不断优化的方向发展。但也应看到，随着国际、国内经济社会的不断发展，农业结构必须根据不断变化的新形势、新情况、新问题而做相应调整，否则难以适应新变化。当前，我国农业结构“不优”主要表现在：一是在“大农业”结构中，农业（种植业）比重仍然较大，林、牧、副、渔业比重偏小，不符合现代农业发展要求；二是在“小农业”结构中，粮食作物比重偏大，表现在粮食作物种植面积比重大、粮食产量比重大，不能满足现代食物发展的要求；三是就粮食作物内部结构而言，南方稻区水稻比重过大，北方小麦、玉米比重偏大，均应根据形势发展做相应调整。

（9）质量不高

改革开放以来，我国农产品质量有了较大提高，表现在种类增多、品种增加、品质改善，以及无公害农产品、绿色农产品和有机农产品生产渐成规模。但同时也应看到，与发达国家相比，我国农产品质量总体上还是有差距的。表现如下：一是农产品的质量和档次还远远不能满足需要；二是农产品的花色、品种，以及加工、包装等不能达到要求；三是由于环境污染，加上管理不善，农产品的“安全性”还存在诸多问题，食品（产品）安全事故频繁发生，等等。由于存在上述问题，导致我国农产品出口“不畅”，甚至“受挫”或“退回”。

（10）效益不高，差距拉大

1）我国农业效益总体不高。与从事其他产业（工业、商业或其他二、三产业等）相比，从事农业明显存在“比较效益低”的问题，这也是目前我国各地存在“弃农经商”、“弃农进城”，大量农村劳动力流失（流向城镇）的重要原因；再加上从事农业还存在自然风险、市场风险，以及农产品价格低等多方面因素，这就决定了在我国当前形势下（今后也不可能一下子就改变），从事农业生产的效益不高，甚至非常低。

2）工农差距、城乡差距拉大。一方面，由于农业效益低，农民增收困难，造成我国农村贫困且难以在短时期解决；另一方面，又由于国家重视和大量投资扶持，再加上“产业”的特点和优势，致使我国工业发展越来越快，城市也越来越富裕；同时，又由于长期存在的工农“剪刀差”，这就必然导致我国的工农差距、城乡差距越拉越大。可以说，“差距拉大”问题将是我国今后较长时期面临的问题，如不从根本上加以解决，将对我国实现农业现代化，全面、彻底地解决“三农”问题，以及构建社会主义和谐社会等产生不利影响。

7.3 措施与对策

7.3.1 当前我国农业发展的措施

(1) 改革社会保障制度

社会保障对全民公平，才能从根本上变身份农民为职业农民。当前，我国的农民是生而为农，限制了人的选择权，与城乡统筹发展的要求相背。按照科学统筹原则，转移到非农产业的劳动力，只要其合法劳动，向国家尽纳税义务，社会保障政策要对其一视同仁。农业劳动力的社会保障，要明确国家、集体和农民个人在其中的权利和义务。

(2) 明确家庭联产承包责任制中统一经营的权力和责任

强化统一经营绩效与村民利益的关系，提高村民监督村民自治委员会的积极性和收益。当前农民的医疗、社保是农村发展的薄弱环节，对农民的利益相关性强，应当将统一经营收益的使用调整到优先投入到农民的医疗、社保方面上来，农民的医疗、社保可以划分成不同档次，具体选择由村民根据统分的实际经营情况确定，明确农民个人、集体之间的比例，国家对农村的投入按人头数定额。从而提高农民个人对村民自治委员会的监督的积极性，增强对集体统一经营的约束。

(3) 发展农业生产服务部门

家庭联产承包责任制作为农村的基本经营制度，符合当前我国国情，在相当长一段时间内仍需坚持，其规模不经济的问题可在不改变基本制度的情况下得到解决，可发展专业的农业播种、施肥、施药、收割公司，实现农业生产规模化，政府要在金融、税收方面给予政策引导和支持，维护好农村市场经济秩序。

（4）控制和减少农业污染

目前农业污染主要是农药、化肥污染，治理难度较大。通过科学试验和示范，引导和指导农民科学合理使用化肥和农药，适度减少氮肥、磷肥用量，控制氯化钾、硫酸钾的施用范围，杜绝剧毒、高残留农药的使用，积极推广和倡导施用农家有机肥和新型纯天然肥料，普及生物防治病虫害技术，从总量上减少和控制污染源。积极控制和治理点状污染，坚持治理水土流失。

7.3.2 近代农业发展的对策

农业是经济发展、社会安定、国家自立的基础。要立足中国的基本国情来认识农业发展问题的重要性与紧迫性，要充分估计在城市化这一漫长的过程中农业发展面临的危机，并采取有力的措施予以保护和支持，从而尽可能地降低城市化过程中的代价。

（1）农业政策的核心目标应当从实现食品的自供给安全，转变为改善农户的生计状况

许多经济学者的研究证明，农产品产量的提高对农民收入的增长贡献甚微，因此，在粮食总产品连续3年保持增产（总产超过4.9亿吨，2007年粮食总产量预计突破5亿吨）的今天，如何在政府层面上保证农产品供给数量上的安全，同时实现农民实际收入的显著提高，是新农村建设中的一大难点。现在，中国处于一个开放的环境中，正视国际农产品市场应有的作用，应当是使农产品供给安全得以有效实现的一条重要途径。

（2）应当尊重农民的意愿，保护并发扬农民的生产积极性

长期以来，中国农业科技政策体系与农户生计目标相脱离，忽略了农民的自主意识，应当集中力量发掘传统农业的精华和乡土智慧，发挥农户的生产积极性。就像舒尔茨说过的一样：“在自己土地上的普通农民，具有超过来自富国的仅仅懂得经济学的专家的优势。他熟悉他的小块土地和当地气候，而且他能预期

他的辛勤劳动将取得怎样的成功，而所谓的专家却一无所知。”事实上，农业产出增长的源泉，往往产生于最好的现有技术的扩散，而不是某一实验室新技术的发明，英国的农业革命、美国的土壤保持运动亦如是。

（3）农业新技术的开发和应用，应能促进农民的充分就业

中国农业自然资源的人口承载力业已不堪重负，而长期以来中国推广的农业技术却是以资本、土地密集型为导向的，不仅没有利用好最广大的劳动力资源，反而使得贫富差距不断加大。为求得可持续的经济和社会福利，必须把生态学原则结合到以农村充分就业为中心的战略之中，开发“生态技术”使农民能够就地“自我雇佣”，旨在促进农村的充分就业，并开创一系列的增值增收活动。

7. 3. 3 未来农业发展的趋势

回顾改革开放 35 年来我国农业发展取得的巨大成就和成功经验，面对 21 世纪新阶段国内外农业发展的新形势、新情况、新问题、新要求，可以预测未来我国农业将呈现以下十大发展趋势。

（1）集约化

人多地少，即人均耕地越来越少，这是我国的基本国情。我国耕地总面积已从 1996 年的 19. 51 亿亩减少到 2007 年的 18. 26 亿亩，减少了 6. 4%；人均耕地面积相应地从 1. 59 亩减少为 1. 38 亩，减少了 13. 2%。而与此同时，随着人们收入水平的提高，对农产品的需求却在与日俱增。显然，为满足人们对农产品收益增长的需求，必须充分利用好现有每一寸耕地，即农业的发展必须走耕地“集约化”之路。耕地集约化，是指在一定面积的土地上投入较多的劳动、资金和技术，以期取得较多的单位面积产量，同时又能减少每单位产品劳动耗费的一种农业经营方式。实行耕地集约化，必须以科学技术的不断进步为前提。今后，我国耕地集约化应采取的途径有：

1）集约农作。将提高土地利用率放在首位，努力提高年单位面积产量，力求低产变中产、中产变高产、高产再高产高效，并向超高产、超高效方向发展。这就要求做到：大力发展农田多熟、高效、立体种植模式，实现一年多熟、一季多产、一田多用、一地多效。

2）高效增收。将增加农民收入、提高经济效益放在重要位置，提高农业劳动生产率；适当增加园艺作物与养殖业比重增加高价值作物与动物，扩大出口创汇比重；积极发展农产品加工业与其他二、三产业；实行劳动力密集、科技密集与适当增加投入的有机结合。

3）持续发展。实行保护性耕作，节约耕地资源、保护农田生态、优化生长环境，促进耕地集约化，实现农业高产、高效和可持续发展。

（2）多样化

“多样化”是21世纪中国农业发展的又一重要趋势。首先，中国幅员辽阔，自然和社会经济条件多种多样、各不相同，因此农业发展的模式、途径和技术体系等均各不相同，具有多样性；其次，为了实现农业的高产量、高质量、高效益，实现农业的可持续发展，必然要求各地采取多样化的农业发展模式和生产技术，并使之相互促进、相互补充，协调发展、日趋完善；第三，现代社会，人们对农产品的数量、种类、质量、品种、花色、包装等要求各不相同，且越来越高。这些，正好说明了多样化——中国未来农业发展的重要方向。

为适应农业发展趋向“多样化”的需要，要求我们必须大力发展现代农业科学技术，用多样化的现代农业科学技术去促进、指导农业向多样化方向发展，不断提高农业科技成果的转化率和普及率；同时，尽早制定多样化的农业生产标准，因地制宜大力发展特色农业、优势农业，生产无公害农产品、绿色食品和有机食品，从而满足人们多样化的需求。

（3）高新化

与发达国家相比，我国农业基础设施薄弱，物质装备落后，科技贡献率不高，经营方式比较粗放。今后，我国农业快速发展的潜力在科技、出路在科技，尤其是在现代高新科学技术，如现代生物技术、信息技术、新材料技术、新工程技术等。只有将现代高新技术广泛应用于农业生产、农业管理和整个农业现代化过程，才能大幅度提升农业资源利用率和农业生产力，才能大力推进现代农业向前发展。

（4）规模化

目前，我国有2亿多农户，户均土地（耕地）经营规模仅7亩左右，只相当于日本、韩国的1/3，欧盟的1/40及美国的1/400。农业生产规模小，劳动生产率低，生产经营成本高，对农业的长远发展非常不利。为提高农业生产效率，促进农业可持续发展，必须扩大农业生产规模、实行规模化经营。实行适度规模经营，可以依据各地的具体情况，采取不同的形式：一是通过土地使用权的相对集中得以实现，如将股份制引入农村社区性合作经济组织，实行土地承包权与使用权的分离，具有土地承包权的农民自愿把土地使用权折股，加入和组成新的合作经济组织，即股份合作制的经济组织。这样，通过土地的流转使经营规模得以扩大；二是不改变土地使用权的条件下，由村组织和中介组织介入，进行产前、产中、产后的配套服务。如在不改变土地承包权和使用权的基础上，引导农民依据当地优势，统一规划，连片开发，联合兴办生产基地，用办基地的方法，调整结构，推广区域化种养，达到规模经营的目的。

（5）优质化

1）依靠科学进步，大力推广科技成果和适用技术。农产品的科技含量不高、品种少、质量差、成本高、价格贵的状况不彻底改变，不仅难以在国际市场占据有利地位，而且连国内消费者也不欢迎，农产品市场就有被“洋货”挤占的危险。生产者和经营者都应正视国内外市场竞争的潜在威胁。

2）严格实行“按质论价”的原则，改进对农产品评级检测的办法，切实做到“优质优价”、“质价相符”。具体措施如下：一是要尽快确立评价农产品质量的标准体系。要尽快组织有关专家从生物学、化学等方面对农产品内在品质作出定量的规定，以明确划分等级。这是实现农产品“品牌化”的前提，也是对农产品生产和流通实现有效监督的基础；二是增加现代化的检测设施和手段，商业、科技、标准计量和工业等有关部门、单位，要通力协作，研制、生产各类农产品检测设施；三是实行按质论价，充分发挥价格在促进农业可持续发展方面的重要作用。

（6）标准化

实施农业标准化，保障食品安全，是关系人民群众切身利益、关系我国社会主义现代化建设全局的重大任务；解决13亿人口的吃饭问题，促进农业增产、农民增收，必须加快实施农业标准化。实施农业标准化是建设现代农业的重要抓手，是增强我国农业市场竞争力的重要举措，是保障食品安全的基础条件；没有农业标准化，就没有农业现代化。针对我国农业标准化“落后”的现状，今后我国农业标准化的发展趋势和应采取的对策是：①夯实农业标准化的工作基础，构筑农业标准化信息平台；②加快标准的制定和清理工作，建立科学规范的农业标准化标准体系；③完善流通领域标准体系和监测体系，实行农产品生产全过程标准化管理；④推进质量安全标准的实施，强化农产品质量安全监督；⑤加强农业标准化技术推广队伍建设，广泛开展农业标准宣传与培训；⑥完善农业标准化示范推广体系，加强农业标准化示范推广工作。我国农业标准化最终目标是要形成科学、统一、权威的农业标准化体系，努力使生产经营每个环节都有标准可依、有规范可循，全面提高我国农业标准的科学性、先进性、适用性。

（7）产业化

农业产业化是农业社会化服务体系的重要组成部分，是我国农业的一种新型经营机制，对21世纪农业的战略发展具有极其重要的作用。积极鼓励和扶持农业产业化发展，因地制宜地探索农业产业化组织形式，提高农业产出效益，是我国实现农业现代化、促进农业可持续发展的必然选择。从长远来说，我国农业产业化将朝着以下方向不断向前发展：

1）农业专业化和集中化。农业专业化包括农业企业专业化、农艺过程专业化和农业地区专业化三个方面。所谓农业企业专业化，是指农业企业之间实行明显的社会分工，各企业逐步摆脱“小而全”的生产结构，主产项目由多到少，由分散到集中，由自给自足转变到专门为市场生产某种农产品，其他生产项目或者降为次要的地位，或者成为从属的、辅助的生产部门，甚至完全消失。农艺过程专业化又叫农业作业过程专业化，即把生产某一种农产品的全部作业过程分解为若干个阶段，分别由不同的专业化的企业来完成。如美国畜牧业生产，从育雏、饲养、蛋奶生产等工作都由专门的企业来完成。农业地区专业化又称农业生产区域化，是指农业生产在较大的地区之间实行日益明显的分工，各地区逐步由“千篇一律”、“万物俱全”、“自给自足”的生产结构转变为比较集中地为市场生产某些农产品的专业化地区。

2）农工商一体化，产供销一条龙。这是农业产业化最突出的表现形式。它是指农业企业集团内部、农业企业之间以及农业企业与非农业企业之间，通过某种经济约束或协议。把农业的生产过程各个环节纳入同一个经营体内，形成风险共担，利益均沾，互惠互利，共同发展的经济利益共同体。

3）服务社会化。这是农业产业化发展的客观要求。其基本内容包括产前、产中、产后各个环节上“一条龙”的社会化服务体系。

4）利益分配机制合理化。这是农业产业化发展的本质所在。由于农户处于出卖原料的地位，作为价格的消极接受者，一般难以得到正常的利润，而农业产业化则可以打破这种不合理的利益分配机制，通过农工商一体化经营，使农户也分享到农产品在加工、流通过程中增值的平均利润。同时，发达国家还十分重视对利益分配机制的调控，除给农民提供长期低息贷款外，还突出表现在农产品价格措施方面。如欧共体通过制定干预价格（最低价格）与门槛价格（最低进口价格）等措施，保护农民利益，以防谷贱伤民。

（8）生态化

生态化是中国农业可持续发展必然趋势，这也是可持续农业与传统农业根本区别之所在。生态化应包括三层含义：一是在农业发展的思路和理念上，农业可持续发展实际上突破了生态与经济“两张皮”的农业生产方式，强调农业和农村经济发展不能以牺牲农业生态环境为代价，而应十分注重防治污染、改善环境，维护生态平衡。其实质是把农业经济、社会发展建立在资源与环境可承受能力的基础之上。这样，就能在最大限度地满足人们对农产品日益增长的需求的同时，促进农业生态系统稳定、协调和可持续发展；二是在农业生产的具体模式和技术上，农业可持续发展强调采用资源减节约技术、“废物”循环利用和资源再生技术等，强调发展循环农业、生态农业；三是在农产品生产方面，要求生产无公害产品、绿色产品和有机产品，从而确保人类健康、环境友好和经济社会的可持续发展。

（9）一体化

我国城乡分割的格局尚未打破，制约农业农村发展的体制性障碍尚未消除，农村经济社会发展滞后的局面尚未根本改变。我国城市化率已达45%左右，工业化、城镇化正在加速发展，推进农业现代化，必须按照统筹城乡发展的要求，调整国民收入分配结构，加快改革步伐，努力形成城乡规划、产业布局、基础设施、公共服务、劳动就业和社会管理一体化新格局。

（10）国际化

我国已成为世界第四大农产品进口国、第五大农产品出口国。随着经济全球化进程加快，我国农业与世界农业的联系日益密切，国际市场的变化通过多种方式影响国内市场，农业发展面临的内外环境日趋复杂。今后，为使我国农业又好又快发展，必须进一步扩大农业对外开放，充分利用国际国内两种资源、两个市场，努力搞好进出口余缺调剂，有效保护国内产业安全和农民利益，切实增强农业国际竞争力。

中华人民共和国成立后特别是改革开放以来，我国的农业发展取得了举世瞩目的成绩，用占世界7%的土地养活了占世界22%的人口。总结我国农业发展巨大成就的成功经验，剖析制约当代农业深度发展过程中存在的主要矛盾、制约因素、突出问题，能够正视农业发展中的挑战，制定出切实可行的发展对策，为我国农业的现代化发展提供技术支撑、智力支持。

8　现代农业

相对于传统农业而言，现代农业是广泛应用现代科学技术、现代工业提供的生产资料和科学管理方法进行的社会化农业。就是通过一整套建立在现代自然科学基础上的农业科学技术的形成和推广，使农业生产技术由经验转向科学。现代机器体系的形成和农业机器的广泛应用，使农业由手工畜力农具生产转变为机器生产。农业生产的社会化程度有很大提高，“小而全”的自给自足生产被高度专业化、商品化的生产所代替，农业生产过程同加工、销售以及生产资料的制造和供应紧密结合，产生了农工商一体化。现代农业的产生和发展，大幅度地提高了农业劳动生产率、土地生产率和农产品商品率，使农业生产、农村面貌发生了重大变化。

8.1　生态农业

进入21世纪，伴随着人类生产、生活方式的变化以及乡村城市化和城乡一体化的深入，农业已从传统的生产形式逐步转向景观、生态、健康、医疗、教育、观光、休闲、度假等方向，生态农业、休闲农业等现代农业成为居民的追求与渴望。其中的生态农业着重是把农业、生态和旅游业结合起来，利用田园景观、农业生产活动、农村生态环境和生态农业经营模式，吸引游客进行观赏、品尝、习作、农事体验、健身、科学考察、环保教育、度假、购物等。突破传统的农业生产理念，以贴近自然的特色旅游、休闲娱乐的农事操作丰富现在农业内涵，同时吸引居民在周末及节假日体验生产生活、提高精神生活。

8.1.1 生态农业种类

（1）农业生态园

农业生态园也称农业休闲园，主要是利用田园景观、自然生态及环境资源，结合农林渔牧生产、农业经营活动、农村文化及家庭生活，提供国民休闲，增进国民对农业及农村的体验为目的的农业经营。农业生态园是集旅游功能、农业增效功能、绿化、美化和改善环境功能于一体的新型产业园。生态园的规划设计以生态学理论作为指导思想，采用生态学原理、环境技术、生物技术和现代管理机制，使整个园区形成一个良性循环的农业生态系统。经过科学规划的生态园主要是以生态农业的设计实现其生态效益；以现代有机农业栽培模式与高科技生产技术的应用实现生态园的经济效益；以农业观光园的规划设计实现它的社会效益。经济、生态、社会效益三者相统一，建立可持续发展的农业生态园。

（2）观光农业生态示范园

观光农业作为传统农业与现代旅游业相结合的产物，其实质是具有休闲、娱乐和求知功能的生态、文化科普旅游。生态园都应该设立专门的科普教育中心和环保教育宣传基地，同时提供课外实习基地和环保教育基地。充分发挥其相应的教育功能，增强对周边地区科学技术推广和示范现代农业技术的效用，为我国农业和科普事业的发展营造良好的环境。观光农业生态园的设计采用多种生态农业模式进行布局，通过生态学原理，在生态园内建立起一个能合理利用自然资源、保持生态稳定和持续高效的农业生态系统，提高农业生产力，获得更多的粮食和其他农副产品，实现可持续的生态农业，并对边缘地区的农业结构调整和产业化发展进行示范，体现生态旅游特色。观光农业生态园的规划要紧紧围绕农业生产，充分利用田园景观、当地的民族风情和乡土文化，在体现自然生态美的基础上，运用美学和园艺核心技术，开发具有一定特色的农副产品及旅游产品，以供游客进行观光、游览、品尝、购物、参与农作、休闲、度假等多项活动，形成具有一定特色的“观光农业旅游园”。

（3）绿色食品生产园

在“绿色消费”已成为世界总体消费的大趋势下，生态园的规划应进一步加强有机绿色农产品生产区的规划，以有机栽培模式采用洁净生产方式生产有机农产品，并注意将有机农产品向有机食品转化，形成品牌。

（4）科普教育和农业科技示范园

通过在园区内建设农业博物馆、展示厅等，对广大游客和中小学生开展环保教育和科普教育。同时应当前中国农业发展及农业结构调整的需要，把园区规划成农业技术交流中心和培训基地以及大专院校学生实习基地，体现观光农业生态园的旅游科普功能，进一步营造旅游产品的精品形象。

8.1.2 生态园的功能区

生态园依据资源属性、景观特征性及其现存环境，在考虑保持原有的自然地形和原生态园的完整性的基础上，结合未来发展和客观需要，采取适当的措施因地制宜设置生态农业示范区、观光农业旅游区和科普教育功能区。

（1）生态农业示范区

生态农业示范区是生态园设计的核心部分，它是生态园最主要的效益来源和示范区域，是生态园生存和发展的基础。生态农业示范区的规划设计应以生态学原理为指导，遵循生态系统中物质循环和能量流动规律，园区设计所采用的生态农业类型中既包含有生产者、消费者，也要有分解者。例如在生态园的新规划中，稻田生态区“动植物共生系统”式的生态农业类型，采用稻—鱼—鸭—萍种养共生模式；果园生态区采用“立体种植业”式的生态农业类型，采用果园结合养殖的模式；鱼塘生态区设计采用“食物链、加工链式生态农业”类型——猪、鸭、鱼、草相结合的种养模式。这些生态农业类型都充分利用了多种生物的共生关系，将各生态元素以食物链串在一起，相互转化，充分利用能量和物质，由此形成良性物质能量的生态循环，体现较高的生态和经济效益。

另外，为了提高生态园的经济效益，生态园中蔬菜栽培区采用大规模产业化的生产模式。不仅有生产效益高、产业带动性强和集中性统一的优点，还能对其他农业产业化企业起到示范性和参考性的作用。花卉栽培区主要生产各种食用和观赏性花卉，供游人品尝、欣赏和购买消费。食用菌中心在生态园规划中既是生产者，又是分解者，体现了废物充分利用的功能。经过科学规划后的生态园，将会以生态农业作为生态园主要的“生态旅游”核心内容，体现“绿色、生态、示范”多种功能，可以成为观光农业生态园的旅游精品和主导产品。

（2）观光旅游区域

生态园规划以充分开发具有观光、旅游价值的农业资源和农业产品为前提，以绿色、健康、休闲为主题，在园内建设花艺馆、野火乐园、绿色餐厅、绿色礼品店、农家乐活动园、渔乐区、农业作坊、露天茶座、生态公园、天然鸟林等休闲娱乐场所，让游客在完美的生态环境中尽情享受田园风光。

（3）科普教育功能区

观光农业和农业科普的发展是相统一的，旅游科普是观光农业和农业科普的统一产物。旅游科普是以现代企业经营机制，开发农业资源，利用农业资源的新兴科普类型。它的引入将解决目前困扰我国现代观光农业和科普事业发展的诸多瓶颈问题，缓解我国农业科普客体过多的沉重压力，为我国农业和科普事业的发展营造良好的环境。

旅游科普规划时应遵循知识性原则、科技性原则、趣味性原则，例如可以通过在生态园中设立农业科普馆和现代农业科技博览区等科普教育中心，向游人介绍农业历史、农业发展现状，普及农业知识和加强环保教育。还可在现代农业科技博览区设立现代农业科技研究中心，采用生物工程方法培植各种农作物，形成特色农业。这样，生态园一方面可以为当地及周边地区的科普教育提供基地，为大中院校和中小学生的科普教育提供场所；另一方面也可为各种展览和大型农业技术交流、学术会议和农技培训提供场所。

8.2 创意农业

创意农业，它的特色和优势在于能够构筑多层次的全景产业链，通过创意把文化艺术活动、农业技术、农副产品和农耕活动，以及市场需求有机结合起来，形成彼此良性互动的产业价值体系，为农业和农村的发展开辟全新的空间，并实现产业价值的最大化。创意农业起源于20世纪90年代后期，由于农业技术的创新发展及农业功能的拓展，观光农业、休闲农业、精致农业和生态农业相继发展起来；与此同时，创意产业的理念也在英国、澳大利亚等国家和地区形成并迅速在全球扩展。借助创意产业的思维逻辑和发展理念，人们有效地将科技和人文要素融入农业生产，进一步拓展农业功能、整合资源，把传统农业发展为融生产、生活、生态为一体的现代农业，即现在所谓的创意农业。

创意农业学主要是以美学经济理论、战略资本理论、附加值文化理论、消费教育理论等为理论基础，以附加值文化为理论核心，瞄准世界农业高新技术发展前沿，着力构建创意农业理论创新体系，为形成城乡经济社会发展一体化新格局提供有力支撑，推进社会主义新农村建设。附加值文化理论的出发点和着眼点是充分调动广大农民的积极性、主动性、创造性，大力培育农产品附加值文化，改善农村生活方式，改善农村生态环境，统筹城乡产业发展，不断发展农村社会生产力，达到农业增产、农民增收、农村繁荣，推动农村经济社会全面发展的目标。

目前国外的创意农业模式主要有：

第一，法国模式。法国创意农业属于环保生态功能为主的创意农业，是以大田作物为主，采取较大规模的专业化农场生产，逐步减少小型农场。巴黎的创意农业对城市食品供应的功能并不明显，巴黎的各种食品供应，主要经过四通八达的高速公路网，由各国各地乃至欧洲其他国家完成。所以，巴黎的创意农业突破了自给自足的生产，而突出农业的生态功能，利用农业把高速公路、工厂等有污染的地区和居民隔开来，营造宁静、清洁的生活环境。

第二，德国模式。德国创意农业属于生活社会功能性的创意农业，主要形式是休闲农庄和市民农园。市民农园是利用城市地区或近郊区之农地、规划成小块出租给市民收取租金，承租市民可在农地上种花、草、蔬菜果树等，让市民享受耕种与体验田园生活以及接近大自然的乐趣。

第三，荷兰模式。荷兰创意农业是以创汇经济功能为主的创意农业。主要是以园艺业和畜牧业为主的出口型农业。荷兰借助于发达的设施农业，集约生产经营花卉、蔬菜及奶制品，使其人均农产品出口创汇居世界榜首，成为世界创意农业的典范。荷兰创意农业重点发展具有设施园艺技术辐射、园艺产品集散、农业生态观光功能和地区专业分工的创意农业生产体系。

第四，日本模式。日本创意农业发展重点是设施农业、加工农业、观光休闲农业、多样化农业，属于综合功能的创意农业，重点开发农业的绿色、环保、体验、休闲和示范功能，建设以高新技术产业和镶嵌式多功能的“绿岛农业”为两大特征。日本的创意农业主要集中在三大都市圈内，即东京圈、大阪圈和中京圈，以蔬菜、水果、多作物、多品种生产为主，主要为市民提供优质农产品和满足绿化环境的需要。

第五，美国模式。美国创意农业的特点首先是重视教育，积极提高国民农业创意性。其次是拥有高科技生产工具，并利用高新技术，建立电子信息网络。

8.3 都市农业

都市农业是指地处都市及其延伸地带，利用田园景观、自然生态及环境资源，结合农林牧渔生产、农业经营活动、农村文化及农家生活，为人们休闲旅游、体验农业、了解农村提供场所，紧密依托城市的科技、人才、资金、市场优势，进行集约化农业生产，为国内外市场提供名、特、优、新农副产品和为城市居民提供良好的生态环境，并具有休闲娱乐、旅游观光、教育和创新功能的现代农业。换言之，都市农业是将农业的生产、生活、生态等“三生”功能结合于一体的产业。都市农业是20世纪50～60年代由美国的一些经济学家首先提出来的。都市农业是指地处都市及其延伸地带，紧密依托并服务于都市的农业。它是大都市中、都市郊区和大都市经济圈以内，以适应现代化都市生存与发展需要而形成的现代农业。都市农业是以生态绿色农业、观光休闲农业、市场创汇农业、高科技现代农业为标志，以农业高科技武装的园艺化、设施化、工厂化生产为主要手段，以大都市市场需求为导向，融生产性、生活性和生态性于一体，高质高效和可持续发展相结合的现代农业。

都市农业与城郊农业都是依托城市、服务城市、适应城市发展要求，纳入城市建设发展战略和发展规划建设的农业。但二者还有不同点，城郊农业主要是为城市供应农副产品，满足城市商品性消费需要为主，发展水平相对较低，位置居于城市周边地区。而都市农业是为满足城市多方面需求服务，尤以生产性、生活性、生态性功能为主，是多功能农业，发展水平较高，位置在大城市地区，可以环绕在市区周围的近郊，也可能镶嵌在市区内部。其中，观光农业、休闲农业、旅游农业等都是都市农业的一些具体经营方式。

科技支撑的都市休闲农业还可以帮助城市居民在自家阳台实现瓜果蔬菜的生产，而“阳台农业”兴起，也进一步发展了都市农业的一些新的功能。种植这些阳台蔬菜方式很简单，像韭菜，生在不足1平方米的营养槽内，定期浇灌专家配制的营养液，一周出苗，两三天就长出1厘米；像盆栽绿宝石番茄，在盆里吊根细绳，藤蔓就会顺着延伸，下部的果实摘完了，把下部藤蔓盘起，采摘上边的果实，这样无限生长，一盆最多能产80千克果。另外还有佛手南瓜、迷你黄瓜、玻璃奶油生菜等多种适宜阳台种植的蔬菜品种供人们选择。“阳台农业”寓教于乐的功能主要有几个方面：一是为了娱乐，老年人喜欢养花种菜，阳台正好可以满足他们的需要，这也让他们的生活有个寄托；二是构建温馨家庭的亲情。学习生活工作之余与孩子一起种种菜，可以享受到幸福的家庭生活；三是消除工作压力，亲近自然。通过亲手整理、整治阳台上的方寸菜地，既缓解了压力，也体验了农事生活。

“阳台农业”的发展蕴含了生产、休闲、文化、教育等多重功能，同时拓展了“生产、生态、生活”功能，都市农业的功能内涵具体表现在以下几个方面：第一，农副产品安全供给保障；第二，原材料供给；第三，农村劳动力就业；第四，减贫；第五，生态保护；第六，观光休闲、文化传承；第七，对经济的有效缓冲。国际上的都市农业发展也展现了各不相同的功能特点，如荷兰是“经济创汇型”都市农业，其重点发展具有设施园艺技术辐射、园艺产品集散、农业生态观光功能和地区专业分工的都市农业生产体系。德国是“生活功能型”都市农业，主要形式是休闲农庄和市民农园。法国是“生态环保型”都市农业，如巴黎的都市农业对城市食品供应的功能并不明显，而主要利用农业把高速公路、工厂等有污染的地区和居民分隔开来，营造宁静、清洁的生活环境。新加坡则是“花园型”都市农业，大都市犹如建设在美丽的花木海洋之中。

智能的工厂化农业是指在相对可控的环境条件下，采用工业化生产，实现集约高效可持续发展的现代超前农业生产方式，就是农业先进设施与露地相配套、具有高度的技术规范和高效益的集约化规模经营的生产方式。它集科研、生产、加工、销售于一体，实现周年性、全天候、反季节的企业化规模生产；它集现代生物技术、农业工程、农用新材料等学科，以现代化农业设施为依托，科技含量高、产品附加值高、土地产出率高和劳动生产率高，是我国农业新技术革命的跨世纪工程。

智能农业产品通过实时采集温室内温度、土壤温度、二氧化碳浓度、湿度信号以及光照、叶面湿度、露点温度等环境参数，自动开启或者关闭指定设备。可以根据用户需求，随时进行处理，为设施农业综合生态信息自动监测、对环境进行自动控制和智能化管理提供科学依据。通过模块采集温度传感器等信号，经由无线信号收发模块传输数据，实现对大棚温湿度的远程控制。智能农业还包括智能粮库系统，该系统通过将粮库内温湿度变化的感知与计算机或手机的连接进行实时观察，记录现场情况以保证量粮库的温湿度平衡。

发展现代农业，就是用现代物质条件装备农业，用现代科学技术改造农业，用现代产业体系提升农业，用现代经营形式推进农业，用现代发展理念引领农业，用培养新型农民发展农业，提高农业水利化、机械化和信息化水平，提高土地产出率、资源利用率和农业劳动生产率，提高农业素质、效益和竞争力。而寓农于乐的现代农业的发展，也进一步拓展了农业在经济社会生活中的功能，丰富了人类的生活内容。

9 现代农业发展展望

进入21世纪后，中国农业将面临更多的发展机遇：国民经济的持续、健康发展为农业发展创造了日益宽松的环境，农业即将进入与工业平等发展的新阶段；农产品市场需求日益旺盛，给农业发展带来广阔的发展前景；加入WTO后，将有利于农业在更广阔的范围内引进国外的资金和先进技术，有利于利用国内外的生产要素，提高农业现代化装备水平和管理水平；有利于加速改造国内的传统农业，实现向现代农业的转变。全面提高农产品质量和农业的经济效益；新的农业科技革命将为农业发展提供强大的技术支撑。与此同时，也应看到，21世纪的中国农业面临的许多新问题和新挑战。

9.1 现代农业特点

农业是关系国计民生的基础产业。农业具有自然生产和经济再生产的两重性，其自然生产过程随着科学技术的进步不断提高，其经济再生产随着社会经济的发展而不断壮大，两者相互依存，相互促进，成为推动农业发展的动力，也打造了现阶段农业发展的新特点。

9.1.1 对科学技术的依赖性加大

现代农业是伴随着科学技术的发展而发展的，并随着现代农业科学技术的创新和突破而产生新的飞跃。19世纪30年代，细胞学说的提出是农业科学试验进入细胞水平，突破了传统农业单纯依赖人类经验与直观描述的阶段。40年代，植物矿质营养学说的创立推动了化学肥料的广泛应用与化肥工业的蓬勃发展，标志着现代农业的一个新起点。50年代，生物进化学说的问世，揭示了生物遗传、变异、选择的规律，奠定了生物遗传学与育种学的理论基础，培育出了一大批优良品种。20世纪初，杂交优势理论的应用，带来了水稻、玉米、谷子等杂交种的产生和大面积推广应用。杂交优势应用在多种作物上面，成为当代农业一项十分有效的增产手段。第二次世界大战期间，滴滴涕等杀虫剂的研制与生产，有力地促进了农药的应用和农药工业的发展。此后，随着科学技术的迅速发展及其在农业生产中的应用与扩散，大大拓宽了农业科学技术的领域，带来了农业生产力的大幅度提高。土地、人力、资源、技术是农业生产的基本要素，传统农业生产主要依赖土地、人力资源，而现代农业对资源和技术的依赖性越来越大。统计数据表明，农业增长份额中经济发达的美国、日本等国家的科学技术因素的增长份额一般在80%以上，而我们国家一般在20%～40%左右。我国的农业经济发展与世界强国之间还有很大差距，我国农业科技进步的潜力很大。

9.1.2 农业生产的物质循环由封闭型向开放型转变

农工商、产供销分离状态下的农业算不上真正的农业，充其量不过是国民经济中的一个生产部门，一个传统色彩很浓的初级产品生产部门。它的本质特征是自给自足，即单纯依靠农业内部物质循环，产量低而不稳。而现代农业是依靠增加大量现代农业装备和现代物质投入的开放的物质循环，因而产量高、效益好。主要表现在四个方面：一是以工业带动农业现代化。在钢铁、机械、化工、能源等现代工业的支持下，促进高效农机具和化肥、农药的普遍使用，加速传统农业的改造，大幅度提高农业生产力；二是以机械动力替代人畜力，以信息技术控制代替人工操作，已成为农业技术革命的主要内容和标志；三是农业劳动力向城镇和非农业产业转移，促进农业劳动生产率的提高，改变农业产业结构，增加农民收入，反过来又促进农业发展；四是农业机械化提高土地生产率。以河南省为例，2000年，河南省农机总动力为5 780.58万千瓦，主要用于机耕、机播、农用运输、联合收割、农用动力排灌、植保、林木采伐、农副产品加工等作业，其中机耕面积占81.6%，机播面积占67.6%，机收面积占61.8%，为提高劳动生产率和土地利用率起到了重要作用。

9.1.3 以农业产业化为基本途径

现代农业是伴随着市场经济的发展而发展的。农业产业化是在市场需求的拉动下，农业中社会劳动分工逐步向专业化、社会化、一体化演变的过程。农业开始不再是一个传统的生产部门，而是逐步成为产品商品化、流通市场化、技术现代化，完全开放的现代产业。在发达国家，不论农业经营规模大小，家庭农场作为农业的基本单位，都是通过社会化服务实现了小生产与大市场的对接。在市场经济迅速发展、市场竞争十分激烈的情况下，家庭经营通过多种形式联合起来，实现产业化生产、一体化经营，使农业生产呈现专业化、规模化、商品化趋势，已成为未来农业发展的基本途径。

9.1.4 城乡联系日益紧密

传统农业是城乡分割格局，在某种意义上甚至是以牺牲农业的利益来发展城市。随着社会经济的发展，农业生产力低下与社会对农产品数量、质量、种类的需求增长的矛盾，只有通过协调工农关系，统筹城乡经济社会发展，加大对农业发展的扶持与维护农民权益的力度，加快传统农业改造的过程，才能从根本上解决这一矛盾。在市场经济前提下，工业与农业、城市与农村是相辅相成、利益互补的关系。当前经济发展的特点是人口、劳动力流动加快，生产要素加速聚集，一、二、三产业相互依存，经济、技术、文化相互交融，城乡联系日趋紧密，差别逐渐缩小。

9.2 现代农业科学技术

知识形态农业的可持续发展是建立在工业化农业的基础之上的，不能用孤立的观点来看待这种新的形态农业的发展。未来建立在知识基础之上的农业可持续发展的态势是：一是农业科技将向深度和广度发展。科学研究的重大突破将使农业生产和科学技术产生质的飞跃，出现革命性变化。21 世纪农业科技将在探索作物、畜禽、鱼虾等动植物和微生物生命活动奥秘，挖掘生产潜力等方面取得重大突破，从而使高产、优质、高效目标达到一个新的水平；二是现代农业科学将走向新的综合与联合。现代农业科学技术与传统农业科学技术相比，具有智能化、物化、产业化和企业化等显著的特征。农业科技在形成自己完整体系的同时，其他众多门类的自然科学与社会科学、技术科学与经济科学不断向农业科学渗透、交融，从而形成许多新的科学交叉点和生长点，拓宽了农业的领域，大大推动了农业科学技术的发展，这一技术在21世纪将会进一步强化；三是生物技术等高新技术将得到更广泛的应用。生物技术和信息技术等高新技术在农业上的应用，开辟了提高农业生产力的新途径。它不仅使现代农业科学技术飞速发展，而且使农业成为生物技术、信息技术最有应用价值和前景的产业；四是农业管理科学与技术、经济科学联系更为紧密。农业管理科学必将得到进一步发展，使人们在21世纪更好地掌握农业自然规律和经济规律，有力地促进农业发展战略决策、体制、机制和政策完善，推动农业和农村经济的全面发展。

现代农业科学技术的发展是农业生产进一步提高的基础。农业科学主要是通过研究农作物生产体系及其与环境、措施关系的系统理论，并有针对性地把农学各学科的新成果、新技术、新方法、新品种组装配套直接应用于生产，提高劳动生产率和土地生产力。21世纪，农业科学面临着新技术革命的挑战，随着生物技术、信息技术和以系统论、信息论、控制论、方法论为主导的宏观系统科学的发展，农业科学进入了向宏观和微观两方面发展的新时期。具体来讲，一是原有的学科继续分化，新兴边缘学科不断产生；二是农业科学的一般理论研究在实际应用过程中又趋于综合。农业科学理论必须适应新技术革命发展的新形势，在专业理论的研究中密切注视基础科学的研究发展，采用新的研究方法，引进新理论、新思维；三是农业科学要适应我国社会主义市场经济和农业商品经济的发展形势，以农业生产实际和市场需求为导向，进一步延伸研究领域，实现农业高产、优质、高效、可持续发展的目标。

9.2.1 农业科学理论研究内容的变化

围绕未来农业的高产、优质、高效目标，我国农业科学的研究将从经验指导为主转向以科学指导为主，从侧重单项技术转向运用综合栽培技术为主，从以定性研究为主转向定性与定量研究相结合为主，从以往注重农产品生产转向注重农业商品生产，从注重农业生产的产中转向注重产前、产中、产后一体化，从注重作物产量转向注重品质、产量、效益与保护环境诸因素协调发展，注重宏观控制与微观调控相结合，从而使农业科学的研究发展到一个新的历史阶段。因此，农业科学的研究内容发生了很大的变化。

首先，研究对象从注意单一作物的研究扩展到两作、多作复合群体，乃至有关的连作、轮作等栽培技术。通过系统开展农作物复合群体的研究，深入揭示农作物复合群体中的光、热、水、气等条件的竞争、互补、共生、拮抗等复杂的生理、生化过程，为合理利用资源、一作增产和多作增产提供理论依据。

其次，研究目标从单纯追求产量，发展到着眼于高产、优质、高效、在商品农业中，农产品进入市场是以品质作为评价指标的。农产品品质包括营养品质（蛋白质、脂肪等营养成分的含量）、商品品质（产品形态、容重、光泽、整齐度等）和加工品质（色、香、形、味），这就要求农业科学研究树立完整的品质概念，讲求市场效益，掌握商品信息，关心经营管理乃至整个商品的流通消费领域，把科研工作调整到具有最佳经济效益的结合点上。

第三，研究领域从单纯研究农田的自然性、生物性、生产性，延伸到产前、产中、产后整个产业系统。现代商品农业必须重视产前（生产资料、种子、肥料、服务系统）和产后（农产品加工、储运、销售）服务。

第四，研究途径从微观研究，发展到微观与宏观研究并重。农业科学的研究从土壤耕作、种植方式、播种、密度、施肥、灌水、防治病虫害等单项技术措施试验和微观机理研究，向整体的、横向的综合研究发展。

第五，研究手段和方法从单纯研究某一生育阶段或生产技术的田间试验，发展到运用系统论的原理和观点指导农业科学研究，不断引进现代科学技术的新成果、新技术，特别是信息论、控制论和运筹学等新兴学科，不断丰富农业学科的内涵和理论基础，并在农业科学研究中显示自身特点和独立地位。而随着科学技术的飞速发展及其向农业领域的不断渗透，新的农业技术革命方兴未艾。新化学物质的合成，新型生产资料的发明和利用，计算机和信息技术的普及应用等，为农业科学的研究提供了新的方法和手段，必将进一步促进农业生产的发展。

第六，部分研究技术将会赋予新的内涵。节水是当前世界性的重要问题。通过农业、化学、水利等措施，减少农田灌溉水的损失，这是农业节水的总任务。农业节水的首要任务主要是弄清作物吸收水分的机制和需水规律，使有限的水资源应用于作物需水的关键时期，减少水渗漏和蒸发等损失，充分利用水资源，提高土壤水和灌溉水的利用率，力争达到节水与高产优质的高度统一。

施肥技术也是当前研究的难点之一。提高肥料的利用率和生产率，减少肥料的用量和次数，减轻肥料对环境的污染等，需要做很多的研究工作，如研究不同土壤肥力下作物优质高产的需肥规律和动态、研制新型的肥料（如根据作物一生中需肥特点可定时缓慢释放的缓效肥及长效肥、菌肥、药肥）、改革施肥方式与方法、实现精准施肥等。

此外，覆膜和设施栽培已成为当今一个国家经济发展和科学技术进步的重要标志之一。其在我国的农业生产中已发挥了重要的作用，但还存在许多不足之处需要改进，如减轻污染、降低成本、减轻劳动强度、提高材料利用率及实现机械化等。

当前农业污染已成为生态环境污染的一个重要因素，通过农业科学理论的研究，利用各种措施减轻有害物质的污染，发展现代生态农业，有利于农业生产环境的保护和人类社会的可持续发展。这方面的研究包括清洁产品（无公害食品、绿色食品与有机食品）生产技术的研究与开发、各种适用的轻简栽培技术、作物栽培技术物化产品、作物育苗和移栽方式与机械的改进、集约条件下农作物优质、高产、高效形成机制与标准化技术、在限制条件下（无灌溉条件、盐碱、高温与低温等）农作物抗逆综合栽培技术的研究等。这些都是农业科学今后发展的重要课题。

在科学技术高速发展的今天，农业学科更应加强与高新技术等许多相关学科的联系，把高新科技的手段和方法运用到栽培研究中去，实现各相关学科的相互渗透、相互交叉，更好更快地将栽培研究中的难点变为热点并成功地加以解决。

9.2.2 农业科学理论研究方法的变化

随着作物高产生理研究的深入和系统科学、信息技术的发展，现代科学新理论和新技术不断涌现，各学科的渗透和交叉融合，新的研究方法不断运用到农业科学研究工作中。

（1）现代系统理论基础上的模型方法

模型作为认识现实世界的一种研究工具，它是对现实世界抽象的简化描述。模型的研究初始是以经验模型为主，单纯的表示输入和输出之间的回归方程，而后发展为机制性模型。具体方法如下：①经验模型研究方法：是基于田间多因素试验和大量田间微观测数据，用数理统计方法建立作物产量与多种相关因素的模型，再用电子计算机对各种因素的不同组合进行筛选，以确定高产要素组合并用于大田生产。②栽培模型模拟研究方法：利用计算机强大的信息处理功能对作物生长发育过程及其与环境的动态关系进行系统的分析和定量描述，从而综合考虑作物生产问题。模拟模型利用系统科学观点，从生理学和生态学入手，以计算机和数学方法为手段，将作物生产中各因子在物质生产和产量形成过程中的实际作用，以能代表其作用机理的函数表示，即用数学模型描述作物生长过程与环境条件的关系，通过调控参数建立模型。③农业控制论研究方法：即以“层层控制、逐步逼近”的控制论思想进行作物生产的管理决策。它采用“综合—分解—协调”的多级优化方法，在综合考虑作物、环境、措施三者关系的基础上，把作物产量的形成分解为一个有序的层次发育过程，建立高产的阶段性目标。把生产过程中的措施、气候、土壤、作物生长发育与目标间的关系分块处理后，再以专家系统、模型模拟或统计函数等方法连接，达到对作物生产系统的近似。

（2）人工智能的农业研究方法

运用农业信息技术，可以对复杂的作物栽培生产过程进行系统的分析和综合，建立动态的模拟模型和管理决策系统，实现作物生产管理的定量决策，从而促进作物栽培的规范化、信息化、科学化，使传统作物栽培学转变为作物智能栽培学。作物智能栽培学研究内容涉及面很广，主要包括作物生产数据库及信息系统、作物生长预测和监测系统、作物管理决策支持系统、作物空间信息系统（3S技术等）、精准农业支持系统、作物智能教学和苗情诊断系统、虚拟作物以及网络服务系统等。在这方面，我国必须根据实际情况合理地吸收国外先进思想与技术，走自己的路，构建有中国特色的智能栽培学。目前正在试用的有两种：①栽培专家系统研究方法：专家系统是利用知识和推理过程解决需要人类专家才能解决问题的智能计算机程序。②人工神经网络研究方法：优点在于能够充分逼近任意复杂的非线性关系；能够学习与适应不确定性系统的动态特性，采用并行分布处理方法使快速进行大量运算成为可能。

（3）作物全息协调的研究方法

作物生产是一个整体性极强的领域，由许多相互依赖、相互作用的因子结合而成。从事物的整体出发，全面研究总体结构和功能是作物全息协调理论的研究方法和基本思路。全息栽培基于作物生产的综合信息，在影响作物生产的全集信息范围内，认识存在于客观生产实践中的作物与环境因素间的综合关系，探求作物生产系统的整体行为规律。全息栽培用一个基础模型、一个基本原则来解决作物生产中的复杂问题。

（4）作物生长的化学调控方法

由于化学控制（简称化控）能直接、有效地控制作物的生长，使作物的生长朝着人们预期的方向转化，能更好地挖掘作物的产量潜力。因此化控在未来农业生产中将更加受到重视。化控应用虽在我国的作物生产中取得了很大的成功，但目前应用于化控栽培的植物生长调节剂还不多，主要集中在少数几个品种上，品种类型不够丰富。另外，化控技术还应在“定向控制诱导”、生产效应和经济效益的稳定性、理想性和生态效益的显著性以及减少对作物的负效上加以重点研究，使之与传统的栽培学真正相互融合成为化控栽培技术新体系。可以预见，全面掌握化控科学理论，开发化控新技术，正确实施化控栽培工程技术，必将为作物栽培学创造一个新的研究方向。

9.3 现代农业趋势

9.3.1 农业机械化是我国农业发展的必由之路

农业机械作为生产手段是农业生产力的重要内容，也是解放生产力的重要途径。但农业机械化又是与一个社会经济技术发展紧密相连的。进入21世纪，中国农业将面对激烈的国际竞争，如何看待我国发展农业机械化的问题，怎样探求中国式的农业机械化的发展道路，意义十分深远。

（1）正确认识农业经济发展的现状

我国的农业机械化事业从无到有，从小到大，发展很快，农村电力等也都是从无到有，得到了巨大的发展。农业机械化使农业综合生产能力得到大幅度提高。农业机械的推广使用，提高了生产效率，增强了抵抗干旱、洪涝等自然灾害的能力，一定程度上改变了“靠天吃饭”的状态农业机械的使用促使农业向农工贸一体化发展，促进了农业运输事业的发展。建立了相当规模的农机生产和推广体系。培养了一支农机科研科技队伍。在农业机械化的推广过程中，农民开阔了眼界，提高科技素质。各种基层农机厂、农机站为后来的农村工业、乡镇企业的发展打下基础。改革开放以来，农业机械由国家统配变为非控商品进入了市场。农民拥有了选择购买农业机械从事生产经营活动的自主权，农机投资主体发生了由国家投资为主到以农民私人投入为主的转变，出现了投资主体多元化的格局。另外，农业机械推广运用领域不断拓宽。但是，我国的农业机械化过程中，失误也不少，值得反思和总结，如认识的模糊造成实践中的混乱。农业机械经营失控，有些地方农机具被拆分，或因无人管理而报废；农机教育网络受到严重冲击。纵观我国农业机械化所走过的道路，既有成功的经验，又有失误的教训，但因我国农业机械化的失误和发展农业机械化的暂时困难而对我国发展农业机械化持否定态度是不足取的，我国发展农业机械化方向是正确的。机械化代替手工工具，提高劳动生产率，是社会生产力发展到一定阶段的必然产物。

（2）发展农业机械化的意义

1）发展农业机械化是我国农业经济发展的现实要求。我国农业生产力水平仍然落后，只有大力提倡科教兴农，推广农业机械化，才能改变生产力落后状态，使农业生产上一个新台阶。我国加入世界贸易组织，面临激烈的竞争，发展机械化，改善生产条件，提高劳动生产率和农业综合竞争力已势在必行。

2）农业机械化道路是实现农业现代化的必经之路。农业现代化包括技术（机械技术和生物技术）现代化和管理现代化。农业现代化在技术上就是采用现代的机械技术和生物技术装备农业，建立起现代化的农业科技体系。机械技术就是机械化，它是从机械操作开始，进而达到自动化，其作用主要是节约劳动时间，提高工效和劳动生产率，生物技术包括土壤改良、植物保护、良种培育、化肥、农药、除草剂以及农田灌溉等。其主要作用是提高农产品的单产和质量，着重于提高土地生产率。只有把机械化和生物技术适当地结合起来，两重并举，才能既提高劳动生产率，又提高土地生产率；西方发达国家在这方面过去曾走过了一些弯路，但现在都基本上把机械化和生物技术结合起来了，而且配合得较好，从而加速了农业现代化的实现和农业生产的发展。农业生产管理的现代化，主要是指生产组织上实行专业化、一体化和管理方法上的科学化，如运用系统分析法、电脑和通讯网络等科学技术。而这些先进技术实施的每一环节，都必须以机械化为基础和手段。可见，农业机械化是农业现代化不可缺少的主要内容。农业机械化道路是农业现代化不可逾越的必经之路。

3）发展农业机械化，可以成为我国经济新的增长点。农业机械化的直接经济效益是，提高农业各生产部门的劳动在产率，降低成本，为农业的产业化、集约化创造条件。农业机械化不仅有巨大的直接经济效益，更重要的是它的间接经济效益。农机行业是联系农业和工业的纽带，发展农业机械化，扩大农机行业可以成为我国经济新的增长点。发展农业机械化，需要各种类型的农用机器、电力设备，促使农机科研投入大量资金，加快科技转化为现实的生产力；发展农业机械化需要一定的基础设施，农村公路及水利等基础工程建设，需要投入大量的人力、物力，从而刺激建筑、建材、交通、能源等部门规模的扩大、生产的发展。发展农业机械化需要大量的农机人员激发农民学习农机知识的热潮，可以进一步刺激农村职业教育的发展。因此，发展农业机械化，能刺激工业对农机的投资和农村的消费，只要引导得当，农机行业一定能成为我国经济的一个新的增长点，从而拉动国民经济的发展。

4）发展农业机械化具有社会政治意义。发展农业机械化从近期来看农民解除了繁重的体力劳动，同时增加了收入，有助于农民身体健康与生活舒适，缩小了工农和城乡差别；从长期来看，发展农业机械化提高劳动生产率，逐步减少农业人口，为我国向非农业人口占多数的现代化工业国过渡创造条件。另外，我们要赢得与资本主义相比较具有更高的劳动生产率，是社会主义的本质要求，因此，发展农业机械化具有社会政治意义。

（3）发展农业机械化的对策

发展农业机械化有很多现实困难，因此要正视困难，积极寻求对策。

1）实事求是，有差别地发展。我们必须要坚持实事求是的态度，量力而行。我国各地自然条件和经济发展条件差别较大，因而农业机械化在地区、项目、水平、形式的布局上将呈现出很大的差异性，对不同的地区要因时因地因情况制宜，区别对待，允许不平衡，有差别地发展。农业机械类型、品种要注意实用性，在近期重点发展那些经济效益比较好的项目。农民使用农业机械既增产又增收，从机械使用中得到经济实惠，使农业机械化成为亿万农民自觉自愿参加的经济活动。

2）加快工业发展，为农村劳动力转移创造条件。工业以及其他非农产业的迅速发展，需要大量的劳动力，能吸收农村多余的劳动力，为农村劳动力转移出去创造条件。另外，工业的快速发展还可以为发展农业机械化提供资金，降低农机具的生产成本，为农业提供适用、配套、高效、价廉的农机具。

3）倡导土地使用权的合理流转集中。在坚持土地国有的基础上，进一步完善联产承包责任制。积极推广承包制下的租赁制、有偿转让制和股份制，加强土地的自主经营使用的灵活性，搞多种形式的规模经营，使土地使用权向种田能手或种植专业户转移，实现土地的适度规模经营，为农业机械化创造条件。

4）拓宽投资渠道。实现农业机械化，需要大量的资金，离不开国家的帮助。但是，目前国家财力有限，我国农业投入不足，尤其是农业机械化的投入不足，仅占农业总投入的1.7%左右，单靠国家的扶助还是不能解决问题，必须拓宽投资渠道，政府、企业、私人和外资均可成为出资的主体，发动全社会力量发展农业机械化。

5）科教兴农，提高劳动者素质。科教兴农就是依靠科技和教育来振兴农业。劳动者生产力的决定因素，劳动力的素质又取决于我们教育事业的发展，我们既要努力发展高等、中等教育、职业教育，培养农业专门人才，又要普及九年义务制教育，提高高中升学率，普遍提高劳动力的素质。

6）加快农业机械化事业的法制建设。建议加快制订全国性的农业机械化方面的法律，对农机生产的投资方法、企业享有的优惠政策和农用燃料、电力价格补贴等要用法律加以规范。对农机市场上的不法商人要予以严厉打击，切实保护农民的利益。

9.3.2 精准农业是未来农业发展的趋势

精准农业（Precision agriculture）是当今世界农业发展的新潮流，是现代农业与当代高新技术相结合的产物。它是基于遥感技术、信息技术及当代生物技术的现代化农业生产管理方式，由信息技术支持的根据空间变异，定位、定时、定量地实施一整套现代化农事操作技术与管理的系统，来实现现代化农业的高产、优质、高效。其基本含义是根据作物生长的土壤性状，调节对作物的投入，即一方面查清田块内部的土壤性状与生产力空间变异，另一方面确定农作物的生产目标，进行定位的“系统诊断、优化配方、技术组装、科学管理”，调动土壤生产力，以最少的或最节省的投入达到同等收入或更高的收入，并改善环境，高效地利用各类农业资源，取得经济效益和环境效益。精准农业是将现代信息技术与农业技术、工程技术有机结合以获得高产、高效、优质生产的现代农业生产技术系统。而传统农业的发展在很大程度上依赖于生物遗传育种技术，以及化肥、农药、矿物能源、机械动力等投入的大量增加而实现。由于化学物质的过量投入引起生态环境和农产品质量下降，高能耗的管理方式导致农业生产效益低下，资源日显短缺，在农产品国际市场竞争日趋激烈的时代，这种管理模式显然不能适应农业持续发展的需要。

（1）精准农业的意义

20世纪80年代初期，欧洲、美国等发达国家由于其农业生产快速发展，农业生产已开始由半机械化向机械化及自动化方向发展，同时由于农药和化肥的过量使用，能源利用率低下，导致其生态环境恶化，严重影响农业生产的持续发展。从农业生产的可持续发展出发，农业技术工作者开始着手研究一种全新的农业生产经营方式，开发出如生态农业、绿色农业、有机农业等新型生产模式。其核心思想是充分利用有限的自然资源，减少资源浪费及环境污染，从而保护自然生态环境，生产绿色、优质、无公害农产品。改变传统的粗放型农业生产模式，实现精准农业生产，适时、准确地投放所需的农业生产资料，实现农业生产精确管理。将传统农业生产的定量投入粗放管理改变为适时变量投入和精确管理，充分利用有限的自然资源，保护农业生态环境，提升农业生产水平及管理水平，提高农产品质量，保证农产品安全。基于以上构想并结合当代高新技术，产生了精准农业的思想。由于其全新的理念及深远的现实意义，精准农业得到了快速的发展。20世纪90年代中期以后，伴随着全球卫星定位系统（GPS）、遥感技术（RS）及地理信息系统（GIS）相关技术的进一步成熟及普及，现代电子技术及微型计算机技术在农业生产中的应用日趋广泛，农业科技工作者完成了作物生长模型以及农业生产决策系统（DDS）技术的构建，为精准农业的发展奠定了牢固的基础。“精准农业”以其全新的内涵逐渐成为以提高资源利用率、降低农业生产成本、保护农业生态环境为目的的现代农业生产经营模式。

（2）精准农业的发展现状

目前，世界上发达国家精准农业的实践已涉及变量适时配方施肥、精量播种、快速有效病虫害防治及杂草清除、土壤水分精确管理等相关领域，精准农业正逐渐成为发达国家合理利用有限农业资源、保护生态环境和农业可持续发展的决定性科学技术基础。美国作为世界上实施精准农业最早的国家之一，经过多年发展，一些技术和设备已经成熟定型，但尚未系统化，总体还处于研究发展阶段。美国有200多万个农场，其中60%～70%的大农场采用精准农业技术。精准农业技术的采用给农场主带来了明显的节约效应和规模效益。1993～1994年，美国明尼苏达州农场进行了精准农业技术试验，取得了巨大成功，用GPS指导施肥的作物产量比传统平衡施肥作物产量提高30%，而且减少了化肥施用量，经济效益大大提高。此外，加拿大、澳大利亚等国对精准农业技术也非常重视，巴西、马来西亚等国广泛开始了试验示范应用。以色列的气候干旱、水资源紧张，采用了先进的精准农业灌溉技术，根据作物生长阶段和气候条件等因素，定时、定量、定位供水，大大地提高了水利用率，水肥利用率达到90%。目前，精准农业的实践已涉及配方施肥、精量播种、病虫害防治、杂草清除、收获作业和水分管理等相关领域，诸如荷兰的无土栽培切花生产、日本的水培蔬菜生产、美国的生菜生产、欧共体国家和北美国家的计算机管理奶牛场等均已基本实现了精准化。

精准农业作为当代农业科技革命的重要组成部分和农业技术创新工程的重要内容，近年来逐渐由农业发达国家推广到发展中国家。中国作为农业生产大国，20世纪70年代就加入了精准农业的发展行列，并在北京、上海、黑龙江、吉林等地区建立起了有一定规模的生产试验区，从实际出发探索适合中国国情的精准农业发展之路，并取得了可喜成果。中国农业大学率先建立了“精细农业研究中心”，开展相关技术研究，做了大量有意义的探索性的基础工作，取得了大量科研成果。为进一步探索有中国特色的精准农业之路，国家农业信息化工程技术中心于1999年在北京小汤山建立了精准农业示范基地，开展精准农业的研究开发，并开发出2F—VRT1型变量施肥机和1 G—VRT1旋耕变量施肥机，这些设备装有地理信息系统，可实时接收GPS位置信号及作业机械行走速度信号，依据实际生产需要自动调整排肥量，实现变量施肥。吉林农业大学在吉林省榆树市弓棚镇设立了高产玉米精准农业试验示范基地，开发出2BAF—6型玉米变量深施肥精密播种机和2BFQ—6型精密播种变量施肥机，该设备由全球定位系统、地理信息系统、单片机控制器、施肥决策系统、拖拉机、变量播种施肥机组成，由田间电子地图适时采样、生成、变量施肥决策系统和田间信息管理系统等构成变量施肥的辅助决策系统，实践证明该系统可大幅提高农业生产的投入产出比，实现农业生产高效可持续发展。黑龙江八一农垦大学在黑龙江省农垦总局所属友谊农场五分场建立了精准农业试验示范基地，从美国CASE公司引进整套精准农业机械生产设备，基于引进、消化、吸收的发展思路，开展了国产变量施肥播种控制系统的研究开发，并于2004年1月研制出自主知识产权的电控无级变速箱式变量施肥控制装置，同时进行了精准农业试验研究，实践表明精准农业可大幅提高资源利用率，是高效、节能和农业生产发展方式的必由之路。

我国的精准农业生产仍处于起步阶段。由于中国地域广阔，自然条件多样，在中国发展“精准农业”要比美国、欧洲等国家复杂得多，困难也大得多。因此，在中国发展精准农业，实现农业信息化的跨越式发展，需要在人力上、技术上和农田基础设施建设方面付出更大代价，以摸索出一条适合中国国情的精准农业发展之路。因此，中国发展精准农业必将是一个循序渐进的发展过程，需要几代人付出艰苦的努力。首先，为引进消化吸收国外先进技术阶段，进行试验探索，建立农业示范区。其次，将成功的示范工作推广到大型国营农场并进一步发展到小型农户，特别要注重探索适合小型农户的精准农业的发展之路。再次，是在探索适合小型农户的精准农业发展之路的基础上形成具有中国特色的精准农业模式，并使之实用化和产业化，进而推动中国农业的现代化发展。

(3) 精准农业的组成

精准农业由全球定位系统、农田信息采集系统、农田遥感监测系统、农田地理信息系统、农业专家系统、智能化农机具系统、环境监测系统、系统集成、网络化管理系统和培训系统组成。

1) 全球定位系统。精准农业广泛采用了 GPS 系统用于信息获取和实施的准确定位。为了提高精度广泛采用了 DGPS (Differ—ential Global Positioning System) 技术，即所谓“差分校正全球卫星定位技术”。它的特点是定位精度高，根据不同的目的可自由选择不同精度的 GPS 系统。

2) 地理信息系统 GIS。精准农业离不开 GIS (Geographicalln—formation System) 的技术支持，它是构成农作物精准管理空间信息数据库的有力工具，田问信息通过 GIS 系统予以表达和处理，是精准农业实施的重要。

3) 遥感系统 (RS)。遥感技术 (Remote Sensing) 是精准农业田间信息获取的关键技术，为精准农业提供农田小区内作物生长环境、生长状况和空间变异信息的技术要求。

4) 作物生产管理专家决策系统。它的核心内容是用于提供作物生长过程模拟、投入产出分析与模拟的模型库；支持作物生产管理的数据资源的数据库；作物生产管理知识、经验的集合知识库；基于数据、模型、知识库的推理程序；人机交互界面程序等。

5) 田间肥力、墒情、苗情、杂草及病虫害监测及信息采集处理技术设备。

6) 带 GPS 的智能化农业机械装备技术。如带产量传感器及小区产量生成图的收获机械；自动控制精密播种、施肥、洒药机械等等。其核心是建立一个完善的农田地理信息系统 (GIS)，是信息技术与农业生产全面结合的一种新型农业。

(4) 精准农业是可持续发展的需要

信息技术和人工智能技术的高速发展促使一种新颖农业生产管理思想的诞

生，从而产生了对农作物实施定位管理、根据实际需要进行变量投入等农业生产的精准管理思想，进而提出了精准农业的概念。精准农业是一种基于空间信息管理和变异分析的现代农业管理策略和农业操作技术体系。它根据土壤肥力和作物生长状况的空间差异，调节对作物的投入，在对耕地和作物长势进行定量的实时诊断，充分了解大田生产力的空间变异的基础上，以平衡地力、提高产量为目标，实施定位、定量的精准田间管理，实现高效利用各类农业资源和改善环境这一可持续发展目标。显然，实施精准农业不但可以最大限度提高农业现实生产力，而且是实现优质、高产、低耗和环保的可持续发展农业的有效途径。因而精准农业技术被认为是21世纪农业科技发展的前沿，是科技含量最高、集成综合性最强的现代农业生产管理技术之一。它的应用实践和快速发展，将使人类充分挖掘农田最大的生产潜力、合理利用水肥资源、减少环境污染、大幅度提高农产品产量和品质成为可能。实施精准农业也是解决我国农业由传统农业向现代农业发展过程中所面临的确保农产品总量、调整农业产业结构、改善农产品品质和质量、资源严重不足且利用率低、环境污染等问题的有效方式，将在世纪之交成为我国农业科技革命的重要内容。一般而言，基于知识和先进技术的现代农田“精耕细作”技术体系至少包括以下方面：地理信息技术（GIS、RS、GPS）、生物技术、农业专家系统（Es）、决策支持系统（DSS）、工程装备技术、计算机及网络通讯技术等。

我国当前面临农业资源匮乏、农田环境污染严重，另外加入WTO后农业市场竞争激烈，因此，在我国实施精准农业示范和研究工作具有重要的战略意义。精准农业示范工程项目中，项目承当单位北京农业信息技术研究中心及合作单位率先开展了大规模、高水平的试验和探索。近几年大力发展精准农业，真正让农民群众受了益：农产品持续提质增产，农业持续增效，农民持续增收，农业抗御自然灾害的能力显著增强。不断提升粮食综合生产能力，加快标准粮田建设，推行标准化生产，推广测土配方施肥和宽幅精播技术，加大中低产田改造及农田水利改造，大力提高耕地质量，提升粮食综合生产能力，全面推动精准农业建设。

9.3.3　航天农业是我国农业发展的新机遇

21 世纪将是航天科技飞速发展的世纪，也是航天农业发展的最佳时期。航天农业是指利用主太空所特有的强宇宙射线辐射、高真空、重粒子、微重力等对农作物的诱变作用，从中定向筛选培育出优良新品种。实验表明，经历过太空遨游的农作物种子，在其形态、产量、抗病性、营养成分及细胞遗传等方面，大多数都发生了遗传基因突变。其明显优势与特点是：多因素缩合诱变和有益诱变增多、变异幅度大、稳定快、周期短等，且不仅植株明显增高增粗，果型产大，产量比普通的农作物种子增长10% ~20%，品质大幅度提高，作物也更加强健，对病虫害的抗逆性特别强，一般的杂交种子，种植 2 ~ 3 代就退化了，而太空种子种 10 代也不会退化。

为什么经过太空“修炼”的种子能产生优秀的后代呢？从现有认识看，是空间微重力环境、强宇宙粒子射线辐射和高真空环境，给植物种子“修炼”提供了十分宝贵的特殊场所，诱变出大量植物的新种类以及繁多的突变体。至今美国、俄罗斯等国已在空间站上试种和培育了豌豆、小麦、玉米、稻谷、洋葱、兰花、郁金香等 100 多种植物，以研究宇宙飞行中各种因素对作物生长发育的影响。同时，还进行了不少动物家禽家畜的实验，目的在于使未来空中农场不但能种粮种菜，还能饲养家禽家畜。

（1）我国航天农业的发展历程

中国首颗航天育种卫星“实践八号”返回后，中国国防科学技术工业委员会向媒体提供信息称，中国发展航天育种大致可以分为以下三个阶段：

1）准备阶段（1987 ~ 1995 年）。1987 年 8 月 5 日，随着中国第九颗返回式科学试验卫星的成功发射，一批农作物种子、菌种和昆虫等地球生物被送向了遥远的天际，开启了中国农作物种子首次太空之旅。此后，中国又连续发射了 5 颗返回式卫星，除了搭载植物种子、菌种、藻类、昆虫、鱼、动物细胞外，还搭载了部分测试仪器，中国航天育种研究工作全面展开。

1991 年随着“航天效益工程”的提出，航天育种也列为航天效益工程的一个重要项目。1994 年，一批专家对已搭载的航天育种品种地面培育情况进行了一次历时3个月的全国范围的调研，经过近10个月评审，农业、生物、航天专家对航天育种前景充满信心。1995年，农业部和中国航天等就进一步加强中国航天育种工作进行多次专门会谈、研讨，专家一致建议将航天育种工程列入国家重大科技工程计划。

2）立项阶段（1996~2005年）。1996年1月，第一次全国航天育种技术交流研讨会召开，王淦昌院士联合7位著名专家学者致信中共中央，建议把航天育种工程列入国家计划，发射一颗农业卫星，为中国农业发展服务。2000年2月，原国家计委批复了航天育种工程项目建议书。

2003年4月，国务院批准《关于审批航天育种工程项目可行性报告的请示》，同年5月，国家发展和改革委员会、财政部、国防科工委共同下达《印发关于审批航天育种工程项目可行性研究报告的请示通知》。项目建设内容包括育种卫星的研制、发射、回收，地面育种试验，机理研究与模拟试验等部分，总投资2.85亿元。

3）发展阶段（2005年至今）。2005年4月，国防科工委在北京召开航天育种卫星工程第一次大总体协调会，明确了“航天育种系统工程研制总要求”各项内容，同年7月正式批准《航天育种系统工程研制总要求》，中国航天育种工程开始实施。2006年9月9日，中国首颗以空间诱变育种为主要任务的返回式科学试验卫星——“实践八号”育种卫星成功发射，在轨运行15天后成功返回。

据悉，自1987年以来，中国利用航天育种技术已经诱变育成一系列高产、优质、多抗的作物新品种、新品系及新种质，其中不少属于具有突破性影响的优良突变。实践证明，航天育种是培育优良新品种的有效途径，能够为促进农业科技发展开拓新的思路和办法。

（2）我国航天农业的发展现状

我国从1987年开始探索航天育种，有800多个品种的植物种子进行了太空育种试验。2001建设的中国西部航天育种基地，是国内第一个航天育种研究专业机构，所培育的太空辣椒、番茄、茄子等已在全国25个省区市得到推广；2002年5月建立空间分子生物科学实验室，开展航天育种机理研究和新品种创制。海南航天工程育种研发中心于2011年1月设立，建设试验示范基地，主要开展热带作物、瓜菜育种研究和南繁育种，与企业开展“常年瓜菜”攻关和航天育种成果在海南的产业化推广。部分航天品种已进行尝试性的露天育种，长势良好。一亩地产辣椒5 000千克，一根豇豆1米长，一个茄子重1.5千克……目前，中国航天农作物新品种已达60多个，处于世界领先水平。

1）“太空家族”人丁兴旺。随着“太空蔬菜”、“太空花卉”的问世，“太空中药”——天麻也在云南省昭通市镇雄县成功结果240千克。我国航天事业的快速发展及空间技术的进步，带来了新一轮的农业科技革命，其科研成果的广泛运用已开始改变我们的生活。2009年，仅中国西部航天育种基地就有5个航天蔬菜新品种通过了甘肃省科技厅组织的技术鉴定，2010年通过了甘肃省农作物品种审定委员会的认定。西部航天育种基地的专家表示，培育新品种的目的和出发点就是推向市场，通过质量优、产量高、抗性好三项指标让农业增效，让农民增收。

2）太空食品非常安全。中国航天育种始于1987年，是世界上较早开展航天育种研究的国家之一。目前，俄罗斯和美国航空搭载种子的目的是为载人航天服务，而我国进行航空育种研究则是为造福农业。迄今为止，我国航天育种技术可谓世界领先。“茄子像南瓜，甜椒大如梨。”在又大又好的太空菜面前，人们对“是否危害生态环境”“是否是转基因食品”等问题忧心忡忡。“转基因是外部基因植入到生物体或者植物体当中”，与目前应用在农业生产中的转基因等基因工程不同，航天农业产品是安全可靠的，对人体没有危害。航空育种是太空种子在强辐射、高升空、微重力的情况下加速生长速度，快速实现变种，自身基因在太空中进行变异实现基因突变，规避了产品自身基因切断。而太空诱变只是加快了变异速度，提高了变异率，增加了育种的新材料，把几十年甚至上百年的自然诱变过程缩短了，并不存在对生态环境产生的潜在危险。也没有外部基因的植入，是完全靠自身的一种变异，所以不存在转基因的问题，太空育种的食品应该是非常安全的。

3）科技支持力度加大。航天育种须有雄厚的科技实力做坚强后盾，而拥有发射返回式航天器则是航天育种的最基本的前提。目前，具备研究航天育种科技条件的国家只有中国、美国、俄罗斯三家。和美俄相比，我国人口众多，土地相对比较紧张，所以航天育种作为我国农业科研的重点，也更加具有实际意义。

（3）航天育种将成为我国农业发展的加速器

菜葫芦能长1米多长，一个能有5千克重；芝麻枝杈密密麻麻，12棵就能打1千克芝麻；红色的、黄色的、黑色的番茄柿一嘟噜一嘟噜地挂在秧上，有的亩产能达到1万千克。而且所有的这些种植都没有使用化肥和农药。这是科技园展台上展示的我国绿色航天农业的魅力。亮相2012年中国（海南）国际热带农产品冬季交易会上的还有航天辣椒系列、航天香蕉试管苗、太空线茄、太空葫芦等航天农业产品。如航椒1~6号、航天香蕉试管苗、太空线茄、太空葫芦、航茄1~3号、航天小番茄2种、太空仙客来花卉等航天产品，其中航椒120F1号和航椒142F1号品种正式进入大面积育种种植阶段。

航天育种作为一种非常规、安全的、物理的诱变育种方式，在全球范围内越来越被重视，许多国家投入大量的人力物力财力开展航天育种研究，主要是因为种质资源的保护和创新已成为各个国家的重要战略，事关民生和国家安全。对于占全球20%人口的我国而言，深入开展航天育种工作，更是意义非凡。航天育种，是指利用空间环境中宇宙辐射、微重力和弱地磁场等多种因素，诱使农业生物遗传变异，再通过严格的地面选育，获得优良农作物品种的过程。利用空间诱变育种技术是具有我国特色的新兴高技术研究领域，是一项具有国际先进性和创新性的重大科学工程。能够为促进我国航天育种事业的健康持续发展，更好地为农业增产、农业增效、农民增收，更好地服务于农业生产和社会主义新农村建设。

通过航天育种培育的农作物新品种具有高产、优质、高抗的特点，能直接提高农作物的亩产量，从而提高农民收入。航天农作物在国内的推广情况也被普遍看好，据中国农业部门统计，中国航天农作物品种已经累计推广240万公顷，增产粮食13亿千克，创造直接经济效益21亿元。而通过开发航天育种新品种，为我国农业发展提供技术支撑，通过优良的航天育种种源及国际新奇特新品类的引进，可以培养出产量更高、质量更好、抗逆性更强的农作物品种，大大提高单位面积的经济价值和食物的营养价值。航天育种还可以提供造型新颖奇特、优质营养的航天育种的蔬果，让老百姓在食用航天有机蔬菜的同时享受视觉盛宴。航天育种不仅可以为农业产业化发展提供技术支持，还可以为创意农业、观光农业、科普农业提供互动体验。

近年来，随着国家“863 计划”、“科技支撑计划”、航天生物育种等科技项目的实施推广，中国政府对航天育种的支持力度日益加大。发展航天农业是功在国家、利在人民的长远大计，它将推动中国农业迈上一个新台阶，并为 21 世纪农业大发展奠定坚实的基础。”

农业是经济发展、社会稳定、国家自立的基础，要立足中国的基本国情来认识和实现现代农业发展。当前，中国农业已进入新的发展阶段，农产品数量问题已基本解决。调整结构，提高农业效益，增加农民收入和改善生态环境已成为新阶段农业和农村经济发展的重要任务。进一步推动和完善现代农业发展的科学理论，同时把计算机信息技术、航空航天技术、卫星遥感技术等运用到农业生产的各个领域，必将给现代农业的发展提供更广阔的空间，给现代农业发展提供新的机遇。

结 语

自有史以来，人类便以农耕为伴，从古代的刀耕火种到现代的栽培耕作技术，农业生产经历了从无序到有序、从经验到科学的时空跨越，农耕制度也逐渐向科学化、系统化方向演变。在农业发展的历史进程中，原始农业阶段持续了近7 300年的时间，传统农业阶段持续了近2 600年时间，而现代农业阶段则仅用了100多年的时间，科学技术的作用功不可没。在原始社会，人类对农业生产的意识还处于混沌阶段，没有利用自然界外力的意识，只能依靠简单的技术对自然环境进行改善，农业生产力处于最为低级的阶段，刀耕火种是原始农业的耕作技术。

随着人类文明程度的提高，对大自然认识的深入，逐渐积累了利用自然和改造自然的农业科技知识，金属农具的使用，生产工具的改进，灌溉方法的普及以及使用外力等，使耕作制度有了质的飞跃，并形成了以使用畜力牵引或人力操作的金属工具为标志，以铁犁牛耕为形态，以经验指导农业生产的传统农耕制度。其中，春秋战国时期，初步建立了精耕细作的农业技术体系；到汉代，深耕细锄成为农业生产对整地技术的基本要求。从唐宋时期旱地保墒耕作到元代的“分缴内外套耕法”，逐渐形成了以抗旱为中心的耕地原则。明清时期继承和发扬了精耕细作的旱地土壤耕作技术体系。战国时期推行的条播垄作法，取代了原始农业只有穴播和撒播播种栽培技术，并在西汉时期形成冬至后雪水浸种、用砒霜拌麦种同播，用来杀灭地下害虫。明清时期多熟种植和轮作复种技术在全国范围内得到了普遍推行，普及了以冬麦为中心的“二年三熟制”和“一年二熟制”。清代的间混复种技术则用多种作物间混套作和复种轮作相结合，反映了当时农业多熟集约种植思想的成熟和技术体系的配套成型。

工业革命爆发后，传统农业向现代农业转变，机械化、自动化、电气化等取代了传统落后的工具。现代农业阶段，在传统技术的基础上实现了机械化技术、信息技术、生物技术的并用，耕作栽培方式也向立体空间发展。20 世纪 50 年代开始了绿色革命，以矮化育种为主导的品种改良技术得到迅速发展，化肥和农药被大量使用，粮食产量持续增加；20 世纪 80 年代以来，农业机械化领域由粮食作物发展到经济作物、由大田发展到人工温室、由水平发展到立体，发展空间不断扩大。栽培技术也由多种作物间、混、套作和复种轮作，逐步向多种复合种植模式发展。随着“3S”技术和计算机自动控制系统在农业生产中的应用，产生了“精准农业”，而生态技术革命将是 21 世纪农业的主要特征之一。

传统农业的主要功能主要是提供农产品的供给，而现代农业的主要功能除了农产品供给以外，还具有生活休闲、生态保护、旅游度假、文明传承、教育等功能，满足人们的精神需求，成为人们的精神家园。与传统农业以自给为主的取向和相对封闭的环境相比，现代农业是农民的大部分经济活动被纳入市场交易，农产品的商品率很高，完全商业化的“利润”成了评价经营成败的准则，生产完全是为了满足市场的需要。市场取向是现代农民采用新的农业技术、发展农业新功能的源泉。现代农业在突出现代高新技术的先导性、农工科贸的一体性、产业开发的多元性和综合性的基础上，还强调资源节约、环境零损害的绿色性。现代农业的发展阶段一般包括准备阶段、起步阶段、初步实现阶段、基本实现阶段、发达阶段。现代农业园区作为农业技术组装集成、科技成果转化及现代农业生产的示范载体，是我国新阶段推进新的农业革命，实现传统农业向现代农业转变的必然选择。当前，我国总体上已进入加快改造传统农业、走中国特色农业现代化道路的关键时期，推进农业结构调整、增加农民收入、改善生态环境、加速农业产业化与现代化进程，最终要依靠农业科技的进步与创新。

农业科学技术创新是农业生产力发展的主要动力。进入 21 世纪以后，我国农业生产技术进入新的发展阶段，农业和农村经济发展也面临着新的机遇与挑战。丰富和完善现代农业栽培技术和耕作制度，大力提高粮食综合生产能力，充分实现农业资源的高效、节约和环境的可持续性，是实现中国粮食安全战略和农业现代化的根本措施，这就要应充分利用现代化科技成果武装现代农业生产。为此，通过分析现代农业发展的特点，明确推动现代农业科技发展的重大理论和关键科学问题，并对农业科技发展的方向、领域及技术政策进行战略调整，按照先进性、关键性、基础性、实用性等原则，坚持引进与自主开发并重的原则，优先发展农业和农村经济发展急需的技术，进而增强我国农业科技的实力，推动我国农业生产的可持续发展。

参考文献

［1］杜丹J. 志扬译. 古代世界经济生活［M］. 北京：商务印书馆，1963.

［2］格拉斯. 万国鼎译. 欧美农业史［M］. 北京：商务印书馆，1935.

［3］罗夫托采夫. 马雍、厉以宁译. 罗马帝国社会经济史［M］. 北京：商务印书馆，1985.

［4］中国农业百科全书［M］. 北京：农业出版社，1995.

［5］张柏. 中国发展精准农业耕作的基本分析及设计［J］. 地理科学，2000，20（4）：110－114.

［6］张芳. 中国古代灌溉工程技术史［M］. 山西教育出版社，2009.

［7］程式华，李建. 现代中国水稻［M］. 金盾出版社，2007.

［8］杨守仁. 水稻［M］. 北京：农业出版社，1987.

［9］于振文. 作物栽培学各论（北方本）［M］. 中国农业出版社，2003.

［10］游修龄. 中国稻作史［M］. 中国农业出版社，1995.

［11］闵绍楷，申宗坦，熊振民. 水稻育种学［M］. 中国农业出版社，1996.

［12］胡廷积. 河南农业发展史［M］. 北京：中国农业出版社，2005.

［13］郭庆发，王庆成，汪黎明. 中国玉米栽培学［M］. 上海：上海科学技术出版社，2004.

［14］佟屏亚. 中国玉米科技史［M］. 北京：中国农业科技出版社，2000.

［15］孙济中，陈布圣. 棉作学［M］. 北京：中国农业出版社，1998.

［16］何旭平，纪从亮. 现代中国棉花育种与栽培概论［M］. 北京：中国农业科学技术出版社，2007.

［17］黄滋康. 中国棉花品种及其系谱［M］. 北京：中国农业出版社，1996.

［18］黄滋康. 中国棉花品种及其系谱（修订本）［M］. 北京：中国农业出版社，2007.

[19] 张艳红，赖旭龙. 中国栽培稻的起源与演化 [J]. 武汉植物学研究，2007，25 (6)：624 -630.

[20] 陈温福，潘文博，徐正进. 我国粳稻生产现状及发展趋势 [J]. 沈阳农业大学学报，2007，37 (6)：801 -805.

[21] 卢景波. 中国水稻产业：供需，流通与未来政策导向 - 在首届国际水稻大会之世界大米贸易大会上的发言 [J]. 中国稻米，2002，6：4.

[22] 加里，沈辰，陈洪波等. 东亚稻作起源研究的新进展 [J]. 南方文物，2006 (2)：92 -97.

[23] 曾雄生. 直播稻的历史研究 [J]. 中国农史，2005，2：3 -16.

[24] 王洋，张祖立，张亚双等. 国内外水稻直播种植发展概况 [J]. 农机化研究，2007，1：48 -50.

[25] 朱德峰，陈惠哲，章秀福等. 浙江水稻种植制的变化与种植区划 [J]. 浙江农业学报，2007，19 (6)：423 -426.

[26] MolinaJ, SikoraM, GarudN, etal. Molecularevidenceforasingleevolutionary originofdomesticatedrice [J]. ProceedingsoftheNationalAcademyofSciences, 2011, 108 (20)：8351 -8356.

[27] 黄骏麒. 中国棉作学 [M]. 北京：中国农业科技出版社，1998.

[28] 汪若海，李秀兰. 中国棉文化 [M]. 北京：中国农业科技出版社，2007.

[29] 贾士荣，郭三堆，安道昌. 转基因棉花 [M]. 北京：科学出版社，2001.

[30] 毛树春，韩迎春，王国平，李亚兵，董春旺，冯璐，李小新. 推广棉花工厂化育苗机械化移栽加快发展现代植棉业 [J]. 中国棉花，2012，39 (8)：1 -5.

[31] 毛树春. 我国棉花耕作栽培技术研究和应用 [J]. 棉花学报，2007，19 (5)：369 -377.

[32] 毛树春. 我国棉花种植技术的现代化问题 [J]. 中国棉花，2010，37 (3)：2 -5.

[33] 王国平，毛树春，韩迎春，李亚兵，冯璐，范正义. 中国麦棉两熟种植制度的研究 [J]. 中国农学通报 2012，28 (6)：14 -18.

[34] 汪若海. 中国棉花科技进步 30 年 [J]. 中国棉花，2009，36（增刊）：1 –6.
[35] 汪若海. 中国棉区的划分与变迁 [J]. 中国棉花，2009，36（9）：12 –16.
[36] 毛树春. 我国棉花种植技术的应用和发展 [J]. 中国棉花，2009，36（9）：17 –22.
[37] 晓婷. 亚麻纤维发展史话 [J]. 中国纤检，2011，13：47
[38] 黄国勤. 改革开放 30 年我国农业发展的回顾与展望 [J]. 科技与产业，2009，9（9）：19 –16，79
[39] 王亮，王希. 试论改革开放前我国农业发展道路的探索历程 [J]. 黑龙江教育学院学报，2010，29（1）：4 –6
[40] 单凯秋. 农业机械化是我国农业发展的必由之路 [J]. 21 世纪三农天地50 –51.
[41] 丁昌选. 从生产关系角度分析我国农业发展存在的问题与对策 [J]. 经济研究参考. 2011，23：59 –60
[42] 曾纪发. “十二五”我国农业发展面临的十大挑战 [J]. 经济纵览.
[43] 凌启鸿，张洪程. 作物栽培学的创新与发展 [J]. 扬州大学学报（农业与生命科学版）. 2002，23（4）：66 –69.
[44] 董桂军谈我国精准农业的发展现状 [J]. 农机使用与维修。2011. 2：17 –18.
[45] 董克强，王智辉. 精准农业未来农业发展的趋势 [J]. 民营科技，2012，4：145.
[46] 卢良恕，中国农业发展现状与展望 [J]. 中国工程科学，2011. 3（11）：28 –31.

后记

《古今农事》是一本介绍农作物栽培管理的科普读物，主要介绍了几种大作物（如小麦、玉米、水稻等）、几种小作物（如谷子、高粱等）以及部分主要经济作物（如棉花、花生、油菜等）的耕作、栽培管理技术；全面介绍了作物耕作技术的发展历程及其发展趋势；科学分析了当前农业生产发展过程中的主要问题及其对策，同时展望了未来农业的发展趋势。在编著过程中，通过选取部分能够影响农事活动的典型事例，农业生产和管理过程中产生过重大影响的有代表性的农机具，以及对人类生产发展产生过重大影响的事件为线索，来串联农作物的耕作、栽培管理历程，以及农业科技的发展趋势。在浩瀚无垠的历史长河中，要把几千年来农作物的传播与发展、耕作技术的演变，以及中、西方农业科技的发展，都力求真实、事无巨细的反映出来，实在是一项巨大的工程。因此，在浩如烟海的农业文献中和大量的农业网络信息中撷英选萃、广征博引，时常是诚惶诚恐，殚精竭虑，并力求无憾。

本卷编写过程中得到了河南农业大学农学院、国家小麦工程技术研究中心等单位多位专家、教授的大力支持。河南农业大学的马宗斌教授和河南省种子管理站刘桂珍高级农艺师主要负责棉花和麻类的撰写；河南农业大学杨习文博士主要负责经济作物、小杂粮的撰写；河南农业大学杜彦修博士主要负责水稻的撰写，其他部分主要由河南农业大学张学林副教授和郝晓峰女士撰写。

油菜田

油菜花

芝麻

花生机械收获

花生

甘薯

谷子

马铃薯

马铃薯

高粱

高粱

大麦

玉米

土地沙化

我国水资源匮乏

环境污染严重

自然灾害频发

农业生态园

设施农业

设施农业

航天育种硕果累累

都市农业